北京文化书系

古都文化丛书

中轴线——古都脊梁

中共北京市委宣传部
北京市社会科学院 组织编写

王岗 等 著

北京出版集团
北京出版社

图书在版编目（CIP）数据

中轴线：古都脊梁 / 中共北京市委宣传部，北京市社会科学院组织编写 ；王岗等著. — 北京 ：北京出版社，2024.4

（北京文化书系. 古都文化丛书）
ISBN 978-7-200-18141-8

Ⅰ. ①中… Ⅱ. ①中… ②北… ③王…Ⅲ. ①城市规划—概况—北京 Ⅳ. ①TU984.21

中国国家版本馆CIP数据核字（2023）第150782号

北京文化书系　古都文化丛书
中轴线
——古都脊梁
ZHONGZHOUXIAN

中共北京市委宣传部
北京市社会科学院　组织编写

王岗 等 著

*

北京出版集团
北京出版社　出版

（北京北三环中路6号）
邮政编码：100120

网　址：www.bph.com.cn
北京出版集团总发行
新华书店经销
北京建宏印刷有限公司印刷

*

787毫米×1092毫米　16开本　19.25印张　260千字
2024年4月第1版　2024年4月第1次印刷

ISBN 978-7-200-18141-8
定价：80.00元
如有印装质量问题，由本社负责调换
质量监督电话：010-58572393；发行部电话：010-58572371

“古都文化丛书”编委会

“北京文化书系”
序言

文化是一个国家、一个民族的灵魂。中华民族生生不息绵延发展、饱受挫折又不断浴火重生，都离不开中华文化的有力支撑。北京有着三千多年建城史、八百多年建都史，历史悠久、底蕴深厚，是中华文明源远流长的伟大见证。数千年风雨的洗礼，北京城市依旧辉煌；数千年历史的沉淀，北京文化历久弥新。研究北京文化、挖掘北京文化、传承北京文化、弘扬北京文化，让全市人民对博大精深的中华文化有高度的文化自信，从中华文化宝库中萃取精华、汲取能量，保持对文化理想、文化价值的高度信心，保持对文化生命力、创造力的高度信心，是历史交给我们的光荣职责，是新时代赋予我们的崇高使命。

党的十八大以来，以习近平同志为核心的党中央十分关心北京文化建设。习近平总书记作出重要指示，明确把全国文化中心建设作为首都城市战略定位之一，强调要抓实抓好文化中心建设，精心保护好历史文化金名片，提升文化软实力和国际影响力，凸显北京历史文化的整体价值，强化“首都风范、古都风韵、时代风貌”的城市特色。习近平总书记的重要论述和重要指示精神，深刻阐明了文化在首都的重要地位和作用，为建设全国文化中心、弘扬中华文化指明了方向。

2017年9月，党中央、国务院正式批复了《北京城市总体规划（2016年—2035年）》。新版北京城市总体规划明确了全国文化中心建设的时间表、路线图。这就是：到2035年成为彰显文化自信与多元包容魅力的世界文化名城；到2050年成为弘扬中华文明和引领时代潮流的世界文脉标志。这既需要修缮保护好故宫、长城、颐和园等享誉中外的名胜古迹，也需要传承利用好四合院、胡同、京腔京韵等具有老北京地域特色的文化遗产，还需要深入挖掘文物、遗迹、设施、景点、语言等背后蕴含的文化价值。

组织编撰“北京文化书系”，是贯彻落实中央关于全国文化中心建设决策部署的重要体现，是对北京文化进行深层次整理和内涵式挖掘的必然要求，恰逢其时、意义重大。在形式上，“北京文化书系”表现为“一个书系、四套丛书”，分别从古都、红色、京味和创新四个不同的角度全方位诠释北京文化这个内核。丛书共计47部。其中，“古都文化丛书”由20部书组成，着重系统梳理北京悠久灿烂的古都文脉，阐释古都文化的深刻内涵，整理皇城坛庙、历史街区等众多物质文化遗产，传承丰富的非物质文化遗产，彰显北京历史文化名城的独特韵味。“红色文化丛书”由12部书组成，主要以标志性的地理、人物、建筑、事件等为载体，提炼红色文化内涵，梳理北京波澜壮阔的革命历史，讲述京华大地的革命故事，阐释本地红色文化的历史内涵和政治意义，发扬无产阶级革命精神。“京味文化丛书”由10部书组成，内容涉及语言、戏剧、礼俗、工艺、节庆、服饰、饮食等百姓生活各个方面，以百姓生活为载体，从百姓日常生活习俗和衣食住行中提炼老北京文化的独特内涵，整理老北京文化的历史记忆，着重系统梳理具有地域特色的风土习俗文化。“创新文化丛书”由5部书组成，内容涉及科技、文化、教育、城市规划建设等领域，着重记述新中国成立以来特别是改革开放以来北京日新月异的社会变化，描写北京新时期科技创新和文化创新成就，展现北京人民勇于创新、开拓进取的时代风貌。

为加强对“北京文化书系”编撰工作的统筹协调，成立了以“北京文化书系”编委会为领导、四个子丛书编委会具体负责的运行架构。“北京文化书系”编委会由中共北京市委常委、宣传部部长莫高义同志和市人大常委会党组副书记、副主任杜飞进同志担任主任，市委宣传部分管日常工作的副部长赵卫东同志担任副主任，由相关文化领域权威专家担任顾问，相关单位主要领导担任编委会委员。原中共中央党史研究室副主任李忠杰、北京市社会科学院研究员阎崇年、北京师范大学教授刘铁梁、北京市社会科学院原副院长赵弘分别担任“红色文化”“古都文化”“京味文化”“创新文化”丛书编委会主编。

在组织编撰出版过程中，我们始终坚持最高要求、最严标准，突出精品意识，把“非精品不出版”的理念贯穿在作者邀请、书稿创作、编辑出版各个方面各个环节，确保编撰成涵盖全面、内容权威的书系，体现首善标准、首都水准和首都贡献。

我们希望，“北京文化书系”能够为读者展示北京文化的根和魂，温润读者心灵，展现城市魅力，也希望能吸引更多北京文化的研究者、参与者、支持者，为共同推动全国文化中心建设贡献力量。

“北京文化书系”编委会

2021年12月

“古都文化丛书”
序言

北京不仅是中国著名的历史文化古都，而且是世界闻名的历史文化古都。当今北京是中华人民共和国首都，是中国的政治中心、文化中心、国际交往中心、科技创新中心。北京历史文化具有原生性、悠久性、连续性、多元性、融合性、中心性、国际性和日新性等特点。党的十八大以来，习近平总书记十分关心首都的文化建设，指出北京丰富的历史文化遗产是一张金名片，传承保护好这份宝贵的历史文化遗产是首都的职责。

作为中华文明的重要文化中心，北京的历史文化地位和重要文化价值，是由中华民族数千年文化史演变而逐步形成的必然结果。约70万年前，已知最早先民“北京人”升腾起一缕远古北京文明之光。北京在旧石器时代早期、中期、晚期，新石器时代早期、中期、晚期，经考古发掘，都有其代表性的文化遗存。自有文字记载以来，距今3000多年以前，商末周初的蓟、燕，特别是西周初的燕侯，其城池遗址、铭文青铜器、巨型墓葬等，经考古发掘，资料丰富。在两汉，通州路（潞）城遗址，文字记载，考古遗迹，相互印证。从三国到隋唐，北京是北方的军事重镇与文化重心。在辽、金时期，北京成为北中国的政治中心、文化中心。元朝大都、明朝北京、清朝京师，北京是全中国的政治中心、文化中心。民国初期，首都在北京，后都城虽然迁到南京，但北京作为全国文化中心，既是历史事实，也是人们共识。北京历史之悠久、文化之丰厚、布局之有序、建筑之壮丽、文物之辉煌、影响之远播，已经得到证明，并获得国际认同。

从历史与现实的跨度看，北京文化发展面临着非常难得的机遇。上古“三皇五帝”、汉“文景之治”、唐“贞观之治”、明“永宣之治”、清“康乾之治”等，中国从来没有实现人人吃饱饭的愿望，现在全面建成小康社会，历史性告别绝对贫困，这是亘古未有的大事。中华民族迎来了从站起来、富起来到强起来的伟大飞跃，迎来了实现伟大复兴的光明前景。

“建首善自京师始”，面向未来的首都文化发展，北京应做出无愧于时代、无愧于全国文化中心地位的贡献。一方面整体推进文化发展，另一方面要出文化精品，出传世之作，出标识时代的成果。近年来，北京市委宣传部、市社科院组织首都历史文化领域的专家学者，以前人研究为基础，反映当代学术研究水平，特别是新中国成立70多年来的成果，撰著“北京文化书系·古都文化丛书”，深入贯彻落实习近平总书记关于文化建设的重要论述，坚决扛起建设全国文化中心的职责使命，扎实做好首都文化建设这篇大文章。

这套丛书的学术与文化价值在于：

其一，在金、元、明、清、民国（民初）时，北京古都历史文化，留下大量个人著述，清朱彝尊《日下旧闻》为其成果之尤。但是，目录学表明，从辽金经元明清到民国，盱古观今，没有留下一部关于古都文化的系列丛书。历代北京人，都希望有一套“古都文化丛书”，既反映当代研究成果，也是以文化惠及读者，更充实中华文化宝库。

其二，“古都文化丛书”由各个领域深具文化造诣的专家学者主笔。著者分别是：（1）《古都——首善之地》（王岗研究员），（2）《中轴线——古都脊梁》（王岗研究员），（3）《文脉——传承有序》（王建伟研究员），（4）《坛庙——敬天爱人》（龙霄飞研究馆员），（5）《建筑——和谐之美》（周乾研究馆员），（6）《会馆——桑梓之情》（袁家方教授），（7）《园林——自然天成》（贾珺教授、黄晓副教授），（8）《胡同——守望相助》（王越高级工程师），（9）《四合院——修身齐家》（李卫伟副研究员），（10）《古村落——乡愁所寄》（吴文涛副研究员），（11）《地名——时代印记》（孙冬虎研究员），（12）《宗教——和谐共生》（郑永华研究员），（13）《民族——多元一体》（王卫华教授），（14）《教育——兼济天下》（梁燕副研究员），（15）《商业——崇德守信》（倪玉平教授），（16）《手工业——工匠精神》（章永俊研究员），（17）《对外交流——中国气派》（何岩巍助理研究员），（18）《长城——文化纽带》（董耀会教授），（19）《大运河——都城命脉》（蔡蕃研究员），（20）《西山永定河——血脉根基》（吴文涛副研究员）等。署名著者分属于市社科院、清华大学、中央民族大学、首都经济贸易大学、北京教育科学研究院、北京古代建筑研究所、故宫博物院、首都博物馆、中国长城学会、北京地理学会等高校和学术单位。

其三，学术研究是个过程，总不完美，却在前进。“古都文化丛书”是北京文化史上第一套研究性的、学术性的、较大型的文化丛书。这本身是一项学术创新，也是一项文化成果。由于时间较紧，资料繁杂，难免疏误，期待再版时订正。

本丛书由市社科院原院长王学勤研究员担任执行主编，负责全面工作；市社科院历史研究所所长刘仲华研究员全面提调、统协联络；北京出版集团给予大力支持；至于我，忝列本丛书主编，才疏学浅，年迈体弱，内心不安，实感惭愧。本书是在市委宣传部、市社科院的组织协调下，大家集思广益、合力共著的文化之果。书中疏失不当之处，我都在在有责。敬请大家批评，也请更多谅解。

是为“古都文化丛书”序言。

阎崇年

目　录

绪 论

中华民族有着几十万年的生活遗迹，有着万余年的文明遗迹，有着几千年从未中断的文明发展轨迹，在整个人类文明发展历程中占有独特的辉煌位置。而在中华文明的几千年文明发展历程中所创造的辉煌文明，有许多在历次人为的、自然的劫难中毁灭了、消失了，也有许多保留下来，成为中华民族的骄傲。

纵观几千年的中华文明发展历程，有一个显著的特点，即丰富的文明结晶，主要集中在不同朝代的众多都城之中。这个特点，随着历史进程的不断推进，也就显现得愈加明显。从商代都城安阳，周代都城镐京（今陕西西安）、洛邑（今河南洛阳）到汉唐时期的都城长安（今陕西西安）、洛阳，从两宋都城开封、临安（今浙江杭州）到元明清时期的都城北京，皆是如此。

而在众多的中国古都中，通过都城的发展变化，也可以清楚地显示出中华文明的发展轨迹。不论是商代的安阳、周代的镐京及洛邑，还是汉唐时期的东西两京，以及元明清时期的北京，皆是当时建筑规模最大、城市人口最多、城市经济最繁荣、城市文化最丰富的地方。这种现象历时数千年、历经数十个主要朝代，都没有发生变化。

在中国古代都城的发展历程中，有一个值得特别关注的地方，就是都城中轴线的发展。中华先民在漫长的文明发展历程中，很早就注意到了一个基本的原则，即事物的对称原则，大至阴与阳、天与地、水与火等自然现象，小到人们的眼、耳、四肢，以及居住的房屋、穿着的衣服、使用的器皿等等，皆以对称为原则。

人们这种对称原则的审美意识也在不断发展，向不同的事物推衍。对城市建筑模式的认识，也是其中的一项。最初的城市只是人们居住聚落不断拓展的结果，但是随着人们文明意识的进步，开始有目的地建造城市，也就把对称原则实施到建造过程中来，特别是对都城的建造，对称原则已经成为不可缺少的因素，于是也就产生了都城的中轴线。因为所有对称的东西都要有一个基本的依据，对于城市的对称建造而言，必须要先确定中轴线的位置。

在中国古代，对都城中轴线在观念上的认识，有一个从无意识到有意识的发展历程。最初中轴线的出现，只是人们对单个建筑形式上的完美追求，逐渐发展到对整个城市建筑对称的追求，再进一步发展到对整个都城、皇城、宫城中轴线一致的追求，从而达到都城中轴线最完美的境地。这个过程，从先秦时期就开始了，一直到元明清时期北京城的建造才告完成。

然而，这种建筑形式上的完美追求只是一种形式上的发展，而更高层次上的追求，乃是对文化内容上的对称加以完善，达到形式与内容的完美一致，才是最高层次的追求。而这个实践极致对称原则的过程，也体现在元明清时期北京城中轴线的建造和进一步完善的过程中。

在中国古代，都城通常是一个王朝的政治、经济和文化中心，而都城的中轴线则是整个都城的中心，也就是核心中的核心。元明清时期的北京中轴线，就是整个中国封建社会后期核心中的核心。这条中轴线虽然不长，仅有7.8千米，却是中华民族几千年文明发展历程的结晶之地。其文化内涵之丰富、文化价值之珍贵，是任何一座中国古代城市中的任何一条街道都无法与之相比的。

在这条都城中轴线上，包括了几乎所有重要的都城建筑。这些建筑是以特定的文化顺序排列和建造起来的，从南往北，有天坛与先农坛的对称，太庙与社稷坛的对称，千步廊两侧政府衙署的对称，太和殿等三大殿与文华殿、武英殿的对称，乾清宫等两宫与东西六宫的对称，景山五亭的对称，以及日坛与月坛的对称等等。这些中轴线上的建筑，皆是只有都城才能够设置的建筑，体现了中国古代建筑的最高建筑水准。

在这条中轴线上的重要建筑，包含了丰富的文化内涵，各不相同。天坛是帝王祭祀天神的最高场所，体现了“敬天”的文化主题。先农坛是帝王亲耕的重要场所，体现了“重农”的经济主题。太庙是帝王祭祀祖先的场所，体现了“尊祖”的伦理观念。社稷坛是帝王祭祀社稷之神的场所，体现了“爱国”的政治理念等等。这些重要的文化主题综合在一起，又共同推出了“皇权至上”的政治主题，所有的活动都是在皇帝的主持下（或是授意下）进行的。

当然，北京中轴线的丰富文化内涵绝不仅仅如此。耸立在中轴线最北端的钟鼓楼表达着天人合一的文化主题，以岁时运转的天象规律来约束人间社会运行的规律。遍布在中轴线南面的众多各地会馆和老字号，彰显着都市经济的繁荣和盛世情怀。分布在中轴线两侧的百官衙署，展示着文武并立、一张一弛的有序治国方略。三殿两宫的建筑格局，表明了内外有别的伦理尊严。

此外，国有大事，必在这里举行盛典。每次的科举选拔贤才，要在这里举行殿试，以确定文才新秀的座次。每当边疆危急，命将出征及凯旋，要在这里举行出师阅兵和回师献俘的重要仪式。每当热闹的节日，帝王又要在这里举行盛大宴会，邀请宗亲百官和外国使臣欢聚一堂，史称“万国来朝”。

在中轴线上，雄才大略的明成祖，曾御奉天门（今太和门）听政。精明勤政的康、雍、乾诸帝，也曾御乾清门听政。在中轴线两侧，文华殿是帝王和皇太子学习治国之道的课堂，武英殿是明代帝王学习书画、挥毫泼墨的地方，也是清代帝王收藏历代书画、刊印典籍的地方。中轴线东侧的文渊阁和西侧的军机处，则是明代和清代大臣处理日常政务的地方。

在这条北京的中轴线上，我们可以深切体会到中华民族发展的历史辉煌。首先，是都城规划设计的辉煌杰作。在人类发展的历史上，城市的出现和发展代表了一个国家、一个地区的最高发展水准。而在建造一个城市时表现出来的规划能力，是城市文明发展状况的最好体现。从元大都城到明清北京城，完美规划的结果是雄伟宫殿、宽阔街道、高大城墙和城门的有序结合。这种有序结合给所有的来访者都留下了强烈的视觉震撼和深刻的印象。

其次，是都城建筑的辉煌杰作。紫禁城中的三大殿及两宫、御花园与西苑等，代表了宫殿建筑和园林建筑水准的辉煌，不论是单体建筑，还是组合建筑，皆有丰富的文化内涵和深刻的哲理。太和殿的宽九纵五，表达了帝王的“九五之尊”。西苑的山水融为一体，表达了古人希望与上天沟通的意愿，体现了生活在都市中的人们希望摆脱社会束缚、回归大自然的本性。

再次，是中华民族文化模式的辉煌杰作。在中国几千年的文明发展历程中，产生了规模或大或小的众多王朝，这些王朝的存在时间或长或短，但是它们都建造有自己的都城。这些都城，地理位置或南或北，建造规模或大或少，各有特点，但最终大多数都在历史的变迁中消失了。只有北京这座都城，不仅较为完好地保存了宫殿、苑囿、坛庙、衙署等遗存，更为重要的是这座都城是中国历代都城的集大成者。这座都城中的中轴线也是历代都城中轴线的集大成者。换言之，北京中轴线是中国历代都城中轴线发展的最高峰。

最后，是人类都市文明的辉煌杰作。纵观整个人类文明的发展历程，在世界各地曾经产生过许多举世闻名的大都市，古埃及文明、古巴比伦文明、古印度文明、古希腊文明、古罗马文明都创造过辉煌的都市。但是，这些都市随着各国文明的衰落也随之破败了，或者消失了，只留下一些珍贵遗迹。只有中华文明虽然屡经劫难，却能够延绵不绝，日益发展，直至今日。古都北京及都城的中轴线就是这个人类文明延续发展的辉煌杰作，是凝聚了中华民族几千年智慧的结晶。

正是这条北京的中轴线，展示了京城昔日的辉煌，同时保存了中国古代文明的辉煌，也将进一步印证中华民族未来发展的辉煌。北京中轴线不仅仅是北京的骄傲，也是中华民族的骄傲，更是整个人类文明的骄傲。

第一章

都城溯源

中轴线是中国古代都城营造的特色之一，是中国传统建筑文化和历史文化的优秀遗产。中国古代文献并没有明确提及“轴线”一词，更别说“中轴线”了。清末民初著名建筑学家乐嘉藻在其代表作《中国建筑史》中曾言：“中干之严立与左右之对称。”[①]而真正明确提出“中轴线”这一概念并阐释其文化内涵的则是著名建筑学家梁思成，他所著的《中国建筑史》（1942—1944年），“绪论”中言：“平面布局……以多座建筑组合而成……其所最注重者，乃主要中线之成立，一切组织均根据中线的发展。”[②]他又在《北京——都市计划的无比杰作》（1951年）一书中说：“北京的城市格式——中轴线的特征。”[③]其所著的《敦煌壁画所见的中国古代建筑》将“中轴线”描述为“南北向布置，主要建筑排列其上，左右以次要建筑，对称均齐地配置”[④]。从这两位建筑学家的表述中，我们可以看到“中轴线”的基本构成要素：中线之成立、南北向布置、对称均齐地配置。

如果追根溯源，从思想文化层面讲，这一概念的产生又可溯源到中国早期的“居中”观与“面南”观。“居中”观与“面南”观是中国古代为学的核心内容之一，亦是儒家思想体系中的重要组成部分。《论语·为政》言：“为政以德，

---

① 乐嘉藻：《中国建筑史》，贵州人民出版社2005年版，第145页。

② 梁思成：《梁思成文集》（三），中国建筑工业出版社1985年版，第10页。

③ 梁思成：《梁思成文集》（四），中国建筑工业出版社1986年版，第58页。

④ 梁思成：《梁思成全集》第一卷，中国建筑工业出版社2001年版，第135页。

譬如北辰，居其所而众星共之。”可以说，“中轴线”概念与方位思想的统一是有历史来源的，并非凭空而造。

从建筑历史角度说，“中轴线”概念的提出源自历代学者对中国古代都城布局的认识与形象化解读，当然也离不开建筑设计与修筑这一实践活动的持续与深入。《吕氏春秋·慎势》论及古代社会城市（或聚邑）布局方式时这样写道：“古之王者，择天下之中而立国，择国之中而立宫，择宫之中而立庙。”这是中国古代“居中”观与宫廷建筑的深层融合，为“中轴线”的形成和发展做了思想和理论上的开创。《考工记》所谓的“匠人营国，方九里，旁三门。国中九经九纬，经涂九轨。左祖右社，面朝后市，市朝一夫”，则把这一思想与理论在都城营造方面发挥到了一种非常理想化的程度。后世所谓“中轴线”设计，或多或少受其影响，有的甚至完全遵循。西汉长安城、汉魏洛阳城、隋唐长安城、明清北京城等的都城设计与修筑体现了中国古代“中轴线”布局的演变历程，折射出这一重要历史文化遗产经久不衰的特点。

第一节 《周礼·考工记》：中轴线的理想设计

战国及秦汉时期，“枢轴”概念及其文化内涵开始融入都城建设规划之中。《周礼·考工记》的出现就是把这一思想与理论在都城营造方面发挥到了一种非常理想化的程度，对后世中轴线营建与完善影响深远。

一、偃师商城：宫城中轴线营造的雏形

早在新石器时代，人类在聚落布局和建设中表现出了“居中”的某种意识。如陕西西安临潼姜寨聚落遗址，布局较为整齐，房屋围着广场呈环形分布，每间房屋的门道均面向广场开口，从而形成以广场为中心的聚落布局模式。而且，在聚落的方形住房中，一般都存在门道、门和灶组成的房屋中线。[①]甘肃秦安大地湾遗址，其中901号房址以长方形的主室为中心，主室平面略呈梯形，前面设有三门，正门居中，侧门分列两边，以通东西两侧室；主室两侧扩展为与主室相通的东西侧室，左右对称；主室后面以主室后墙和延伸的侧墙又构成单独的后室；主室前面有附属建筑和宽阔的场地，附属建筑有南北两排柱洞各六个，两两相对。整个建筑坐北面南，布局井然有序，主次分明，形成一个结构复杂严谨的建筑群体。[②]房屋建筑的对称性，在这一遗址中表现得较为突出。但这一房址并没有形成以主室、后室和房前附属建筑为南北轴线的中轴对称布局，原因之一就是主室仅有南

① 西安半坡博物馆、临潼县文化馆、姜寨遗址发掘队：《陕西临潼姜寨遗址第二、三次发掘的主要收获》，《考古》1975年第5期。

② 甘肃省文物工作队：《甘肃秦安大地湾901号房址发掘简报》，《文物》1986年第2期。

门，而无通向后室的北门。河南淮阳平粮台古城遗址，[1]为龙山文化时期所筑。城址平面呈正方形，边长为185米，四个城角呈弧形。在南北城墙的中段各发现缺口与路土，说明城址有南门、北门，门道两侧有土坯垒砌的门卫房。东西门尚未发现。城址内已发掘出十多座房基，多为长方形排房。[2]由于遗址的叠压与打破等因素，我们很难认识城址的原貌。但值得注意的是，城址南北两门基本上位于同一直线上；结合城内建筑基址和路土遗存情况分析，很可能存有一条南北向道路贯穿两门，形成全城的路径轴。如果是这样，那么这表明当时平粮台已经具有后世城市中轴线布局的雏形。[3]不过，学术界目前对平粮台城址性质存在争议，有的认为是舜都，[4]有的认为是陈国之都城，[5]还有的认为这仅为一城堡或城邑而已。[6]因此，尚不能认定它就是真正都城意义上的中轴线布局。

夏商周时期，城市形态有了很大变化，都城中轴线规划也逐渐有了一种自觉意识。河南偃师商城就是一个典型体现。

偃师商城最初发现于1983年，之后经过多次勘探发掘，陆续有宫殿遗址被清理，整个城址布局和结构逐渐被人们所认知。它经过了三个阶段的营建才得以完成。有三周城垣，居中者为宫城，宫城外有小城，小城扩展后为大城。小城平面呈长方形，南北长1100米，东西宽740米，面积达80万平方米。城内可能有官署和手工业作坊遗址。大城是在小城的北面和东面北半部扩展扩建而成。平面略呈菜

---

① 俞伟超曾指出："平粮台遗址则土城范围达到每边长185米左右，并发现南北城门和在南门的地面下找到了陶质排水管道。在中国古代，这种公共的排水设施，常见于以后的城市遗址，而村落遗址中则从未发现过。从这些局部情况来判断，平粮台遗址似已发展为最初的城市。"（俞伟超：《中国古代都城规划的发展阶段性》，《文物》1985年第2期。）

② 曹桂岑、马全：《河南淮阳平粮台龙山文化城址试掘简报》，《文物》1983年第4期。

③ 郑卫、丁康乐、李京生：《关于中国古代城市中轴线设计的历史考察》，《建筑师》2008年第4期。

④ 秦文生：《舜都于淮阳平粮台龙山文化古城考》，《中原文物》1991年第4期。

⑤ 曹桂岑：《淮阳平粮台城址社会性质探析》，《中原文物》1990年第2期。

⑥ 陈昌远：《平粮台古城遗址与陈国相关问题》，《河南大学学报》1990年第4期。

刀形，南北长1710米，北墙长1240米，面积为190万平方米。城内分布有手工业遗址和一般居民区。[1]宫城位于偃师商城遗址南部正中，基本呈方形，面积达4.5万平方米。

宫城布局结构清晰，层次分明，由南往北，按照功用可分为宫殿（朝堂、寝宫、宗庙）、祭祀区和池苑区三大部分。宫殿建筑分布在宫城的中南部，呈东西对称状分列。东区大概主要属于宗庙建筑。西区主要是举行国事活动、处理政务的场所，即所谓"朝"，主要包括二号、三号、七号和九号宫殿建筑；朝堂后面的八号、十号宫殿则是寝宫，为商王及其王后、嫔妃居住的地方。这显然已确立了宫庙分离和前朝后寝的宫室制度。除一号、六号宫殿外，其他所有的宫殿建筑均为坐北朝南，主体建筑在北部居中，坐北面南，其两厢建筑东西对称。每个建筑单元均遵循纵轴对称原则，每个建筑单体也尽量遵循中轴对称。宫城中部有平坦的大道，直通城南。这条大道就是整个宫城的中轴线。虽然偃师商城经过了三期变化，但宫城的整体布局，特别是以通过南门的道路为中轴线对称的东西两厢分列的排列方式，始终得以保持。[2]

尽管说偃师商城在中国古代都城中轴线布局发展序列中占有不可忽视的重要地位，但我们依然不能夸大其应有的功用及中轴线文化意义，亦并不能由此就得出这样的认识，即商代开始都城营造便已出现中轴线设计的自觉意识，且改变了以往所认为先秦都城尚未形成严整的中轴线布局这一结论等。原因有三：其一，从考古发掘来看，仅有宫城布局体现出一种轴对称的特点，且这条所谓通向城址南门的大道并未贯通整个宫城南北；其二，随着大城的扩建，宫殿区偏离城中部，落在了城的西南部；其三，祭祀场所在宫城宫殿区北部而非南部，这与中轴线南向这一要素显然并不对应。故偃师商城的中轴线布局，仍处于一种非自觉的设计意识中，但对于诸如平梁台城址来

---

① 赵芝荃：《评述郑州商城与偃师商城几个有争议的问题》，《考古》2003年第9期。

② 王学荣、谷飞：《偃师商城宫城布局及变迁研究》，《中国历史文物》2006年第6期。

讲，显然又把中轴线布局这一宫室制度向前推进了很多。正如学者所言，单体宫殿建筑中轴对称的布局特点，夏商周三代一脉相承，并为后来历代都城所承继。①从整体来看，其设计还是比较简单的，可以说，“这一时期中轴线设计的自觉极有可能仅体现在建筑群和宫城的设计上，在具体的城市总体规划中，尚未发展成为一种有意识的设计手法，城市中轴线设计理论上的探索超前于具体的城市规划和建设实践”②。同时考古资料显示的夏商周三代都城，“或在整体上，或在局部上，或在单体建筑上的中轴线布局的出现，表明这一布局传统在当时的都城规划中已不同程度地或者说在不同范围内形成了”③。

二、《周礼·考工记》的理想设计

春秋战国时期，特别是战国时期都城的形制布局发生了巨大的变化。这与当时社会形势剧变密切相关，争霸战争频繁，社会矛盾复杂和尖锐，社会秩序日益动荡，同时也是思想较为开放、百家争鸣的时代。一方面，为使王宫摆脱四面被居民区包围的不利局面，各国都城普遍采取了将宫城独立出来而置于郭城的一侧或一隅的新格局，改变了原来的宫殿区多居于城中心部位的布局。④另一方面，从宫殿区自身来讲，一些都城营造仍然显示出轴线对称的布局。⑤如赵邯郸故城的宫城所在赵王城，即以西城中部偏南的龙台大型夯土建筑台基为主，与其北部的2号和3号两座夯土台形成一条南北中轴线。⑥燕下都的东城北部为宫殿区所在，其布局即以主体宫殿建筑武阳台、望景

① 许宏:《先秦城市考古学研究》，北京燕山出版社2000年版。

② 郑卫、丁康乐、李京生:《关于中国古代城市中轴线设计的历史考察》,《建筑师》2008年第4期。

③ 李自智:《中国古代都城布局的中轴线问题》,《考古与文物》2004年第4期。

④ 李自智:《东周列国都城的城郭形态》,《考古与文物》1997年第3期。

⑤ 许宏:《先秦城市考古学研究》，北京燕山出版社2000年版。

⑥ 邯郸市文物保管所:《河北邯郸市区古遗址调查简报》,《考古》1980年第2期；河北省文物管理处等:《赵都邯郸故城调查报告》，载《考古学集刊》第4辑。

台、张公台和位于城外的老姆台为轴心，形成南北中轴线。[①]可以说，这一时期城市中轴线设计孕育着从自发走向自觉的萌芽。[②]《周礼·考工记》的理想模式就是一个极其典型的表现。

《吕氏春秋·慎势》论及古代社会的城市（或聚邑）布局方式时这样写道："古之王者，择天下之中而立国，择国之中而立宫，择宫之中而立庙。"这是中国古代"居中"观与宫廷建筑的深层融合，为"中轴线"的形成和发展做了思想和理论上的开创。《周礼·考工记》的出现，则把这一思想与理论在都城营造方面发挥到了一种非常理想化的程度。

西汉武帝时，开献书之路。有一位李氏得《周官》五篇，而阙《冬官》。河间献王刘德以千金购买，亦终未得。刘德只好用与其相似的《考工记》加以补阙，并上奏汉武帝。但直至王莽新朝时，经过文献学家刘歆的力谏，《周官》才得以列为博士。随着新莽政权的覆灭，这一经学博士也就戛然而止。后经东汉古文经学家马融为之作传，郑玄作注，使其与《仪礼》《礼记》并为"三礼"[③]。唐代贾公彦又为其作疏，使得它跻身于十二经之列。

关于《周礼·考工记》的国别及其年代，众说纷纭。有西周说、春秋说、战国说，以及汉代说等。[④]目前学术界比较认同《考工记》为春秋末年齐国的官书。[⑤]齐国濒临渤海，具有天然的想象思维能力，故产生这样的理想建筑模式，实属正常，当然其中所蕴含的智慧是值得我们关注和重视的。

与中轴线直接相关的记载，就是《考工记·匠人营国》这一篇。其文曰："匠人营国，方九里，旁三门。国中九经九纬，经涂九轨。

---

① 河北省文物研究所：《燕下都》，文物出版社1996年版。

② 郑卫、丁康乐、李京生：《关于中国古代城市中轴线设计的历史考察》，《建筑师》2008年第4期。

③ ［唐］杜佑：《通典》卷四十一《礼》。

④ 李秋芳：《20世纪〈考工记〉研究综述》，《中国史研究动态》2004年第5期。

⑤ 郭沫若：《考工记年代与国别》，《郭沫若文集》第十六卷，人民文学出版社1962年版。

左祖右社，面朝后市，市朝一夫。”这是关于中国古代都城规划的重要文献，对后世的城市规划和建设产生了非常深远的影响。自汉唐以来，历代的注疏家和研究者均对其高度关注并加以解读，并对其所包含的都城规划思想和制度进行了深入探讨。如宋人林希逸《考工记解》卷下“匠人营国”条曰：“前言建国，建国之城也。此言营国，营国之宫室也。”清代戴震《考工记图》中绘制的都城平面图，则为我们从直观上认识《周礼·考工记·匠人营国》提供了便利。

具体来讲，该篇所描绘的都城规划蓝图：王都规模方九里，平面呈方形，每面3座城门；城市内划分为面积相等的九份，按方位主次分别规划不同的功能区；宫城是全城规划的重心，位于城内，从平面上看，城市是一种内城、外郭的形态；王宫内前有外朝，后有内朝，即按前朝后寝之制规划，宗庙和社稷对称分置于外朝东西两侧；宫城的南北一线为城市中轴线，中轴线前有王宫，后有市。[①]此外，还规定了都城街道的网格化布局形态。其文又曰：“王宫门阿之制五雉，宫隅之制七雉，城隅之制九雉。经涂九轨，环涂七轨，野涂五轨。门阿之制，以为都城之制；宫隅之制，以为诸侯之城制；环涂以为诸侯经涂，野涂以为都经涂。”这也呈现出都城规划营建的等级和层次。

在这里，国都的形制与大小，城门的方位与多少，城内街道的纵横安排及其数目和宽度，宗庙、社稷、王宫、市场的相对位置以及王宫、市场的规模等，都一一做了具体的规定，俨然形成了以王宫为轴心、其他建筑设施对称分布的极其严整的中轴对称格局。[②]这分明是按照天之所示而设计规划的一种都城营造模式。鉴于都城营造的自然地理、人文环境等要素的差异，[③]这一模式几乎成为一种理想化的营造模式。因为，“迄今为止，《考工记》说的这样的都城布局还未能为西周乃至整个先秦时期的都城考古发现所证实。即便是后代的

① 牛世山：《〈考工记·匠人营国〉与周代的城市规划》，《中原文物》2014年第6期。

② 李自智：《中国古代都城布局的中轴线问题》，《考古与文物》2004年第4期。

③ 《管子·乘马》曰：“因天材，就地利，故城郭不必中规矩，道路不必中准绳。”

都城，也没有一个能与其完全相符的”[①]。不过，我们不能否认《考工记》对之后的中国都城营造的重要影响。

如果把《考工记·匠人营国》周王都的规划蓝本转化为一张城市总平面图，它具有这样一些特征：城市有一定规模（方九里），由外郭墙所在位置线围起的明确的边界，边界以内的平面空间相对方正，内部划分为不同的功能区，其中最重要的宫城无疑安置在城内最重要的区域。[②]中国古都规划的中轴线是这一城市规划蓝图的集中呈现与拓展。陈寅恪曾言：“西汉首都宫市之位置与《考工记》匠人之文可谓符合，岂与是书作成之时代有关耶？”[③]近来有学者亦指出，周“礼制”是在“道”的伦理思想层面上维护了权力的宣扬和继承，而《考工记·匠人营国》则是在“器”层面上指导和实施营建符合周“礼制”的理想化都城模式；只是由于西周和春秋战国时期社会形态和经济技术发展水平的局限才未出现如后世北京那样经典的，符合礼制都城形态的案例。[④]还有学者将之与古希腊建筑师希波丹姆斯提出的城市规划模式比较并指出，两种模式都是用棋盘式方格路网，将城市用地切割成秩序井然的众多小方格，形成规整的城市建筑肌理。但这两种方格网的街道网格性质、街区尺度、公共空间位置，以及产生的城市空间形态等却有着不同的特点和内在含义，反映出各具特色的文明形态、民族心理和社会组织。[⑤]

---

① 李自智：《中国古代都城布局的中轴线问题》，《考古与文物》2004年第4期。

② 牛世山：《〈考工记·匠人营国〉与周代的城市规划》，《中原文物》2014年第6期。

③ 陈寅恪：《隋唐制度渊源略论稿》，中华书局1963年版，第63页。

④ 焦泽阳：《周“礼制”与〈考工记·匠人营国〉对早期都城形态的影响》，《城市规划学刊》2012年第1期。

⑤ 贺从容：《〈考工记〉模式与希波丹姆斯模式中的方格网之比较》，《建筑学报》2007年第2期。

第二节　汉长安城：宫城中轴线布局的形成

秦汉大一统体制下，都城文化有了一个质的飞跃和发展。在中国都城发展史上，汉长安城具有特殊的地位。20世纪50年代以来，考古工作人员对汉长安城遗迹进行了调查与发掘，使汉长安城布局得以不断的呈现，渐渐揭开了这一城址封存了2000余年的神秘面纱。那么这座汉帝王都城是否遵循了《考工记》的规划蓝图而设计，它的中轴线是一个什么样的发展形态，这些问题都值得我们去探讨与思考。

一、秦汉一统与都城营造

秦自周孝王时受封称秦，在前后500年的时间里，历经八次迁都，秦孝公十二年（前350年），定都咸阳，直至秦二世而秦亡（前207年），咸阳作为秦都城历时144年。咸阳地处关中平原的腹地，山川形胜得天独厚。秦都咸阳的营建，并非提前统一规划好而依次建成的，而是自始至终处在一个不断发展和完善的过程。[①]总体上，秦都咸阳营建，可分为两个阶段。第一阶段为初始阶段，从秦孝公的“筑冀阙”[②]开始，即“因北陵营建”[③]。北陵指的是咸阳北部的台塬，即依托着咸阳北塬进行营建。考古发现，在秦咸阳城址北部的咸阳塬上，分布着密集的大型夯土建筑群遗址，为宫殿建筑遗存。无论是夏商周三代，或是与秦同时代的诸国都城，没有一座宫殿建筑能像秦咸阳那样，利用高的台塬进行营建，形成凌空之势。[④]这一阶段以咸阳宫为朝宫，基本分布在渭河北岸。咸阳宫为整个都城的主体宫城，位于城的北部，在宫城范围内，发现分布有宫殿建筑基址8处。咸阳宫西边附近，有中央官署控制的手工业作坊。咸阳宫西南较远一点分布着民

① 李自智：《秦都咸阳在中国古代都城史上的地位》，《考古与文物》2003年第2期。

② 《史记》卷五《秦本纪》。

③ 《三辅黄图》。

④ 李自智：《秦都咸阳在中国古代都城史上的地位》，《考古与文物》2003年第2期。

营手工业作坊及居民居住区。而渭河南岸，即渭河至终南山之间，秦定都咸阳后，在此修建了上林苑，并向东西两边扩展，修建了宜春苑、长杨苑等，以供皇帝游乐。虽然也修建了章台、兴乐等少数宫室，但在当时还属城近郊的离宫。第二阶段为扩展阶段。从秦始皇时开始，在兼并六国过程中逐一于咸阳北阪仿建六国宫室，统一后又在渭河南岸兴建信宫（极庙）、甘泉前殿、阿房宫等，欲以阿房宫为新的朝宫。史载“为复道，自阿房渡渭，属之咸阳”[①]。阿房宫就建在了塬上林苑中，它是秦都咸阳最宏伟的宫殿建筑，到秦亡时仍未建成。秦始皇时，还利用渭河饮水为池，池旁兴建兰池宫。《三秦记》载，兰池“东西二百里，南北二十里，筑土为蓬莱，刻石为鲸，长二百丈”。显然这时的城市规划已不只限于初始阶段以咸阳宫为主的渭河北岸，而是向渭河南岸扩展；且其布局形制发生了根本性变化，即由原先的单一宫城咸阳宫发展成为包括咸阳宫、仿六国宫室、阿房宫等在内的多个宫城。[②]

秦都咸阳的布局形制及其特点，直接影响到其后的汉长安城。《史记》载“汉长安，秦咸阳也”。一方面，汉长安城最初营建基本是利用秦咸阳渭河南岸诸多宫殿基址而形成的；另一方面，秦咸阳营建所体现出来对自然环境的利用和改造思想，也对汉长安城有一定影响。不过，二者在继承先秦都城营造制度上还是存在一定差异的。汉长安城筑有更大范围的郭城城墙，而秦咸阳则没有。秦都咸阳的建筑布局，虽形成了以渭河为纬向轴线，以咸阳宫为经向轴线，但并没有呈现出一定的中轴线布局形制来。这就是说秦都咸阳对《考工记》的规划蓝图并没有吸收。原因之一是《考工记》实质上是按儒家思想设计都城的，对于信奉法家的秦人来讲没有任何约束力，因此在秦都咸阳的建设上看不到《周礼·考工记》的影响。[③]

汉长安城的营建和整体布局形制的形成，也是经历了一个较长的

① 《史记》卷六《秦始皇本纪》。

② 李自智：《秦都咸阳在中国古代都城史上的地位》，《考古与文物》2003年第2期。

③ 徐卫民：《汉长安城对秦都咸阳的继承与创新》，《唐都学刊》2009年第1期。

历史时期。据史书记载，公元前202年，汉高祖刘邦采纳张良、娄敬的建议，定都长安。最初只是以秦王朝的离宫——兴乐宫为基础，修建了长乐宫作为临时皇宫，而后才以新修建的未央宫为正式皇宫。萧何在修建未央宫的同时，还在长乐宫与未央宫之间修建了武库，在长安东南修建了中央粮库——太仓。汉惠帝即位后开始修筑城墙，还修建了北宫、社稷、汉太上皇庙、高庙等一系列宫殿建筑以及东市、西市等重要城市设施。之后，汉武帝又在长安城内修筑了桂宫和明光宫，在长安城西侧上林苑内修筑了建章宫，在都城西南郊开凿了昆明池，大规模扩建了皇室避暑胜地——甘泉宫。西汉末年，王莽又在城南郊修建了一批礼制性建筑，大建明堂、辟雍和宗庙，扩建太学。

如果仅根据这些文献记载，我们不足以揭示汉长安城的都城布局及蕴含的社会形态和政治内涵，那就需要依靠考古调查与发掘，以及随之而展开的学术讨论，更加清晰地呈现2000多年前的汉长安城宏伟而奇特的面貌特征。

二、汉长安城考古发掘与都城布局形制

汉长安城遗址一直是汉代考古的重要内容，自20世纪50年代以来，发现与发掘不断，成果颇丰，为我们了解和认识这一重要都城布局及形制提供了非常宝贵的实物资料。

20世纪50年代后期和60年代初期主要勘察了汉长安城城墙、城门、城内主要道路和长乐宫、未央宫、桂宫的地望与范围。80年代后期进一步勘察了未央宫、长乐宫和桂宫的结构与布局，明确了东市和西市的位置与基本形制，确定了高庙遗址的地望。90年代前半期勘察了汉长安城中手工业作坊遗址的分布和北宫的地望、范围。在上述考古勘察的基础上，对汉长安城进行了较大规模的考古发掘，主要有城门遗址、礼制建筑遗址、武库遗址、长乐宫宫殿建筑遗址、未央宫宫殿、官署和角楼建筑遗址，以及手工业作坊遗址的发掘。[1]90年

① 刘庆柱：《汉长安城的考古发现及相关问题》，《考古》1996年第10期。

代后半期以来，又对桂宫、长乐宫等宫殿遗址内的其他一些建筑遗址进行了发掘。[①]

西汉长安城遗址位于今陕西省西安市西北郊，今西安市未央区未央乡、汉城乡和六村堡乡辖区内。遗址平面近方形，方向基本做正南北向，周长25700米，城内总面积36平方千米。根据考古发掘，长安南城墙中部突出，东段偏北，西段偏南；西城墙南北两段错开，北城墙西北部分蜿蜒曲折。[②]对此有两种认识，一是认为汉长安城因此而被称为"斗城"。《三辅黄图》载，汉长安"城南为南斗形，城北为北斗形，至今人呼京城为斗城是也"[③]。近来有学者从文化角度对此做了进一步论证。[④]二是指出汉长安城城墙的这种状况是现实条件的一种反映，并无象天法地之类的规划理念，也就不具备所谓的"斗城"设计思想。元代李好文就认为汉长安城的弯曲主要受到宫殿修筑在前、城墙修筑在后和渭河自西南向东北的流向所致。[⑤]汉长安城考古专家刘庆柱根据考古勘察和发掘情况而支持这一认识，认为所谓的"斗城"说实为臆测。[⑥]关于渭河距离长安城远近，《汉书·文帝纪》载"昌至渭桥"，苏林注曰："在长安北三里。"经考古勘探，在横门遗址北1200米，发现渭桥遗址。[⑦]2012—2013年，经考古调查、钻探与发

---

① 中国社会科学院考古研究所、日本奈良国立文化财研究所：《汉长安城桂宫二号建筑遗址发掘简报》，《考古》1999年第1期；《汉长安城桂宫三号建筑遗址发掘简报》，《考古》2001年第1期；《汉长安城桂宫四号建筑遗址发掘简报》，《考古》2002年第1期；中国社会科学院考古研究所汉长安城考古工作队：《汉长安城长乐宫二号建筑遗址发掘报告》，《考古学报》2004年第1期；中国社会科学院考古研究所汉长安城考古工作队：《汉长安城长乐宫发现凌室遗址》，《考古》2005年第9期；中国社会科学院考古研究所汉长安城考古工作队：《西安市汉长安城长乐宫四号建筑遗址》，《考古》2006年第10期；中国社会科学院考古研究所汉长安城考古工作队：《西安市汉长安城长乐宫六号建筑遗址》，《考古》2011年第6期等。

②④ 陈喜波、韩光辉：《汉长安斗城规划探析》，《考古与文物》2007年第1期。

③ 陈直：《三辅黄图校正》，陕西人民出版社1980年版。

⑤ 《长安志图》卷中，中华书局1991年版。

⑥⑦ 刘庆柱：《汉长安城的考古发现及相关问题》，《考古》1996年第10期。

掘，又在汉长安城以北及东北发现三组七座渭桥。[①]从这些考古勘探和发掘情况来看，我们并不能完全排除河流环境影响到汉长安城城墙的形状。或许汉魏人所言的“斗城”是在客观环境下的汉长安城规划设计下的一种文化转化和升级。

城墙四角营筑有角楼。长安城每面各开三座城门，全城共十二座城门。这符合班固《西都赋》所言“披三条之广路，立十二之通门”。张衡《西京赋》：“城郭之制，则旁开三门，参涂夷庭，方轨十二，街衢相经。”《三辅黄图》引《三辅决录》云：“长安城，面三门，四面十二门，皆通达九逵，以相经纬。衢路平正，可并列车轨。十二门三涂洞辟，有上下之别。”除了清明门和雍门遗址地面已无遗迹之外，其余十座城门遗址地面尚保存有一些建筑遗迹。[②]东面由北向南依次为宣平门、清明门、霸城门（西对长乐宫东门）。宣平门是长安城正门。大概由秦以来，京城以东门为正门，东门又以最北一门为正。南面三门，由东向西依次为覆盎门（又曰端门，北对长乐宫南门）、安门、西安门（北对未央宫南门）。西面三门，由南向北依次为章城门、直城门、西城门（雍门）。北面三门，由西向东依次为横门、厨城门、洛城门。[③]一般城门宽32米，其中与长乐宫、未央宫相对的霸城门、覆盎门、西安门、章城门宽约52米。

1957年发掘了直城门、西安门、霸城门与宣平门，证实了汉长安城每个城门有三个门道，每个门道各宽8米，减去两侧立柱所占2米，实宽6米。在霸城门发现的车轨，宽为1.5米，每个门道正好容四个车轨，三个门道可容十二个车轨。这与文献记载是一致的。城门的勘探与发掘，探明了汉长安城内街道制度。除了霸城门、覆盎门、西安门、章城门因靠近长乐宫与未央宫外，其余八座城门各有一条大街通往城内。八条大街或为东西向，或为南北向，街道南北笔直，在

① 陕西省考古研究院、中国社会科学院考古研究所渭桥考古队、西安市文物保护考古研究院：《西安市汉长安城北渭桥遗址》，《考古》2014年第7期。

② 刘庆柱：《汉长安城的考古发现及相关问题》，《考古》1996年第10期。

③ 何汉南：《汉长安城门考》，《文博》1989年第2期。

城内互相交错会合，形成一些“十”字和“丁”字路口。安门大街最长，计5500米，其次是宣平门大街3800米，最短是洛城门大街，计850米，其余的大街多为3000米左右。八条大街的长度不等，但宽度相同，为45米。每条大街分成三条并列的道路，中间为驰道，专供帝王行走。①

长安城的8条大街将城内分为11个区，各区功能不尽相同，建筑内容亦不一致。11个区中，未央宫（包括武库）、长乐宫（包括高庙）、桂宫、北宫、明光宫和东市、西市各占一个区，里居共占四个区。②

汉长安城内的宫区包括未央宫、长乐宫、桂宫、北宫和明光宫，其中开展考古工作最多的是未央宫，其次是长乐宫，近来又对桂宫中的部分建筑遗址进行了清理发掘。北宫和明光宫仍待进一步勘探和发掘。

未央宫位于长安城西南隅，城址平面近方形，周筑宫墙，宽约8米，边长2150～2250米，周长8800米。宫城四面各辟一座宫门，此外还有14座掖门。东宫门、北宫门之外筑有高大阙楼，东宫门阙址已勘察清楚。宫城四隅应筑有角楼，其中西南角楼现已进行了勘察和发掘。未央宫内有贯通宫城的南北路一条，东西路两条。前者基本位于宫城东西居中位置，此路连接南、北二宫门。后者分别位于宫城中央的大朝正殿——前殿南北，二路平行。两条东西向干路将未央宫分成南部、中部和北部。中部主要有未央宫的主体建筑——前殿基址，在其东西两侧还有一些其他宫殿建筑。北部为后宫和皇室官署所在，后宫首殿——椒房殿遗址位居前殿基址以北350米处。皇室官署，如少府遗址，多在后宫之西。后宫以北和西北部有皇室的文化性建筑，如石渠阁、天麟阁等。未央宫南部西侧为皇宫池苑区。前殿是未央宫的大朝正殿，约位居宫城中央，坐北朝南，其上南北排列3座大殿。

① 李遇春：《汉长安城城门述论》，《考古与文物》2005年第6期。

② 刘庆柱：《汉长安城的考古发现及相关问题》，《考古》1996年第10期。

长乐宫位于长安城东南部，在未央宫之东，又称东宫。长乐宫是在秦渭南离宫兴乐宫基础上修建起来的，缺乏系统规划，平面不甚规整。宫城周长约10000米，面积约6平方千米。宫城四面各设一座宫门，东西二宫门是主要通道。长乐宫内有一条大道宽50米，为霸城门向西直通直城门的东西大道。对此，有学者认为它是长乐宫内的干道，也有学者认为这在西汉初年是一条横贯东西城内的干道，只是由于西汉中晚期长乐宫扩大，将其圈入长乐宫城之中。长乐宫内的主要宫殿建筑分布在东西干路南部，东边宫殿建筑遗址群规模最大，基址之上南北排列三组殿址，从其规模和布局来看，很可能属于长乐宫前殿遗址。[①]在宫城西北部也有一些宫殿建筑。长乐宫东北部为池苑区。近年来还在长乐宫遗址西北部发掘了几处生活、休闲之处建筑遗址，其中六号建筑遗址规模最大，它是这一核心区域最重要的主体宫殿建筑。有考古人员推测，这乃长乐宫前殿旧址。[②]此外，还在长乐宫内西北部发现一处凌室遗址。[③]

北宫是汉高祖刘邦始建、武帝增修的，既是供奉、祭祀神君的地方，又是因宫廷斗争失败而被软禁的后妃居处。其地望一直不甚清楚，学者们大多根据文献记载，推断其位于未央宫之北、桂宫东邻。但经勘察，这一带未发现宫城城墙遗迹。考古学家根据调查推测，北宫应在这一地段以东，即厨城门大街以东、安门大街以西、雍门大街以南和直城门大街以北。20世纪90年代曾在这里勘探出一座长方形宫城遗址，[④]或即汉长安城的北宫。[⑤]宫城南北1710米，东西620米，周长4660米。宫城四面各辟一座宫门。

桂宫是汉武帝时修筑的后妃之宫，位于未央宫以北、雍门大街以

①⑤ 刘庆柱：《汉长安城的考古发现及相关问题》，《考古》1996年第10期。

② 刘振东、张建锋：《西汉长乐宫遗址的发现与初步研究》，《考古》2006年第10期。

③ 中国社会科学院考古研究所汉长安城工作队：《汉长安城长乐宫发现凌室遗址》，《考古》2005年第9期。

④ 中国社会科学院考古研究所汉长安城工作队：《汉长安城北宫的勘探及其南面砖瓦窑的发掘》，《考古》1996年第10期。

南，东邻横门大街，西近汉长安城西城墙。其平面规整，呈长方形，南北长1800米、东西宽880米。宫城已勘探出南北东宫门各一座，宫城中南部有一高台宫殿建筑基址，台基南部有大量建筑遗迹，这里应为桂宫主殿——鸿宁殿建筑群故址。桂宫南宫门即龙楼门，南与未央宫石渠阁西北的宫城掖门——做室门相对。20世纪90年代末以来，又对桂宫南部的二号建筑遗址（很可能为后妃的重要宫殿）、西北部的三号建筑遗址（仓储建筑）和四号建筑遗址（生活休闲之处）进行了发掘。

明光宫是西汉中期修建的，汉武帝为容纳数以千计的宫女而筑的。据文献记载，其位于长乐宫之北。但其准确地望，仍有待考古勘察和发掘来定夺。

关于东市与西市。20世纪80年代中期在长安城西北部勘察发现两个“市”的遗址，四周夯筑“市墙”。东市东西780米、南北700米，西市东西550米、南北480米。汉长安城的手工业作坊遗址主要分布在城的西北部。

20世纪50年代后期，还对汉长安城南郊礼制建筑遗址进行了发掘。位于汉长安城西安门与安门南出平行线之间的宗庙遗址，包括12座建筑，形式一致，这是王莽的“九庙”遗址。此外，还有辟雍遗址和社稷遗址。

长安城以西的建章宫，周围20余里，四面各筑一座中门，东宫门外建筑有高大阙楼，阙楼基址至今屹立于地面上。位于建章宫西北部的神明台，是建章宫内最为壮观的建筑。其夯土台基现存高10米，东西长52米，南北长50米。长安城西南部是上林苑，周围300里，其中有各种宫观70余座，苑囿36处。西汉时期，未央宫、长乐宫、建章宫与甘泉宫，被列为汉首都长安的四大宫殿。①

三、汉长安城中轴线

关于西汉长安城是否有中轴线，以及中轴线的具体方位，一直以

---

① 李毓芳：《汉长安城的布局与结构》，《考古与文物》1997年第5期。

来存有很大争议。归纳起来主要有以下三种观点：

第一种观点认为，汉长安城大体以安门大街为中轴线，其理由为：通过测量发现，通过汉长安城安门大街的中轴线向南延伸至子午谷口，向北延伸至汉高祖长陵以北，总长74千米。这条基线与真子午线基本重合。这也反映出通过安门大街的中轴线不会是随便选择的，而具有更深层的含义。[①]

第二种观点则认为，汉长安城的规划布局是以围绕未央宫中部南北向大道和横门大街这条基线来进行的，这条线就是汉长安城的实际建筑轴线。这是目前学术界的主流认识。杨宽与刘庆柱虽然在长安城布局上有一些分歧，但在中轴线看法上基本一致。杨宽认为，“从未央宫北阙直对横门、横桥的大街，形成一条中轴线，中轴线的前面是朝廷所在，中轴线的后面有市，即雍门以东的孝里市，正与《考工记》所说‘旁三门’，‘国中九经九纬，经涂九轨’，‘面朝后市’相合”[②]。刘庆柱对此做了更为详尽的论证。

首先，刘庆柱对第一种观点做出了修正。他指出，“目前有不少研究者认为汉长安城中轴线为安门大街，他们一般认为长乐宫与未央宫、市场与里居分别位于这条轴线东西，这条轴线又基本位于汉长安城东西居中位置。我认为对于汉长安城轴线的上述理解不够妥当，一是长乐宫、未央宫性质不同。长乐宫为临时皇宫时，未央宫正在修建；未央宫作为皇宫建城使用后，长乐宫已为‘太后之宫’。二是安门大街东西分布里居与市场之说亦难作为确立轴线之理由。三是仅以安门大街位于汉长安城东西居中为由，推断其为都城中轴线欠妥”[③]。

其次，他认为，未央宫平面呈方形，这是作为皇宫不同于汉长安城其他诸宫的重要特点之一。宫城前殿坐北朝南，未央宫的总体布局方向也成了坐北朝南。西汉以后历代宫城，虽其平面多为长方形，但

① 王兆麟：《一条以汉长安城为中心的南北超长基线》，《光明日报》1993年12月13日。

② 杨宽：《西汉长安布局结构的再探讨》，《考古》1989年4月。

③ 刘庆柱：《汉长安城未央宫布局形制初论》，《考古》1995年第12期。

方位上均取坐北朝南方向。未央宫四座宫门分别与宫城之内的主干大路相连，通至大朝正殿——前殿。前殿基本位于未央宫中央，这与古代天子“择中”观念是一致的。据文献记载，皇帝登基、发布诏书、天子结婚、接受朝谒、寿诞庆贺等重大活动，均在前殿举行。前殿之上南北排列着三大殿和高居北部的附属建筑，中间的大殿可能是文献记载的“宣室”或“宣室殿”，即正殿。前殿北部最高处的附属建筑，可能是其“后阁”。前殿南北各有一条横贯宫城的东西干路，前殿东侧有一条纵贯宫城的南北干路。前殿南边有下殿的南北路，前殿中部西侧和东北角均有上下殿的通道。在前殿台基周边修建了廊庑和廊房。未央宫前殿主要建筑的布局反映了“前朝后寝”制度。

作者进一步指出，未央宫布局反映出宫城之内总体设计以宫殿建筑群为中心，主体宫殿（正殿）位置居中、居前，主要宫殿位居主体宫殿之后，辅助宫殿建筑在主体和主要宫殿两侧。这一布局形制为我国汉代以后诸宫城所沿用。未央宫平面为正方形，前殿约在宫城中央，可谓“择中”而建。前殿坐北朝南，南北司马门与前殿基本在同一条南北线上。未央宫内贯穿宫城的南北干道，南自南司马门，北行通过前殿东侧，再北至北宫门。这条南北干道应为未央宫轴线。此干道向南延伸至西安门，再向南穿过汉长安城南郊礼制建筑群，道东为宗庙，道西为社稷。此干道由北宫门向北与横门大街重合，至横门大街北部，东市、西市分列其左右。再北至横门。横门，临渭桥，北望咸阳塬上的汉帝陵寝。这条从西安门至横门的南北道路应为汉长安城轴线。

作者最后总结道：“汉长安城和未央宫轴线设置原则对后代都城、宫城影响极大，其表现主要为：都城以宫城为中心，宫城以大朝正殿为中心；宫城与都城之轴线重合；朝寝建筑在宫城都城轴线之上（或其侧）；宗庙、社稷分列于都城轴线东西，市场在都城轴线左右。宫城轴线一般居宫城之中，或近于中部，而都城轴线有的不在都城中部，如汉长安城、北魏洛阳城、隋唐洛阳城的轴线均程度不同地偏西。但是隋唐以后，历代都城轴线位置大多居中，而且越到晚期，这种特点越为明显。”[1]

还有学者对此认识做了补充论述，如提出“建章宫位于上林苑内，但实际是汉长安城的一个重要组成部分。它隔未央宫与长乐宫遥遥相对，使这条轴线东西两侧的建筑基本达到了平衡，成为汉长安城名副其实的中轴线”，并认为“汉长安城在整体布局上几乎完全采用了《考工记》的设计思想。这在我国古代都城建设史上还是不多见的”[2]。

第三种观点是对前两种认识的否定，即认为汉长安城并不存在所谓的中轴线。在作者看来，未央宫的构造很令人费解，其主要建筑面南，而宫殿的整体向北。如中心建筑前殿南面而立，而正门却是设置有北阙的北司马门，西、南面则不设阙。尽管未央宫作为长安的中心宫殿，但却位于都城的南端。由于其不合规则而变得复杂的是，具有非对称平面布局的城墙。其形状，北面和西面大体上是沿皂河地形而成的，东面和南面则较直，东北角和南面的安门一带，有稍向外突出的部分。其结果，在这座城内几乎没有直线贯通全城的道路，也不存在中轴线。这些城墙作为都市的外框，并没有给其内部区划以整然的秩序；整体形态上也没有表现出什么思想，甚至可以说只是一些城墙。这样的城墙产生的原因应从修建它的惠帝时期的国情中探寻。作者进而指出，这座“汉家之都”并不一定就是儒教的“天子之都”。因为在儒学上，立都的最重要条件，不是城郭的规模、城门的数量及“面朝后市”的配置等，而是作为君主权力基础的社稷和宗庙。王莽在长安城南郊建立的明堂、辟雍和太学等，无论其出奇和强行程度，都应处于西汉后期以来的这种动向的延长线上。这些建筑位于长安城南，不是因为这一地域有广大的空地，而是因为思想上的要求，无论如何也必须建于皇宫之南。尽管尚不清楚王莽是否有改造长安城全城的计划，但这件事意味着给予过去由未央宫向北展开的长安城以向南的方向性。即在长安城，意味着开始画出具有以天子为中心的思想意

① 刘庆柱：《汉长安城未央宫布局形制初论》，《考古》1995年第12期。

② 王社教：《论汉长安城形制布局中的几个问题》，《中国历史地理论丛》1999年第2期。

义的轴线。然而，这只是个萌芽，实际上经过西汉王朝的否定和王莽政权的垮台，长安城已变成一片废墟。[①]

还有人从另外角度对此做了阐释，提出：汉长安城是以秦兴乐宫为基础修建而成，实际上是对秦代首都南扩计划的某种继承，究竟在多大程度上体现了《考工记》的城市建设理念，不能不令人怀疑。汉长安城如秦咸阳城一样，整个城郭坐南朝北（城北因有渭河流经，交通便利，人员往来频繁；东南郊则为墓葬区，空阔寂寥）。城内宫殿布局缺乏规划性，没有明显的中轴线，与《考工记》主张的坐北朝南、择中而立的描述大相径庭。长安城有可能如张衡所言是“览秦制，跨周法”，参考了《考工记》和前代的城市建设；但真正将《考工记》奉为城市建设圭臬，还是从王莽时期开始。王莽以周公自居，行事以周礼为规范。长安城内大局已定，难以有所作为，于是王莽就在城外南郊建九庙、立辟雍、竖社稷，结合城北的东西市，力图使长安城符合《考工记》中“面朝后市，左祖右社”的理想城市蓝图。[②]

综观这三种认识，第一种看法并没有说服力，只是根据定型了的中轴线布局来考察汉长安城中轴线问题，当然是不科学的。第三种看法是就汉长安城的整体来思考其中轴线布局问题，得出否定的认识，实属正常，因为秦汉时期全城式的中轴线布局并没有形成。第二种看法，如果就宫城中轴线布局来看，是有道理的，但把它与都城中轴线混为一谈，也不符合中轴线布局的历史变迁。汉长安城未央宫的南北向中轴线，其形成有一个历史过程，这一点我们绝不能视而不见。从高祖时期直至王莽时期，这条中轴线才算完成它的布局。无论从规模、形态、布局的严整性等来看，汉长安城较之以往都是一个很大的推进，可以说它标志着都城宫城中轴线的正式形成。汉魏洛阳城宫城中轴线布局，沿着汉长安城继续向前推进。

---

① ［日］佐原康夫著，张宏彦译：《汉长安城再考》，《考古与文物》2001年第4期。

② 周长山：《汉长安城与〈考工记〉》，《文物春秋》2001年第4期。

第三节 汉魏洛阳城与曹魏邺城：宫城中轴线向都城中轴线的过渡

东汉洛阳城南北两个宫城对峙的情况，在我国古代都城中是一种极为独特的形制，颇具代表性。从考古发掘看，洛阳确实存在由南到北的主轴线。虽然这条主轴线没有直接与北门贯通，但当时重要的朝政活动还是围绕主轴线进行的。特别是南宫前殿位于经由平城门的宫城中轴线上，这比起汉长安城未央宫中轴线布局更为规整。曹魏时期营建洛阳城，重建北宫，废弃南宫，形成了宫在北而官署居里在南的格局。相较东汉，曹魏洛阳城的南北向轴线明显西移。北魏洛阳的宫城主要依魏晋之旧。

邺城由北、南两座相连的城组成，被称为邺北城与邺南城。城市中间的中阳门大道，正对宫殿区的主要宫殿，已形成中轴线。这种规制，标志着我国都城发展史的一个新阶段，改变了汉代以来宫殿区分散的布局。而且，邺城所设计的网格棋盘式街道，特别是内城的皇权专门化等，都直接影响到隋唐都城设计和都城中轴线形成。

一、汉魏洛阳城营建与布局

西周初年，周公东营“洛邑”。秦始皇统一全国后，于洛阳置三川郡。西汉初，刘邦先都洛阳3个月，后迁长安。更始三年（25年）六月，刘秀称帝，史称东汉。同年十月，定都洛阳。至汉献帝建安二十五年（220年），东汉都洛阳长达196年。三国曹魏时期，都洛阳共46年。西晋初，仍以洛阳为都，前后共52年。永嘉之乱后，洛阳城毁于战火。北魏太和十七年（493年），孝文帝自平城（今山西大同）迁都洛阳，修复并扩建了洛阳城，前后都洛阳42年。可以说，东汉洛阳城是在东周成周城、秦三川郡治、西汉河南郡治的基础上兴建的。其后曹魏、西晋、北魏诸朝沿用为都，故今习称为“汉魏洛阳城”，遗址位于今洛阳市以东约15千米处的洛阳市洛龙区、孟津县、偃师市境内。

（一）东汉洛阳城

班固《东都赋》曰："增周旧，修洛邑。……制同乎梁邹，谊合乎灵囿。"所谓"增周旧"，并非是说东汉洛阳城建立在东周洛阳的旧址上，而是说东汉洛阳大体借鉴成周的都城营造制度进行增修。[①]傅毅《洛都赋》："分画经纬，开正轨途，序立兆庙。面朝后市。"这是借用《考工记》术语，来形容东汉洛阳的布局和规制。

关于东汉洛阳城规模，据《后汉书·郡国志》注引《帝王世纪》曰："城东西六里十一步，南北九里一百步。"《元和郡县图志》引华延儁《洛阳记》曰："洛阳城东西七里，南北九里。洛阳城内宫殿、台观、府藏、寺舍，凡有一万一千二百一十九间。"考古勘测表明，东汉洛阳故城平面呈不规则的南北长方形，遗址南城墙已被大水冲毁，北城墙残长3700米，东城墙残长3895米，西城墙残长4290米。周长约13000米，总面积约9.5平方千米。[②]这些基本符合文献记载。

另据文献记载，东汉洛阳城共有12座城门，城门为一门三道。其中，南有四门，由东往西依次为开阳门、平城门、小苑门和津门；北有二门，由东向西依次为谷门和夏门；东有三门，由北向南依次为上东门、中东门和耗门；西有三门，由北向南依次为上西门、雍门、广阳门。但由于洛河冲毁南城墙，城墙各门只存东城墙三座、北城墙两座、西城墙三座。其中平城门被称为门之最尊者，《续汉书·五行志一》引蔡邕曰："平城门，正阳之门，与宫连，郊祀法驾所由从出，门之最尊者也。"以平城门为尊，既说明其为正门，又说明洛阳朝向是坐北朝南，以南为尊。

由各门引出的道路将洛阳城分为若干区域，中为宫廷，包括南北

---

① 曹胜高：《论东汉洛阳城的布局与营造思想——以班固等人的记述为中心》，《洛阳师范学院学报》2005年第6期。

② 中国科学院考古研究所洛阳工作队：《汉魏洛阳城初步勘查》，《考古》1973年第4期。

二宫，全国最高行政机构的官署区位于南宫之左前方，耗门内，权贵居住区分布于上东门之内，太仓、武库在城西北角。

东汉初年光武帝定都洛阳时，南宫已有，并得到进一步经营修缮。汉明帝永平二年（59年）初，营建北宫宫门朱雀门，永平三年（60年）大起北宫殿宇及官府。至永平八年（65年），北宫营建基本完成。《文选·古诗·青青陵上柏》："两宫遥相望，双阙百余尺。"这种南北两个宫城对峙的情况，在我国古代都城中是一种极为独特的形制，颇具代表性。[①]

由于汉代洛阳都城又被曹魏、西晋及北魏等后代都城的建筑扰乱或叠压，其面目不是完全清楚。学者们根据现有考古资料结合文献记载所做的复原研究，各自略有不同。但南北宫所在的大致方位基本可以确定，南宫位于城南部中偏东，北宫位于城北部中偏西，两宫南北不直对而略有错位，其间以复道连接。史载："南宫至北宫，中央作大屋复道，两宫相去七里。"这里的所谓"七里"，可能指的是南宫主殿至北宫主殿之间的复道距离。[②]南城墙中部偏东的平城门，内有大街直通南宫，经南宫再过复道进北宫。具体来讲，南宫大约在中东门大街之南、广阳门大街之北、开阳门大街之西、小苑门大街之东，为长方形，南北约长1300米，东西约1000米。北宫大致在中东门大街之北，津门大街之东，谷门大街之西，北靠城墙，呈方形，面积稍大。两宫面积约3.1平方千米，约占全城面积三分之一。南、北两宫共有七座宫掖门，其中南宫四座，南面、东面各一座，北面二座；北宫三座，南面、东面、北面各一座。

不仅有南宫、北宫，还有东宫、西宫、永安宫、永乐宫、长秋宫等宫名。不过东宫、西宫、长秋宫、永乐宫是附属于南北宫的小宫院。东宫、西宫均位于南宫内，分别为皇帝和皇后使用的殿所。长乐宫则在南宫、北宫中均出现过。

南北宫中的殿台楼阁众多，比较明确在南宫的有却非殿、前殿、

---

①② 钱国祥：《由阊阖门谈汉魏洛阳城宫城形制》，《考古》2003年第7期。

乐成殿、灵台殿、嘉德殿、和欢殿、玉堂殿、宣室殿、云台殿等，在北宫的有德阳殿、崇德殿、宣明殿、含德殿、章德殿等。前殿为南宫正殿，在南对南宫正门（即平城门），东对南宫东门（即大城旄门）的东西一线以南处，即南宫的东南部。北宫主殿为德阳殿或崇德殿，东西并排，其中东侧先修的崇德殿最有可能在南对北宫南墙中间的正门朱雀门，东对北宫东门东明门内东西道路以南处。而后建的正殿德阳殿在崇德殿之西，其位置可能就在北魏宫城正殿太极殿附近，即南对大城南墙小苑门处。德阳殿为北宫中殿之最尊者，东西长达37丈，约合百米，可容万人，规模极为宏大。[①]

《后汉书·郡国志·祭祀下》："建武二年，立太社稷于洛阳，在宗庙之右。"出平城门，明堂、辟雍和太学在其左，灵台居其右。明堂遗址位于平城门大道东侧，左有辟雍（帝王行教化之所），右有灵台。辟雍在开阳门大道东侧，灵台在平城门大道西侧。东汉洛阳"工商业区有南市、马市和金市。南市和马市都在城外，前者在南郊，后者在东郊，金市在城内，其位置在北宫的西南，南宫的西北"[②]。在北宫附近还有濯龙园、芳林苑等皇家林苑。

对东汉洛阳城是否有主轴线，尚有不同的看法。贺业钜认为洛阳有明显的主轴线。[③]俞伟超亦认为洛阳全城规划可能受到《考工记》的一定影响，已略具中轴线的味道。[④]杨宽则认为东汉洛阳的中轴线的作用和布局尚不显著，都城的中轴线布局形成于魏晋南北朝至隋唐期间。[⑤]徐苹芳亦认为，东汉洛阳的中轴线设计思想也不明确。[⑥]

还有学者指出，判断洛阳主轴线的设计，需要从两个方面入手，一是主轴线是有意识设计还是暗合。从考古发掘看，洛阳确实存在由

① 《后汉书·礼仪志》注。

② 王仲殊：《汉代考古学概说》，中华书局1984年版。

③ 贺业钜：《中国古代城市规划史》，中国建筑工业出版社1985年版，第438—439页。

④ 俞伟超：《中国古代都城规划的发展阶段性》，《文物》1985年第2期。

⑤ 杨宽：《中国古都都城制度史》，上海人民出版社2000年版，第188—189页。

⑥ 徐苹芳：《关于中国古代城市考古的几个问题》，《文化的馈赠——汉学研究国际会议论文集·考古卷》，北京大学出版社2005年版，第37页。

南到北的主轴线，不仅贯穿南部的礼制建筑区、平城门、南北宫，而且重要的朝廷活动诸如朝会、祭祀、出行等都在这条主轴线上进行。因此，即便是设计上没有规划，但仍存在一条主轴线。二是要比较前后朝代都城的布局结构。东汉洛阳城处于都城制度变化较为重要的时期，相对于西汉长安和唐以后的洛阳，其差异是明显的，尽管西汉存在贯穿城市南北大道，但其宫室朝政活动、祭祀活动并非是围绕其进行的，与洛阳主要建筑在主轴线差异明显。洛阳的这条主轴线没有直接与北门贯通，这和后代都城的主轴线也存在不同。但相对于西汉长安，东汉重要的朝政活动还是围绕主轴线进行的。①

平城门原本是没有的，是在南宫前殿建好以后开辟的。平城门的开辟使南宫的南门与平城门之间形成在东汉洛阳的一条重要大街——平城门大街。尽管这条大街在洛阳城内很短，只有不足700米，但这条大街一直延伸到城南洛水之滨，而且还在这条大道两旁安排了三雍及太学等重要的礼仪建筑，具有城市轴线的意味。因此，从布局来看，平城门大街即东汉洛阳城宫城的中轴线所在。但如果放在都城整体来看，显然，东汉洛阳城宫城的中轴线亦不在城的居中位置，而是偏于洛阳城东部，并且在城内也较短，算不上完整意义上的城市南北中轴线。②而且，平城门大街经南宫过复道进北宫，这条路也不在一条直线上，因而有学者称其为不成熟的中轴线。③不过，值得注意的是东汉洛阳城南宫中的正殿——前殿的位置正对城南墙的平城门，④也就是说南宫前殿位于经由平城门的宫城中轴线上。这比起西汉长安城未央宫的中轴线布局更为规整。

---

① 曹胜高：《论东汉洛阳城的布局与营造思想——以班固等人的记述为中心》，《洛阳师范学院学报》2005年第6期。

② 张中印：《东汉北魏时期洛阳城形态与内部空间结构演变》，陕西师范大学2003年硕士学位论文，第16页。

③ 俞伟超：《中国古代都城规划的发展阶段性》，《文物》1985年第2期。

④ 钱国祥：《由阊阖门谈汉魏洛阳城宫城形制》，《考古》2003年第7期。

（二）曹魏洛阳城

东汉献帝初平元年（190年），董卓挟天子以令诸侯，西迁长安，并焚烧洛阳宫室。等建安元年（196年）汉献帝回到洛阳，已是宫室烧尽，满目疮痍。曹魏初年，在东汉洛阳废墟基址上再次营建洛阳都城。

史载，建安二十五年（220年），曹操在原东汉洛阳北宫西北的濯龙园伐树修建，营建建始殿。至曹丕称帝，以魏代汉，以洛阳为都，初营洛阳宫。魏文帝时，在洛阳宫内主要修建了陵云台、嘉福殿、崇华殿（后改称九龙殿）等建筑。开凿了宫内水池灵芝池，在宫北禁苑芳林园内，则又重新穿凿了汉代就有的天渊池，修筑了九华台等建筑。魏明帝时，进入洛阳宫大规模营建阶段，修建了昭阳、太极诸殿与总章观、陈雷阙等，宫城正门阊阖门也始建于此时。

根据傅熹年先生研究，曹魏洛阳宫平面为矩形，南面主要有2门，西为阊阖门，东为司马门。阊阖门是全宫的正门，北对大朝会的正殿太极殿，形成全宫的南北主轴线。东、西、北三面门数不详，见于记载的，东面有东掖门、云龙门，西面有神虎门，北面有承明门。在阊阖门内的主轴线上，主要建了分别以太极殿和式殿为中心的前后两组宫院。太极殿是皇帝举行朝会等重要礼仪活动的主殿，在它的东西两侧与它并列建有东堂和西堂。东堂是皇帝日常听政之处，西堂是帝王日常起居之所。除了洛阳宫外，还有其他小宫存在。如太后所居的永宁宫，在洛阳宫外；西宫，又称金墉宫。官署分布在东阳门前的东西横街上和宫城东南角一带。仍设三市，即金市、南市和马市。金市在洛阳城内西南角，马市在城东，南市在城南。①

东西横贯全城的大道除了东汉时已有的广阳门—旄门大街（魏晋时为广阳门—青阳门大街）外又开辟了一条阊阖门—建春门大街，位于洛阳城的北部。这条新开辟的大街横穿洛阳宫，将洛阳宫一分为

① 傅熹年：《中国古代建筑史》，中国建筑工业出版社2001年版，第23—26页。

二，南部为皇帝朝会群臣办公的区域，北部为皇帝与后妃们休息的区域。

相较东汉洛阳城，魏晋洛阳城布局发生了一些变化。一是宫制的格局。对于这一变化，学术界认识略有不同，主要体现在宫城是单一宫制，还是南北二宫制。有学者指出，曹魏时期在洛阳城营造的宫殿、门阙、宫苑、水池等，无论名称或相互之间的位置，皆与在洛阳大城北半部营建的北魏宫城布局极为相近，似都是在汉代北宫故地营建，而在汉代南宫位置则未见任何重建的迹象；至于文献记载的曹魏时期的南宫与北宫，只是对同一座宫城内位置及作用不同的帝、后殿所的称谓。[①]当然，也有人提出不同看法。[②]二是宫城阊阖门的营建。既然已经重修了这些基本位于洛阳宫南墙中间的宫门，为何还要在其西侧再建一座位置偏于宫城西侧的宫城正门阊阖门呢？这有可能与当时发生的一些变故或特殊事件有关。如文献记载中提到的可能是在汉代旧门基上筑阙时出现了意外事故，阙体崩塌造成了数百人死亡。这可能引起魏明帝的忌讳，为顺承天意而弃旧更新，遂不在此复筑双阙，于是向西移地重建宫城正门及双阙。可能正是由于出现了这样的变故，对随后开始的都城建设的布局产生一系列影响，如宫中主要宫殿及正门所在的南北轴线由此而西移，正对宫城正门的宫前御道也就改至汉代南宫西侧的铜驼街，相应地在大城南墙则改由宣阳门为大城正门等。[③]

曹魏时期洛阳城，重建北宫，废弃南宫，形成了宫在北而官署居里在南的格局。随着南宫的废弃，原先在东汉政治生活中占有重要地位的平城门大街（即魏晋时平昌门大街）失去了其特殊的地位。继之而来的是魏明帝在北宫正门和南城门宣阳门之间，开辟了一条大街，称之为铜驼街。史载，魏明帝景初元年（237年），把长安城中汉代所铸的铜驼，搬迁到了洛阳，放在阊阖门南的十字街头，同时又在铜驼

①③ 钱国祥：《由阊阖门谈汉魏洛阳城宫城形制》，《考古》2003年第7期。

② 张鸣华：《东汉南宫考》，载《中国史研究》2004年第4期。

街两侧建宗庙、社稷等礼制建筑，又于城南伊水之阳建圜丘祭天。这样一来，这条大街自南门宣阳门直指宫城正门正殿向，并且向城外延伸很长，长达2100米，使得铜驼街已具有南北中轴线的性质。相较东汉，洛阳城的南北向轴线明显西移。在这条轴线上按照“左祖右社”的原则，夹街建有太庙和太社，象征皇权和政权的建筑群，也初步具有了都城南北中轴线的意味。

如果就洛阳内城而言，此轴线还是略微偏于全城西部的。但如果从整个洛阳城来看，其恰好位于洛阳城的中部，是名副其实的南北中轴线。其余两条南北向的街道在内城内曲折北行，和北面的门内的街道相接，形成都城南北向的次中轴线。[①]

（三）北魏洛阳城

北魏迁都洛阳后，在曹魏洛阳城原址的基础上，对洛阳进行了大规模的修建。北魏洛阳的宫城，主要依魏晋之旧。宫城为规整的长方形，南北长约1400米，东西宽约660米。宫城被阊阖门与建春门之间的东西街道分割为南北两部分，南部为朝会宫殿区，北部为寝宫区。宫城设四门，东、南各设一门，西面设二门。正殿太极殿处于宫城中部偏西。这是迁就旧城街道、城门格局的结果，即沿用并改造东汉洛阳的小苑门大街为都城新的中轴线——铜驼街。[②]宫城外东侧置太仓、洛阳地方官署、经营园囿籍田的机构，西侧为佛寺。

北魏洛阳内城即汉晋时期的洛阳大城，略呈长方形。除南垣被河道冲毁外，其余三面均有夯土残垣存在。据实测，东垣残长3895米，北垣残长2820米，西垣残长3510米。内城城门13座，其中东面三座，即从北向南依次为建春门、东阳门、青阳门；西面四座，从南向北依次为西明门、西阳门、阊阖门、承明门；北面二座，由西往

---

① 张中印：《东汉北魏时期洛阳城形态与内部空间结构演变》，陕西师范大学2003年硕士学位论文，第18页。

② 黄建军：《中国古都选址与规划布局的本土思想》，厦门大学出版社2005年版，第152页。

东依次为大夏门、广莫门；南面四座，从东向西依次为开阳门、平昌门、宣阳门、津阳门。内城共有东西和南北走向的道路各五条，其中东西走向的五条横道，有三条贯穿全城和东西城墙门。最南边一条即青阳门至西明门之间的御道，中间为东阳门至西阳门之间的御道，北边一条是建春门与阊阖门之间的御道。另外两条分别为雍门与承明门之间的御道和承明门内御道。五条纵道包括最东面的南墙开阳门内御道，北抵建春门御道；平昌门至广莫门间御道；宣阳门内御道，即铜驼街；南起津阳门内御道，北至承明门内御道；大夏门内有条御道。沿铜驼街东西两旁，建设一系列中央官署。

大市在西部，小市在东部，四通市在南部，三市均处于宫城以南。宫城的西北角，洛阳内城中营建一座屏卫皇宫的重要军事堡垒，即金墉城。始建于曹魏，北魏加以扩建和加固。

外郭城为北魏修筑。景明二年（501年），宣武帝决定在魏晋时期的宫城、内城基础上，扩大城市范围，修建外郭城。外郭城，南北长、东西短，呈不规则的长方形。东墙遗址，现残长1800米，西墙残长4400米，西墙外侧曾发现一壕沟。洛阳城有220里坊，里坊从东、西、南三面环绕宫城的布局特点。坊设有坊墙，内设十字街，四面开门，这是我国古代都城发展史上第一次有计划地将居民的里整个建成，做出整齐的布局，规定了同一的规格。①

北魏洛阳城东西20里，南北15里，规模庞大，布局形制影响深远。宿白先生曾指出："北魏洛阳规模之大，在我国历史上不仅是空前的，而且也超过以前认为我国封建时期最大的城——隋唐长安城。"作为都城的重心，即宫城、宫殿，此前都位于都城的南部。直至东汉初年，重心仍在南部。自汉明帝永平三年（60年）修建北宫，便形成南北宫对峙的局面。到了北魏，则将宫殿集中建置于内城中北部，成为单一宫城。宫城正殿太极殿，则雄踞宫城中部。此种都城布局模式，延及隋唐，就是宫城建在都城北部，而在宫城之前建造皇城

① 杨宽：《中国古代都城制度史》，上海人民出版社2006年版，第245页。

的布局；自宋代国都汴京开始，宫城则演变为建在中央，而以皇城包围宫城的格局。[①]

二、魏晋南北朝邺城营建与布局

邺城遗址在河北省临漳县境内，位于县城西南20千米，南距安阳市区18千米。邺城由北、南两座相连的城组成，被称为邺北城与邺南城。邺北城先后成为曹魏、后赵、冉魏、前燕的都城。534年，东魏自洛阳迁都邺城，其后始建新城，为邺南城。邺南城为东魏、北齐两朝的都城。同期，邺北城亦在使用。从20世纪30年代开始，考古人员对其开展了实地调查，特别是80年代以来多次进行勘探发掘，基本对城址的整体布局有了一个了解。

邺北城遗址，呈东西长的长方形。城墙在地面上已无任何痕迹，全部埋于地下，经钻探探出南墙、东墙和北墙墙基。据文献记载，邺北城有城门七座，分别为南曰凤阳门、中曰中阳门、次曰广阳门、东曰建春门、北曰广德门、次曰厩门、西曰金明门。东城墙发现的门址应是建春门的门址。北城墙发现的门址应是广德门的门址。西城墙发现的可能为金明门的门址。南城墙三座门址的位置，自西向东为凤阳门、中阳门、广阳门。经实地勘探，发现道路六条：东西大道一条，连接建春门至金明门，大道不是笔直的，略有曲度；东西大道以南，有南北大道三条，自西向东可暂称为凤阳门大道（长730米，南起中阳门，北与东西大道相交，宽17米，是邺北城最宽的道路，直对宫殿区的主要宫殿，应是邺北城的南北向主干道）、中阳门大道（长800米，与东西大道相交）、广阳门大道；东西大道以北，有南北大道两条，金明门至建春门东西大道以北，其中东面的一条是通往广德门的大道。在东西大道之北的中央部位，发现十处夯土建筑基址，这里应是邺北城的宫殿区。在金明门之北发现一处遗迹，即金虎台基址，保存较好。金虎台基址往北，发现了另一处遗迹，即铜爵台基址。这是

① 徐金星：《关于汉魏洛阳故城的几个主要问题》，《华夏考古》1997年第3期。

两处仅存于地面之上的遗迹。由此可见，金明门和建春门之间的东西大道，将邺北城分为南北两区，以北区为主体，北区大于南区，北区中央为宫殿区，西边是苑囿，东边为戚里。南区为一般衙署和居民区。

有人据此提出，城址中间的中阳门大道，正对宫殿区的主要宫殿，已形成中轴线，并与凤阳门大道、广阳门大道平行对称。这种规制，标志着我国都城发展史的一个新阶段，改变了汉代以来宫殿区分散的布局；都城规划中的中轴线的形成，使都城规划更为对称和规整。[①]后徐光冀先生进行复原研究，与此认识基本一致，只不过更为具体一些，即认为西为外朝，东为内朝，外朝正殿为文昌殿，文昌殿南面的正门为端门，端门南正对止车门，出止车门即中阳门大道。中阳门大道正对止车门、端门、文昌殿，形成全城的中轴线。[②]对此形成原因，有学者指出，由于邺北城是新建都城，不受任何制约而可以统筹规划，因而便能力求中轴线居中，达到比较严整的布局形制。[③]而曹魏以至北魏的洛阳城营建于后，理应上承邺北城中轴线居中之成规，但由于多是在历代旧城的基础上改造而成，中轴线规划不免要受到旧有建筑的种种限制而偏离居中位置。[④]

而有人则提出了异议，认为徐光冀先生的复原仅为两种假设，实际上南区中部的大街与端门、文昌殿是否形成一条线，还不清楚。还有，根据《魏都赋》，文昌殿的东部有中朝的听政殿，听政殿的南部与诸门相连，进一步通过南部的司马门，那里布局着主要官府。这样，曹魏邺城的北半部，仍然存在着文昌殿—端门的南北轴和听政殿—司马门的南北轴的双轴。[⑤]

---

① 中国社会科学院考古研究所、河北省文物研究所邺城考古工作队：《河北临漳邺北城遗址勘探发掘简报》，《考古》1990年第7期。

② 徐光冀：《曹魏邺城的平面复原研究》，见中国社会科学院考古研究所编著《中国考古学论丛——中国社会科学院考古研究所建所40年纪念》，科学出版社1995年版。

③④ 李自智：《中国古代都城布局的中轴线问题》，《考古与文物》2004年第4期。

⑤ 郭湖生：《魏晋南北朝至隋唐公室制度沿革——兼论日本平城京的宫室制度》，《中华古都——中国古代城市史论文集》，台北空间出版社1997年版。

邺南城遗址，通过钻探确定了东、南、西三面城墙，并发现北墙沿用了邺北城的南墙。东、南、西三面城垣遗迹不是呈直线分布，每面城墙都有舒缓的弯曲，东南、西南城角为弧形圆角，形制特殊。邺南城东墙有城门一座，南墙有城门三座，西墙有城门四座，加上邺北城南墙三座城门后为邺南城北墙城门，邺南城除东墙偏北的三座城门外，其他城门均已确定。据文献记载，邺南城南面三门：自东向西依次为启厦门、朱明门、厚载门；东面四门：自南往北依次为仁寿门、中阳门、上春门、昭德门；西面四门：自南往北依次为上秋门、西华门、乾门、纳义门。又《嘉靖彰德府志》卷八《邺都宫室志》："南城之北，即连北城，其城门以北城之南门为之。"这样，邺南城城门应为14座，其中北面三座：自西向东依次为凤阳门、永阳门和广阳门。在邺南城中钻探到主要道路六条：南北向大道三条，暂名为厚载门大道、朱明门大道和启厦门大道，这三条南北向道路平行，其中朱明门大道向南穿过朱明门和护城河，北抵宫城正南门。其向北的延长线上排列有宫城主要宫殿基址。它应是邺南城中轴线的一部分。厚载门大道位于朱明门大道西侧，南通过厚载门。启厦门大道位于朱明门大道东侧，南通过启厦门。东西向大道亦三条，暂名为乾门大道、西华门大道和上秋门大道。三条东西向道路平行，其方向与南北向道路垂直。乾门大道通过乾门，东达宫城西门。西华门大道西起西华门，向东通过宫城南墙外侧，与厚载门大道、朱明门大道垂直相交。在邺南城中央偏北发现了宫城，东西约620米，南北970米。南起朱明门[①]、北达宫城主要宫殿的中轴线将宫城分为东西两部分，东半部明显大于西半部。

邺南城的宫城外广布里坊。里坊内除衙署、住宅外，还有市及寺庙等。邺南城宫城东有太仓。宫城东原有东宫，后改建扩为后宫的一部分。宫城南有官署、后妃所居亚宫、社稷、祖庙、高官宅邸等。邺

---

① 朱明门为南墙正门，形制宏大，已发掘。中国社会科学院考古研究所、河北省文物研究所邺城考古工作队：《河北临漳县邺南城朱明门遗址的发掘》，《考古》1996年第1期。《邺中记》："（朱明门）独雄于诸门，以为南端之表也。"

南城城外郭内另有皇家苑囿、地方官署、离宫和一些文化设施。灵台、明堂、辟雍、太学亦在郭内。邺南城的这些遗址未找到，但因其据洛阳城仿建，可推断也在郭内。据文献记载，邺南城“上则宪章前代，下则模写洛京”[①]。陈寅恪先生也曾指出：“其宫室位置及门阙名称无一不沿袭洛都之旧，质言之，即将洛京全部移徙于邺……直是（因）文化系统之关系，事实显著。”[②]

总的来讲，邺南城具有明确的中轴线，以朱明门、朱明门大道、宫城正南门、宫城主要宫殿等为中轴线，全城的城门、道路、主要建筑等呈较严格的中轴对称布局。纵横的街道垂直交错，道路网格呈棋盘格状分布。[③]还有一个现象值得我们注意，即北魏洛阳、邺南城开始出现内城民宅被官府及高官宅邸占据的趋向，到了隋唐，长安城就发展成为内城即皇城的宫室制度，其中只分布官署及社稷。[④]

① 《魏书·儒林传·李兴业》。

② 陈寅恪：《礼仪附都城建筑》，《隋唐制度渊源略论稿》，中华书局1963年版。

③ 中国社会科学院考古研究所、河北省文物研究所邺城考古工作队：《河北临漳县邺南城遗址勘探与发掘》，《考古》1997年第3期。

④ 郭济桥：《北朝时期邺南城布局初探》，《文物春秋》2002年第2期。

第四节 隋唐长安城：都城中轴线的形成

对都城中轴线布局做严整的规划，到隋唐时期可以说是达到了极致。隋大兴城与唐长安城，宫城中部为太极宫，正殿太极殿位于宫殿区南部正中，与宫城南面正门承天门相对，构成了宫城的中轴线。皇城南面正中的正门朱雀门，北对宫城的承天门，南为朱雀大街直通外郭城明德门，这就形成了以朱雀大街为全城的中轴线。承天门街和朱雀门街之间虽隔着宫城和皇城之间的横街，实际上是连接在一起的。承天门街和朱雀门街连在一起，共同为唐长安城的中轴线。这就实现了宫城中轴线与都城中轴线的融合与一统。

一、隋大兴城与唐长安城的营建与布局

隋文帝开皇二年（582年），命宇文恺等人在汉长安城东南的龙首原设计新京城。因隋文帝曾被封为大兴公，故称这座新京城为大兴城。大兴城规模浩大，规划整齐，面积达84平方千米。大兴城的建城顺序是先筑宫城，次筑皇城，最后筑外郭城。

大兴城分为郭城、宫城和皇城。郭城东西9721米，南北8651米，周长约36.7千米。郭城东西南上面各开三门，其中南面正中的城门明德门最大，有五个门道。郭城内有南北向大街11条，东西向大街14条。这些街道把郭城分为108坊。这108坊，以朱雀大街为界，东属大兴县，西属长安县。城内诸坊除靠朱雀大街两侧的四列坊，只设东西向的横街外，其余各坊都设十字街。大兴城两市（东曰都会，西曰利人）对称地置于皇城外东南和西南。

宫城大兴宫，建于隋开皇二年至三年（582—583年），位于郭城北部正中，前是皇城，后靠郭城之北的大兴苑，南北长1492.1米，东西宽2820.3米。宫城南壁正中的广阳门和北壁正中偏西的玄武门门址均已考古探得。广阳门前即宫城和皇城之间的横街，宽220米，是大兴城最宽的街道。宫城中部为宫殿区，宫殿区东为太子宫——东

宫，西南部为宫人居住的掖庭宫，北部是太仓所在。

皇城紧靠在宫城的南侧，中隔横街，无北墙，东西两墙与宫城东西墙相接。皇城南北长1843.6米，东西宽同宫城。皇城南壁有三座城门，东西两壁各有两座城门。其位置均已勘探确定。南面正中的朱雀门是皇城的正门，北和宫城正门广阳门相对，南经朱雀大街与郭城南面明德门相通。文献记载，皇城内有东西向街道7条，南北向街道5条。其间立中央衙署及其附属机构。从曹魏邺北城开始，中央衙署较集中，但在衙署外围另筑一城，即皇城，则是隋以前所未有。

到了唐代，隋大兴城被改名为长安城，将大兴宫、大兴殿、大兴门、大兴县的名称改为太极宫、太极殿、太极门、万年县。①唐初大兴城的变革，主要是新创建的大明宫，取代了以太极殿（即隋的大兴殿）为中心的旧的宫殿区。唐太宗贞观八年（634年）于太极宫东北禁苑内的龙首原高地建永安宫，次年改名大明宫。开元二年（714年），因兴庆坊玄宗藩邸修建宫殿，十六年（728年）竣工，玄宗即移此听政。天宝十二年（753年）又筑兴庆宫城并起城楼。

唐长安城的三大宫殿区是太极宫、大明宫和兴庆宫，这是长安城的主体建筑，分别建于长安城内北端、城外邻城东北和城内东南。太极宫偏西，谓之“西内”，大明宫在城外东北，谓之“东内”，兴庆宫偏南，谓之“南内”，合称之为“三大内”。

太极宫，从北至南依次为两仪殿（内朝）—朱明门—太极殿（中朝）—承天门—外朝。南面正门为承天门，南行之街为承天门街，将皇城分为东西两部分，由皇城朱雀门延至外郭城的南门明德门，该段为朱雀门街，因此，长安城形成了以太极宫为轴端的沿承天门街与朱雀门街形成的轴线对称格局。

大明宫，南宽北窄，周长7628米。其中，西墙长2256米，北墙长1135米，东墙由东北角起向南（偏东）1260米，东折300米，然后再南折1050米与南墙相接，南墙是郭城的北墙，在大明宫范围内的

---

① 《太平御览》卷一五六《西京记》。

部分长1674米。东、西、北三面是在禁苑中新建的城墙。宫城四壁和北面夹城均设门。它的正门为丹凤门，门南有丹凤门大街。正殿为含元殿（外朝），含元殿之北300米是宣政殿（中朝），宣政殿之北100米是紫宸殿（内朝），这三座大殿同在一条直线上，正对丹凤门。大明宫北部有太液池。

兴庆宫傍郭城东壁，东西宽1080米，南北长1250米，平面呈长方形。宫城四面皆设门，正门兴庆门在西壁北部。宫城以内隔墙隔为南北两部，北为宫殿区，南为园林区。兴庆宫本是个离宫，后几经扩建，才成为皇帝起居、听政的正式宫殿，规模较小，正门朝西而不朝南。只有一座正殿，曰兴庆殿，南向，通南面的通阳门，北通大明宫，南通曲江池。

经过复原研究，唐长安城外郭城东西南三面各有三门。南面三门：中为明德门，东为启厦门，西为安化门。东面三门：北为通化门，中为春明门，南为延兴门。西面三门：北为开远门，中为金光门，南为延平门。皇城，南面三门：正南为朱雀门，东为安上门，西为含光门；东面二门：南为景风门，北为延喜门；西面二门：南为顺义门，北为安福门。皇城北面不设门。另有一条东西大街，称为横街，以与其北的宫城相隔。这条横街，东出皇城的延喜门，西出皇城的安福门。宫城，其承天门为宫城诸南门中居中的门。承天门，建于隋朝，初称广阳门，后称昭阳门、顺天门。中宗神龙元年（705年）始称承天门。门上建有高大的观，门外左右有东西朝堂，门前是宫廷广场，南面有直通朱雀门、明德门的南北中央大街。承天门和朱雀门之间的街道称为承天门街，朱雀门南与明德门相对，其间的街道称为朱雀门街，为当时长安城中最重要的街道。

二、隋唐长安城的中轴线

关于隋唐长安城中轴线的认识，说其存在中轴线是没有问题的，但在具体分析上还是存在一些不同看法。

对都城中轴线布局做严整的规划，到隋唐时期可以说是达到了极致。有学者对汉唐长安城规划思想进行了比较，总结出四大变化：一是坐北朝南、东西对称、南北向的中轴线布局；二是宫城、皇城、郭城三层格局的形成；三是棋盘式的里坊制度；四是里坊内寺观众多。①

唐长安城，宫城中部为太极宫，正殿太极殿位于宫殿区南部正中，与宫城南面正门承天门相对，构成了宫城的中轴线。皇城南面正中的正门朱雀门，北对宫城的承天门，南为朱雀大街直通外郭城明德门，这就形成了以朱雀大街为全城的中轴线。正如史念海先生指出的，“承天门街和朱雀门街之间虽隔着宫城和皇城之间的横街，实际上是连接在一起的。承天门街和朱雀门街连在一起，共同为唐长安城的中轴线”②。又东西两市分列皇城的东南和西南，东西相对。城内11条南北向大街和14条东西向大街纵横交错划分的110个坊东西对称，形成极规整的棋盘式中轴线对称布局，为后代都城布局的规划树立了典范。③

同时，也有人提出，“有唐一代，由于三大宫殿区的形成，其城市形态更是突破了严整的单一轴线对称，形成了双轴线，并逐渐演变为一种非均衡的复合轴线对称形态特征”④。具体来讲，宫城位于城市的北端，即地势较高的龙首原上，而非方城的几何中心；曲江池作为皇家园林，位于外郭城的东南角；城市东北部的三大宫殿区，意味着皇家活动的重心转向城东；东市与西市位于宫殿以南，形成“前市”格局；唐代后期在东市、西市之外，又筑新市于芳林门外，这标志着城市经济功能布局有新的突破；等等。这些确实与《考工记》所谓的理想布局模式有一定的距离，甚至是相背离的。但就整体而言，轴线

---

① 李小波：《从天文到人文——汉唐长安城规划思想的演变》，《北京大学学报》2000年第2期。

② 史念海：《龙首原和隋唐长安城》，《中国历史地理论丛》1999年第4期。

③ 李自智：《中国古代都城布局的中轴线问题》，《考古与文物》2004年第4期。

④ 任云英、朱士光：《从隋唐长安城看中国古代都城空间演变的功能趋向性特征》，《中国历史地理论丛》2005年第2辑。

对称特征非常突出，也很有代表性，是中国古代都城中轴线形成过程中的重要阶段。

上述认识的分歧是如何看待或定位中轴线的重要载体，即核心宫殿区。所谓一条中轴线的认识，就是以太极宫为主体宫殿，向南延伸至皇城，再向南到外郭城。而所谓的复合轴线，是除了这一轴线外，依托大明宫而延伸出来的另一条轴线。这就需要我们分析唐长安城的核心或主体宫殿是哪一个。

文献记载，“太极宫者，隋大兴宫也，固为正宫矣。高宗建大明宫于太极宫之东北，正相次比，亦正宫也。诸帝多居大明宫，或遇大礼、大事复在太极，如高宗、玄宗每五日一御太极，诸帝梓宫皆殡太极，亦有初即大位不于大明，而于太极者，知太极尊于大明也”[①]。虽然大明宫正南门丹凤门及其形成的丹凤门大街，是这一宫城的轴线。但它无法替代太极宫这一都城的中心。总体而言，太极宫在隋唐300余年间地位非常特殊；大明宫只是自高宗朝至唐末利用率最高；兴庆宫仅在玄宗时期得以利用。[②]从这个意义上来讲，我们还是比较认同承天门街与朱雀门街南北延伸出来的轴线为唐长安城的中轴线这一认识。

三、隋唐长安城中轴线布局的影响

北宋东京城的总平面为正方形，但不甚规整，也是三套城墙，宫城居正中；中为内城，多次扩建；外则为罗城。也有人把这称为宫城、里城和外城。关于北宋东京城布局的争议之一，就是关于皇城与宫城的关系问题。有人认为，二者属同一城，只不过文献中对其称谓有所不同而已。而有人则提出，皇城与宫城乃两个不同的城，即所谓

① ［宋］程大昌：《雍录》卷三《唐宫总说》，四库全书本。

② 肖爱玲：《隋唐长安城空间秩序及其价值》，《陕西师范大学学报》2009年第5期。

的四重制。[①]目前就考古与文献材料综合考察，北宋东京皇城、宫城实为一城。

外城有城门十二：南三门，中为南薰，东为宣化（即陈州门），西为安上（即戴楼门）；东二门，南为朝阳（即新宋门），北为含辉（即新曹门）；西三门，中为开远（即万胜门），南为顺天（即新郑门），北为金耀（即固子门）；北四门，中为通天（即新酸枣门），东为景阳（即陈桥门），次东为永泰（即新封丘门），西为安肃（即卫州门）。里城有门十：南三门，中为朱雀，东为保康，西为崇明（即新门）；东二门，南为丽景（即旧宋门），北为望春（即旧曹门）；西二门，南为宜秋（即旧郑门），北为阊阖（即梁门）；北三门，中为景龙（即旧酸枣门），东为安远（即旧封丘门），西为天波（即金水门）。东京的宫城，即大内又称皇城，有门六：南三门，中为宣德，东为左掖，西为右掖；东一门，为东华门；西一门为西华门；北一门为拱辰门。宣德门为宫城正门，为北宋帝王举行重大活动的主要场所。宫城的南部是外朝的主要宫殿区，最前面的是大庆殿，乃宫城内最高最大的建筑。在大庆殿的西北是文德殿，文德殿东北是紫宸殿，紫宸殿西为垂拱殿。外朝以北，垂拱殿之后，是皇帝和后妃居住的内廷。宫城内除了这些宫殿外，还有供皇帝处理朝务、藏书等的殿阁。东京城大体上呈南北长、东西略窄的长方形。宫城在里城的中央稍偏西北，是东京城的核心。东京城的街道纵横交错，从宫城南面的宣德门向南，经内城的朱雀门，直达外城的南薰门是一条中心大道，称为“御街”，为全城的中轴线。宣德门前到朱雀门内的州桥一段，实际上是一个宫廷广场，中央官署多分列在它的两边。每逢节日，多在这里举行庆祝活动。御街两旁，向北正对宣德门的左右掖门，建有东西两列千步

① 李合群：《“宋东京无宫城”及“皇城七里”说质疑》，《史学月刊》2003年第12期；焦洋：《北宋东京皇城、宫城的“名”与“实”》，《南方建筑》2011年第4期；陈朝云：《北宋东京皇城、宫城问题考辨——兼与孔庆赞先生商榷》，《郑州大学学报》1997年第6期；孔庆赞：《北宋东京四城制及其对金中都城制的影响》，《历史研究》1991年第6期。

廊。大庆殿坐落在全城的中轴线上，从建筑设计上突出了封建帝王的唯我独尊。[①]

宋东京城是逐步扩建形成的，在扩建时也力求形成一条正对宫门的城市轴线御街——宫城大门宣德门—皇城（应为内城）正门朱雀门—外城正门南薰门。但整个城市并未以此轴线形成对称的布局。宋东京城道路系统，在逐步扩建中虽也形成一条中轴线，整个城市道路系统虽然基本上是方格网形，但并不对称及规整，如东南方的汴河大街顺河流成弧形。如与隋唐长安城相比，这也说明按规划新建的都城易体现《考工记》建筑礼制的影响，而长期在原地发展或改建、扩建、重建的都城，则受这一礼制影响相对弱一些。[②]

在辽南京城基址上，仿照北宋汴梁宫阙制度，同时也接受和继承了隋唐长安城的一些规划元素而拓展形成的金中都城，"从宫城南门应天门向南，出皇城南面的宣阳门，直达大城南面的丰宜门，出现了相当于贯通全城的中轴线的一条御道"[③]。这可视为北京都城中轴线之始，但却不是北京主体中轴线。一则缘于金中都城的中轴线随着金中都城的消失而不复存在，二则因为之后的元大都并不是在金中都城的旧址上规划兴建，而是另觅新址，重新规划建设的一座新城。北京古都的中轴线，是在忽必烈至元四年（1267年）开始营造大都时确定的，至明嘉靖三十二年（1553年）拓展京师外城后定型，[④]成为中国古代都城中轴线的完美布局。

---

① 吴涛：《北宋东京城的营建与布局》，《郑州大学学报》（哲学社会科学版）1982年第3期。

② 董鉴泓：《隋唐长安城与北宋东京（汴梁）城的比较研究》，《同济大学学报》1991年第2期。

③ 陈桥驿主编：《中国七大古都·北京》，中国青年出版社1991年版。

④ 王世仁：《北京古都中轴线确定之谜》，《北京规划建设》2012年第2期。

第二章

都城定基

北京，作为中国最著名的古都之一，始自于金朝。在此之前，北京的城市发展有着漫长的过程，经历了不同的发展阶段。从人类的文明聚落发展为古代诸侯国的都城，再发展为统一王朝的边防重镇，以及割据政权的陪都，最终成为占据半壁江山的王朝都城。

城市的发展是与其政治定位和城市功能的发展变化密切联系在一起的。作为华北平原上的政治中心之一，这座城市在很长一段时间里发挥着重要的军事重镇的功能。这种功能从先秦时期一直延续到辽代，而到了金代则被政治中心的功能所取代。

作为金朝政治中心的中都城，城市发展出现了巨大变化，以北宋都城汴梁为模式的改建工程极大改变了这座城市的面貌。许多原来没有的城市设施出现了，如宫殿、园林、中央衙署及礼仪坛庙等，皆被建造起来。其中，以全城中心的主要街道所贯穿的中轴线，则是金中都城中最亮丽的一道风景线，也是整座城市的文化中心线。

金中都的中轴线是北京历史上的第一条中轴线。这条中轴线的出现，虽然还没有完全按照《周礼·考工记》的理想模式来加以规划和建造，但是，已经比汉唐时期的都城模式有了较大的变化，表明中国古代都城的发展进入了一个新的阶段。

第一节　北京城溯源

在北京地区的悠久历史中，有两座城市特别引起人们的注意，一座是蓟城，即历史文献中记载的周朝分封黄帝后裔于蓟。《史记·乐书》称，“武王克殷反商，未及下车，而封黄帝之后于蓟”。这座蓟城，应该是北京地区最早的著名城市之一。后人大多认为，汉代以来的蓟城就是这座城市。

另一座是燕城，又称燕都，亦见于历史文献记载。《史记·燕召公世家》称，“召公奭与周同姓，姓姬氏。周武王之灭纣，封召公于北燕”。召公后裔所建造的这座燕都，位于今房山区琉璃河镇，考古工作者曾在此发掘出燕都的城市遗址。此后，燕国日益强盛，蓟国逐渐衰落，燕灭蓟而迁都于蓟城。

与琉璃河燕都相比，蓟城的年代更加久远，但是，迄今为止尚未见有相关的考古遗迹，因此，人们把琉璃河的燕都作为北京建城之始。这种观点虽然并不准确，但是却被大多数人采纳。我们希望在不久的将来，能够经过考古工作者们的努力，发掘出古蓟城的遗迹，改变北京建城始于燕都的观念。

一、北京小平原的自然环境

在中国古代人们的观念中，天上与地下有着较为固定的对应关系。古人把上天分为东、南、西、北、中五个区域，而在这五个区域中，分布着28组著名的星星，称二十八宿。而与之对应的中华大地则被分为九州（后又细分为十二州）。而九州与上天的某个区域分别对应，被称为“星野”一词，星是指天上的星辰位置，野是指地上山川平原的位置。北京最初是属于九州中的冀州，后又属于十二州中的幽州，行政区划有所变动，而自然地理位置并没有变化，故而与天上的星辰之间的对应关系也没有发生变化。

据相关历史文献记载，在北京地区相对应的天上，有尾宿及箕宿两组星宿。《史记·天官书》记载有二十八宿与九州的对应关系，称："尾、箕，幽州。"后人解释称："尾箕：尾为析木之津，于辰在寅，燕之分野。尾九星为后宫，亦为九子。星近心，第一星为后，次三星妃，次三星嫔，末二星为妾。"《史记正义》："箕主八风，亦后妃之府也。"古人又云："尾有七星，形如蝎尾。箕有四星，形如牛角。"[①]根据星象与地理的对应关系，辽代又称以北京为核心的地区为"析津府"。

到了唐宋时期，人们又对尾、箕二星宿的分野加以细化。《旧唐书·天文志》称："尾、箕，析木之次也。寅初起尾七度二千七百五十二十一少，……终斗八度。其分野，河间、涿郡、广阳国及上谷、渔阳，古之北燕。"文中所说"涿郡"就是幽州，在隋朝改称涿郡。《太平寰宇记》称："幽州星分尾、箕，涿州星分尾宿十六度，蓟州星分尾宿三度，霸州星分箕、尾，燕州星分尾、斗。"这时的地理政区划分越来越细，古幽州已经被分成幽州、涿州、蓟州、霸州和燕州，但是天上的空间范围并没有发生变化，仍然是在尾、箕两个星宿的范围之内。

关于北京地区的地理形势，古人所关注的，其一为山脉，其二为川流。而自古以来，随着这里的政治地位不断提升，使得人们对其地理形势也越来越关注，论述也越来越多。就其山脉而言，北京地区自西面到东南面，有群山环绕，为太行山余脉及燕山山脉。而南面为一片平原，没有山脉。就川流而言，北京地区最大的水脉自京西群山中流出，穿越北京小平原而向东入海，称浑河、永定河等。其他则有潮白河等水系分流，表明古代北京地区的河流资源十分丰富。

唐宋以来，人们对北京地区的自然环境观察更加详细，在描述的同时又加入了许多人文因素。最早加以描述的是宋代大学者朱熹，他在给弟子蔡伯靖的回答中说："冀都是正天地中间好个大风水。山脉从云中发来，云中正高脊处，自脊以西之水则西流于龙门西河，自脊

① ［唐］释道世：《法苑珠林》卷六《三界篇》。

以东之水则东流入海。前面黄河环绕，右畔是华山耸立为虎。自华来至中原为嵩山，是为前案。遂过去为泰山耸于左，是为龙。淮南诸山是为第二重案，江南诸山及五岭又为第三、四重案。”[①]在他的描述中，整个中原甚至江南之地都是以北京为中心的。虽然讲得比较玄虚，却把北京（即文中的“冀都”）说成是个建立都城风水极佳的地方。值得赞许的是，这时的北京尚未成为全国的政治中心，而且朱熹也从来没有到过北京，可见他是有先见之明的。

金朝大臣梁襄论述北京地理风貌说：“燕都地处雄要，北倚山崄，南压区夏，若坐堂隍，俯视庭宇，本地所生，人马勇劲，亡辽虽小，止以得燕故能控制南北，坐致宋币。燕盖京都之选首也，况今又有宫阙井邑之繁丽，仓府武库之充实，百官家属皆处其内，非同曩日之陪京也。居庸、古北、松亭、榆林等关，东西千里，山峻相连，近在都畿，易于据守，皇天本以限中外，开大金万世之基而设也。”[②]他的描述也很形象，只是这时的燕京已经成为金朝的首都了（时称“金中都”）。

到了元代，世祖忽必烈营建大都城，北京成为全国的政治中心，遂使得对地理形胜的描述与都城的人文因素更多联系到一起。时人称：“至元四年正月，城京师，以为天下本。右拥太行，左注沧海，抚中原，正南面，枕居庸，奠朔方。峙万岁山，浚太液池，派玉泉，通金水，萦畿带甸，负山引河。壮哉帝居，择此天府。”[③]此后的明清两朝皆定都于此，相类似的描述也就越来越多。北京的山川几千年来没有太大的变化，但是人们对它的认识却出现了很大变化。

二、关于黄帝及其后裔的传说

在北京地区，最早的传说始于黄帝，这一点与中原地区的其他地区是一样的。不一样的是似乎这里与黄帝的关系更加密切。在历史文

---

① 《朱子语类》卷二。

② 《金史》卷九十六《梁襄传》。

③ ［元］陶宗仪：《南村辍耕录》卷二十一《宫阙制度》。

献中，影响最大的相关记载为汉代司马迁所撰写的《史记》，而在这部千古不朽的历史记载中，有着两种不同的结果。

在《史记·周本纪》中这样记载："武王追思先圣王，乃褒封神农之后于焦，黄帝之后于祝，帝尧之后于蓟，帝舜之后于陈，大禹之后于杞。"这是武王伐纣之后在全国范围内实行的分封制度。当时被分封在北京地区的，是帝尧的后人，而黄帝的后人则被分封在祝（有些文献又写为"铸"）地。

与《史记·周本纪》不同的是《史记·乐书》的记载："武王克殷反商，未及下车，而封黄帝之后于蓟，封帝尧之后于祝，封帝舜之后于陈；下车而封夏后氏之后于杞，封殷之后于宋，封王子比干之墓，释箕子之囚，使之行商容而复其位。"在这里，正好与上文相反，黄帝的后人被分封在北京地区，而帝尧的后人被分封在祝地。

就这两则记载而言，当时大多数被引用的是《史记·乐书》的记载，而不是《史记·周本纪》的记载。如后人在对《春秋左传》进行注疏时称："正义曰：《乐记》云'武王克殷，未及下车，而封黄帝之后于蓟，封帝尧之后于祝，封帝舜之后于陈。下车而封夏后氏之后于杞，封殷之后于宋'。"[①]由此可见，汉代以后的学者，大多数都认为被分封在北京地区的是黄帝的后人。

当时，同被分封在北京地区的，又有燕国。《史记·燕召公世家》称："周武王之灭纣，封召公于北燕。"是时，又有南燕国。后人称："正义曰：燕有二国，一称北燕，故此注言南燕以别之。《世本》：'燕国姞姓。'《地理志》：东郡燕县，'南燕国，姞姓，黄帝之后'也。"[②]由此亦可证明，当时分封在这里的是姞姓的黄帝后人（一说南燕国在滑州），而不是帝尧的后人。

西周初年的分封，可以大致分成两种情况：一种情况是被分封者得到了新的封地；另一种情况则是西周王朝承认原来各地诸侯国的合

① 《附释音春秋左传注疏》卷三十六。

② 《附释音春秋左传注疏》卷三。

法权力。周武王分封燕召公属于第一种情况，而分封黄帝之后、帝尧之后、帝舜之后，则属于第二种情况。也就是说，黄帝的后人原来即居住在蓟城，只不过是通过周武王的分封而承认了他们的合法地位。

此前的黄帝部落，应该生活在以蓟城为中心，东至平谷、西至延庆的这一大片地区。因为平谷在历史文献中曾经记载有黄帝坟，又称黄帝陵、轩辕台。唐代大诗人李白曾经作诗称："燕山雪花大如席，片片吹落轩辕台。"①

又如唐代诗人卢藏用曾作有《轩辕台》一诗称："北登蓟丘望，求古轩辕台。"②卢氏在唐代是燕地世家大族，对于这里有轩辕台的传闻应该是比较熟悉的。据此可知，至少到了唐代，李白和卢藏用等人皆认为黄帝陵是在燕山的。

黄帝与延庆县（今延庆区）的联系是，至今在延庆仍有一处古村镇被称为阪泉。而阪泉之所以出名，则是因为当年黄帝与炎帝曾经在这里进行过一场激烈的战斗。据《史记·五帝本纪》称："炎帝欲侵陵诸侯，诸侯咸归轩辕。轩辕乃修德振兵，治五气，艺五种，抚万民，度四方。教熊罴貔貅貙虎，以与炎帝战于阪泉之野。三战然后得其志。"而阪泉在哪里，是很值得关注的事情。

对于《史记》所描述的阪泉，古人曾经加以注释，所引文献称："《括地志》云：阪泉，今名黄帝泉，在妫州怀戎县东五十六里。出五里至涿鹿东北与涿水合。又有涿鹿故城，在妫州东南五十里，本黄帝所都也。"文中所云"妫州"即在今延庆一带，而怀戎县即今怀柔一带。由此可见，这场阪泉之战，是在蓟城北面的环山一带进行的。有些古人认为阪泉是一处泉水，实际是误解，《史记》明确指出是在"阪泉之野"，可见阪泉不是泉水，而是地名，是一片平野之地。

至于阪泉与涿鹿的关系，古人也描述得比较清楚了。第一，涿鹿故城不是涿鹿城，如果是涿鹿城，不必另加一"故"字。其位置，

---

① 《全唐诗》载李白所作《北风行》。

② 《全唐诗》卷八十三。

是与阪泉比较接近的，“在妫州东南五十里”，这里更靠近蓟城（今北京），而距今涿鹿城较远。第二，这段注文提出了“黄帝所都”，而蓟城正是黄帝后人的都城。因此，可能自黄帝定都这里之后，其后裔就长期生活在这里，世代繁衍生息，一直延续到西周初年。第三，在阪泉之战以后，黄帝又与蚩尤战于“涿鹿之野”，而这里所说的涿鹿应该不是涿鹿故城。黄帝在战胜蚩尤之后，“而邑于涿鹿之阿”。这时的涿鹿已经不是“之野”而是“之阿”，因此，这里所说的涿鹿是指涿鹿山。

综上所述，西周时期由黄帝后人居住的蓟城，很可能就是黄帝部落最早的都城，也是北京地区最早的都城。黄帝部落正是在这里世代生活繁衍，创造了中华民族的最初文明，并且从这里出发，先后战胜了炎帝部落和蚩尤部落，进一步走向中原地区，把华夏文明发扬光大。

第二节　古燕国琉璃河城与蓟城

西周王朝的建立是先秦时期的一件大事，有些史学家甚至认为中国的封建社会就是从西周建立时开始的。因为西周王朝制定了一系列的政治、经济制度，最主要的就是宗法制、分封制和井田制。宗法制的建立确定了此后数千年国家和个人的财产继承关系，分封制确立了中央与地方之间的分配与进贡的关系，而井田制则是确立了土地的公有与私用的关系。

燕国在西周初年被分封到北京地区，不仅仅是一种中央政府对诸侯（即燕国）的土地赐予，而且也确定了诸侯对中央政府的拱卫作用，这也是一种类似于进贡的回报，所谓的“屏藩王室”是要付出大量人力和财力的。而这种关系，在周朝的中央政府和蓟城的黄帝后裔之间是不存在的。随着历史的发展，燕国（即北燕）日益强盛，蓟国（即南燕）逐渐衰败，最终完成了燕国攻灭蓟国并占据蓟城的过程，蓟城也就变成了燕国都城。

一、西周建立及其分封

西周王朝的祖先名弃，号后稷，生于尧、舜之时，因喜爱农业生产而得到尧、舜的赏识，曾任农官，被分封在邰地（今陕西扶风一带）。其母姜原，为有邰氏女，故而后稷被封之地应是其母部落居住的地方。到了古公亶父之时，有了较大发展。而到了古公之孙姬昌（即周文王）时，势力更加壮大。是时为商朝末年，纣王无道，周文王乘机攻灭周边的诸侯国及部落犬戎、密须、耆国、邘国和崇国，并在丰、镐之间建立都城，是为此后西周的都城镐京。

及周文王死后，周武王即位，开始准备武力讨伐商纣王，观兵至于盟津。“是时，诸侯不期而会盟津者八百诸侯。”周武王认为灭商的时机还不成熟，遂回师。“居二年，闻纣昏乱暴虐滋甚，杀王子比干，囚箕子。太师疵、少师强抱其乐器而奔周。于是武王遍告诸侯曰：‘殷有重罪，不可以不毕伐。’”[1]于是率大军达于商都朝歌（今河南安阳一带）之郊牧野，与商纣王展开激战，遂灭商朝，建立周朝，史称西周。

周武王夺得天下之后，举行了两次规模较大的分封活动。第一次的分封对象是先圣王的后裔，封神农（即炎帝）之后于焦；封黄帝之后于祝（一说封于蓟）；封帝尧之后于蓟（一说封于祝）；封帝舜之后于陈；封大禹之后于杞。这次的分封实际上是承认了这些先圣王的后裔在他们生活的地方有了合法地位。

第二次的分封对象则是功臣谋士。在《史记·周本纪》中仅仅记载了五家最重要的封国，即封姜尚到营丘（山东临淄），建立齐国；封皇弟周公旦于曲阜，建立鲁国；封召公奭于燕，建立燕国；封皇弟姬叔鲜于管；封皇弟姬叔度于蔡（河南上蔡）。“余各以次受封。”这些功臣谋士的分封都是赐土赐民，建立新的诸侯国。

在这五个新的封国之中有四个是与灭商直接相关的，即齐国、鲁国、管国和蔡国。管国和蔡国皆在河南境内，周武王派他的两个弟弟监视商朝旧都遗老遗少们的活动，如果出现反叛活动，立刻加以镇压。而齐国和鲁国皆在山东境内，山东濒临东海，是商朝的崛起之地，故而也要加强监控。

除了这四个诸侯国之外，只有召公的子孙们被分封到了华北地区。他们肩上的担子也很重，主要是对付山戎等周朝边境地区的游牧部落。由此可见，这五家诸侯国最重要的分封目的，就是为了巩固新建立的周朝的统治。而召公的子孙们来到燕地，建立新的诸侯国，确实起到了“屏藩王室”的作用。

召公奭在西周初年是个大有名气的人物。他和周公旦共同执掌西周中央政府的政务，史称：“其在成王时，召公为三公。自陕以西，召公主之。自陕以东，周公主之。”[2]周朝的半边天下是由他来管理

① 《史记》卷四《周本纪》。

② 《史记》卷三十四《燕召公世家》。

的。召公奭姓姬，名奭，召地是他的封邑，燕国则是他的封国。

姬奭不仅在周朝位列三公，而且还是一位占卜大师，每当周朝遇到大事，都要请他来占卜一下，以定吉凶。如西周定都镐京之后，因为都城偏于西面，于是决定在天下之中的地方再建一座都城，这座都城建在哪里是由姬奭的占卜来确定的。史称："成王在丰。欲宅洛邑。使召公先相宅。作召诰。……惟太保先周公相宅。越若来。三月。惟丙午朏。越三日戊申。太保朝至于洛。卜宅。厥既得卜。则经营。越三日庚戌。太保乃以庶殷。攻位于洛汭。越五日甲寅。位成。若翼日乙卯。周公朝至于洛。则达观于新邑营。越三日丁巳。用牲于郊。牛二。越翼日戊午。乃社于新邑。牛一。羊一。豕一。"[①]由此可见，西周初年东都洛邑的营建，其地点是召公姬奭确定的。文中的"新邑"就是新建的洛邑（今洛阳一带）。

姬奭因为有大功劳于周朝，故而受封于召地，被称为召公，召地在洛邑附近（一说在陕西岐山西南），也是为了让他能够在中原地区发挥巩固统治的作用。因此，当时迁徙到燕地的召公子孙也是周朝的骨干力量。有学者认为，召公的子孙被分封到燕地，不仅是为了抵御山戎部落的侵扰，也是为了抵御商朝残余的反抗力量。如果真是如此，燕国所承担的军事重任应该是同时分封的诸侯国中最沉重的一个。

二、琉璃河燕国古城的建造与燕国灭蓟

由于先秦时期的历史文献十分稀少，使得后人很难对燕国的分封情况有比较全面的了解。最早对燕国历史有系统记载的文献，当数汉代著名史学家司马迁所撰写的《史记·燕召公世家》。此外，在一些先秦的历史文献中，如《尚书》《诗经》《春秋左传》《战国策》《世本（八种）》等，也零散记载有相关燕国的史事。而汉唐时期的一些学者在对这些历史文献进行研究时，也同时对燕国的历史进行了梳

① 《尚书·召诰》。

理，并提出了自己的见解。

在人们研究的诸多问题中，燕与蓟的关系是较为引人关注的。一种说法是把燕国和蓟国混为一谈。古人解释说："封黄帝之后于蓟，音计，今涿郡蓟县是也，即燕国之都也。孔安国、司马迁及郑玄皆云：'燕国郡。'邵公与周同姓。按黄帝姓姬，君奭盖其后也。或黄帝之后封蓟者，灭绝而更封燕郡乎？疑不能明也。"①认为召公奭为黄帝后人，封于蓟城。又认为武王封召公奭到燕地时，黄帝后人封于蓟者已经灭绝，故而又封召公于此。

又一种说法认为，燕国与蓟国实为一国，只是国的名称有所更改。"澍桉《括地志》：燕山在幽州渔阳县东南六十里。《国都城记》：地在燕山之野，故国取名焉。《舆地广记》：武王封帝尧之后于蓟，又封召公于北燕。其后燕国都蓟。《诗补传》云：蓟后改为燕，犹唐之为晋，荆之为楚。或曰：黄帝之后封于蓟者已绝，成王更封召公奭于蓟为燕。"②张澍为清代学者，把古代的历史文献集中在一起，也表明了他的观点。

还有一种说法，认为蓟国称"南燕"。"周世国名有异而实同者。如邹即邾，楚即荆，小邾即郳，甫即吕，鄫即桧是。有同而实异者。……燕国二。一北燕姬姓。一南燕姞姓。"③认为当时有两个燕国，只是地域有南、北之差。

因为历史文献无法解决问题，而各种推测又皆有其道理，所以不能得到确切的结果。但是，在20世纪70年代，北京的考古工作者在房山区董家林一带发掘出一些商周时期的珍贵遗址和出土了一批重要文物，使得千古未解的谜团得以真相大白于天下。在这处遗址中，发掘出了一处古城基址，经过勘测，这座古城的北城墙尚属完整，全长829米，南城墙已毁，东、西两侧城墙仅存一半，大约各有300米。经过对其他出土文物的研究，确定这处古城就是西周初年召公奭的子

① 《附释音礼记注疏》卷三十九。

② 《世本八种·张澍集补注本》卷二。

③ 《世本八种·王梓材撰本·世本集览通论》。

孙在来到燕地后建造的都城。

通过对这座古城遗址的研究可知，城的南半部分是因为河水（当为古琉璃河）冲击而遭到破坏的。这种情况的出现又与蓟国联系在一起。蓟国的都城是在蓟城（今北京西城区南部一带），黄帝后裔世代居住在这里，故而城址选择在河水冲击不到的坡地上。而燕国是从陕西迁来的召公子孙们建造的，他们对北京地区的水脉并不熟悉，故而将都城建造在了河流（或河流改道）经过的地方，从而引起人与水的争斗。

在这个过程中，燕国不断发展壮大，攻灭蓟国，于是将都城从琉璃河燕都迁往蓟城，而原来的燕都则受到河流的冲击而被毁掉。对于这个过程，历史文献没有具体的记载，但是我们如果把不同的历史节点联系在一起，是可以得出这个结论的。

至于燕国是何时攻灭蓟国的，历史文献没有记载。据《北京通史》的撰写者判断是西周以后（即春秋战国时期）的事情，这个判断是比较合理的。我们认为，应该是在春秋时期，这时正是燕国势力不断扩张，而东周王朝的中央势力不断萎缩的时候。到了战国时期，燕国已经成为战国七雄之一，迁到蓟城也应该有段时间了。

第三节　隋唐幽州与辽南京

秦灭六国，一统天下，改封国为郡县，中国政治体制发生巨大变化，中央政府的集权占据支配地位。此后，秦亡汉兴，汉承秦制，在确保郡县制不断巩固的前提下，再度实行分封制，同姓王和异姓王遍布天下，成为政治不安定的根源，经过平定“七国之乱”，国内局势得到初步稳定。

与此同时，北方少数民族势力借中原内乱之机迅速发展，先是匈奴对秦朝和汉朝的威胁迫使中原王朝修建长城加以抵御，后是“五胡”进入中原地区，再次出现战乱，最终由少数民族鲜卑建立北魏政权，与南朝对峙。及隋朝统一天下之后，北方的少数民族威胁仍然存在，遂迫使隋朝开凿大运河，加强中原地区与幽州的联系。此后的隋征辽东，导致隋朝的迅速败亡。

到了唐代，如何处理中原王朝与北方少数民族之间的关系，仍然是至关重要的一个问题。这时的北方少数民族中又以突厥、奚、契丹等部落的势力最为强大。为了控制双方的战和关系，幽州遂成为双方都十分关注的关键位置。唐代中期爆发的“安史之乱”仅仅是少数民族问题所产生的潜在影响之一，就足以导致强大的唐朝从巅峰走向衰落。“安史之乱”以后，藩镇割据局面形成，导致中国再度走向分裂。

辽朝的建立及夺得燕云十六州，使得北京地区又一次脱离了中原王朝的统治，而同时又使得这座北方军事重镇一变而成为少数民族政权的陪都——辽南京。北宋王朝在结束中原分裂局面之后，曾经几度试图收回燕云失地，并不惜发动大规模的战争，但是最后都失败了。这时的燕京地区（又称辽南京），已经成为辽朝最重要的一个组成部分。

一、隋唐幽州的重要地位

隋朝统一天下之后，辽东地区的政治局势变化引起中央政府关注。隋炀帝时，为了全面解决辽东问题，于是，在开凿大运河之时，专门开凿一段由中原地区直达涿郡的永济渠。史称："（大业）四年春正月乙巳，诏发河北诸郡男女百余万开永济渠，引沁水南达于河，北通涿郡。"[①]文中的"涿郡"，就是今天的北京地区。而这条永济渠的终点，在今北京通州区境内。

为了开凿这条从中原北上的大运河，隋朝倾全国之力，男丁用尽，始征用妇女，故而有"男女百余万"的说法，虽然实际上不一定真有100多万民众，但是所用人数之多在中国历史上也是罕见的。永济渠的军事用途是第一位的。隋炀帝要平定辽东局势，既要调动大军，又要运送大批粮草，有了这条大运河就可以省很多力气。

到了大业七年（611年）二月，"乙亥，上自江都御龙舟入通济渠，遂幸于涿郡。同年四月，至涿郡之临朔宫。翌年正月，大军集于涿郡"。这时有多少军队到了涿郡？隋炀帝在远征辽东的诏书中称："总一百一十三万三千八百，号二百万，其馈运者倍之。（大业八年正月）癸未，第一军发，终四十日，引师乃尽，旌旗亘千里。近古出师之盛，未之有也。"[②]据此可知，通过永济渠调集到涿郡的大军有100多万人，而运送军用物资的民众则多达200余万人。由此可见，这条新开凿的大运河发挥了巨大的作用。

大规模远征辽东的军事行动，在隋炀帝眼里应该是必胜的，但是却因为违背了战争的基本规律而遭到大败，隋朝亦因此而灭亡。到了唐代初年，唐太宗虽然比隋炀帝要英明，却也犯了同样的错误。他率大军远征辽东，同样损失惨重，但还没有造成亡国之痛。

在隋唐时期，生活在北方草原和东北地区的少数民族契丹和奚族有了较大发展，开始逐渐向华北地区扩张其势力。为了控制这些少数民族的势力，唐朝中央政府在各个军事要塞设置有藩镇，派出重臣到藩镇任节度使，主持各地的军政事务。这些藩镇，类似于今天的各大

① 《隋书》卷三《炀帝上》。
② 《隋书》卷四《炀帝下》。

军区，而节度使就相当于军区司令。

当时的唐朝中央政府在涉及边疆的地区设置有十大藩镇，共驻军40万人，平均每个藩镇驻军4万人。而作为镇守整个华北地区北部、控制草原和东北地区的幽州，在十大藩镇中的地位尤为突出，因此，驻扎在这里的军队多达9万人，这个数字相当于每个藩镇驻军平均数量的两倍多。驻扎在这里的军队有许多少数民族士兵，因此有着较强的作战能力。

在唐朝前期，在各个藩镇出任节度使的官员往往是文臣，他们在治理边境地区，处理与少数民族部落的关系时，大多能够把握住恩威并施的尺度，安抚和镇压并举，可以取得比较好的效果。而这些边镇的官员在任职一段时间后因为劳苦功高，往往会被调回中央政府任宰相之职，即所谓的“出将入相”。

到了唐代中期，奸臣李林甫（以号称“口蜜腹剑”阴险著称）出任宰相，他为了阻断“出将入相”的流程，主张用武将担任节度使的职务。时人称：“天宝中，李林甫为相，专权用事。先是，郭元振、薛讷、李适之等，咸以立功边陲，入参钧轴。林甫惩前事，遂反其制，始请以蕃人为边将，冀固其权。言于玄宗曰：‘以陛下之雄才，国家富强，而诸蕃未灭者，由文吏为将怯懦不胜武事也。陛下必欲灭四夷，威海内，莫若武臣；武臣莫若蕃将。夫蕃将生而气雄，少养马上，长于阵敌，此天性然也。若陛下感而将之，使其必死，则狄不足图也。’玄宗深纳之，始用安禄山，卒为戎首。”[①]

武将虽然作战勇猛，但是大多没有文化修养，是不可能回到中央政府出任宰相的。断绝了节度使回到中央的流程，稳固了李林甫自己的地位，却带来了一个致命的弊病，文臣大多能够听从中央政府指挥，而武将一担军权在握，就很难再遵从中央政府的命令，逐渐形成了“藩镇割据”的局面。

---

① ［唐］刘肃：《大唐新语》卷十一《惩戒》。

二、“安史之乱”的巨大影响

正是在李林甫让武将担任节度使的策略之下，安禄山等一批武将开始执掌重要藩镇的大权。史称安禄山：“营州柳城杂种胡人也。本无姓氏，名轧荦山。母阿史德氏，亦突厥巫师，以卜为业。”[①]张守珪任幽州节度使时得到赏识，“以骁勇闻，遂养为子”。此后，又受到唐玄宗的赏识，出任平卢节度使、幽州节度使及河东节度使，身兼三大“军区司令”之职。

而在中央政府中掌握实权的人都说安禄山要造反，应该尽快将他铲除，其中尤以杨贵妃的哥哥杨国忠的言论最激烈。这时的唐玄宗，内有女色得宠，外戚（指杨国忠）专权；外有少数民族将领执掌藩镇军事大权，已经非常危险了。唐玄宗对此却没有察觉，仍然信任杨国忠与安禄山。但是，杨国忠与安禄山之间的矛盾已经到了不可调和的地步。

安禄山虽然位居边镇，却在京城安置众多耳目，对中央政府的一举一动皆了如指掌。对于杨国忠的威胁，安禄山终于忍耐不住，遂在天宝十四年（755年）十一月，公开起兵发动叛乱，“矫称奉恩命以兵讨逆贼杨国忠。以诸蕃马步十五万，夜半行，平明食，日六十里。以高尚、严庄为谋主，孙孝哲、高邈、何千年为腹心”[②]。他所率领的15万大军，是将三大藩镇的军队倾巢而出，拼命一搏。

唐朝立国已经100多年，没有发生过大规模的动乱，安禄山的起兵叛乱引起全国震惊，而安禄山的大军势如破竹，先后攻占洛阳及长安两京，迫使唐玄宗逃往蜀中。安禄山以为大局已定，也不用再打着“讨逆”的旗号，遂自立为帝，“十五年正月，贼窃号燕国，立年圣武，达奚珣已下署为丞相”。但是，安禄山低估了全国人民反击叛乱的决心和实力。唐玄宗虽然昏庸，而大唐王朝在广大百姓心目中的地位依然十分牢固。

此后，叛军内部发生分裂，安禄山被他的儿子安庆绪杀害，安庆

①② 《旧唐书》卷二百上《安禄山传》。

绪又被安禄山的部将史思明杀害。史思明自立为帝，“僭称为大圣燕王，以周贽为行军司马。……思明召庆绪等杀之，并有其众。四月，僭称大号，以周贽为相，以范阳为燕京”[1]。此后，史思明亦被其子史朝义所杀，叛军的自相残杀导致了他们的败亡。

另一方面，唐朝的各路军马纷纷向叛军发动反击，使局势发生逆转。经过八年的动乱，安禄山和史思明等人发动的叛乱终于被平定，史称“安史之乱”。这次始发于幽州藩镇的叛乱使得大唐王朝由盛转衰。而各地藩镇，乘机纷纷割据自立，不再听从唐朝中央政府的指挥。这种趋势不断发展，最终导致唐朝的灭亡。

而在“安史之乱”以后，幽州一直是各个割据藩镇的代表。一方面，是对抗中央政府的管辖，保持更多的独立性；另一方面，则是对周围的藩镇发动进攻，力图进一步扩大自己的势力。就是在中原地区这种复杂的相互对抗和蚕食中，消耗了大量的人力物力，从而无法全力对付北方草原上的少数民族势力的发展。正是在这种情况下，河北地区互相蚕食的各个藩镇为了使自己在争斗中获胜，反而要求助于少数民族部落的军事力量。

唐朝灭亡以后，藩镇之间的兼并战争愈演愈烈，在几大强藩势均力敌的情况下，谁能够得到少数民族部落的支持，谁在军事对抗中就会占据优势。而北方草原上的少数民族部落也在相互兼并，其结果是契丹族的势力越来越强盛，奚族等原来与契丹平起平坐的部落纷纷归附于契丹族。正是在这种情况下，北京的历史开始进入到一个新的发展阶段。

三、五代纷争与辽朝占有燕京

唐朝灭亡之后，中原地区的强大藩镇之间的兼并战争仍然没有结束，先是宣武军节度使朱全忠灭亡唐朝之后建立后梁政权，与之对抗的河东节度使李存勖则乘机攻杀刘仁恭、刘守光父子，占据幽州，扩

① 《旧唐书》卷二百上《史思明传》。

大自己的势力。也正是在这个时期，契丹政权的势力进一步向中原地区扩张。

李存勖在占有幽州之后，继续向南拓展其势力，遂与后梁政权发生大规模激战。双方的主力都集中在中原地区，幽州抵御契丹侵扰的力量必然有所削弱，使得局势向着契丹扩张的方面转移。而这时，又出现了中原大将归降契丹的事件，在进一步削弱中原王朝力量的同时，又增强了契丹向中原扩张的力量。

当时投降契丹的大将一个是卢文进，另一个是张希崇。卢文进原来是幽州节度使刘守光部下的骑将，在李存勖攻占幽州之后，归降后唐政权。李存勖命其跟随李存矩（存勖之弟）镇守新州。及李存矩率卢文进等出兵支援李存勖时，军士发动叛乱，杀李存矩，拥立卢文进为首领。卢文进无奈，投降辽太祖阿保机，被任命为幽州兵马留后。

卢文进投降契丹，带来巨大影响。其一，增强了契丹的经济实力。史称：在卢文进的指引下，“自是戎师岁至，驱掳数州士女，教其织纴工作，中国所为者悉备，契丹所以强盛者，得文进之故也”①。这种经济实力的增长，对于军事扩张也会起到重要的支撑作用。

其二，是卢文进对中原地区的熟悉，为契丹入侵带来极大帮助。史称：“同光之世，为患尤深。文进在平州，率奚族劲骑，鸟击兽搏，倏来忽往，燕、赵诸州，荆榛满目。军屯涿州，每岁运粮，自瓦桥至幽州，劲兵猛将，援递粮车，然犹为寇所钞，奔命不暇，皆文进导之也。”②

正是在卢文进的引导下，契丹军队曾经对幽州发动猛攻，几乎将幽州攻克。史称：在卢文进的引导下，“契丹乘胜寇幽州。是时言契丹者，或云五十万，或云百万，渔阳以北，山谷之间，毡车毳幕，羊马弥漫。卢文进招诱幽州亡命之人，教契丹为攻城之具，飞梯、冲车之类，毕陈于城下。凿地道，起土山四面攻城，半月之间，机变百

①② 《旧五代史》卷九十七《卢文进传》。

端。城中随机以应之，仅得保全。军民困弊，上下恐惧”[①]。唐庄宗李存勖不得不从与后梁争夺霸权的军队中抽调一批精锐部队回援幽州，才解除了幽州的危机。

幸好此后卢文进在后唐的劝说下又背弃契丹，回归后唐，才使得后唐政权解除了一大祸患。及卢文进回归后唐，契丹以张希崇接任其职。张希崇最初也是刘守光的部将，被辽太祖阿保机俘虏后，“乃知其儒人也，因授元帅府判官，后迁卢龙军行军司马，继改蕃汉都提举使。天成初，伪平州节度使卢文进南归，契丹以希崇继其任，遣腹心总边骑三百以监之。希崇莅事数岁，契丹主渐加宠信”[②]。张希崇与卢文进一样，投降契丹是迫不得已的事情，一旦有机会，即回归后唐政权。

就在后唐与契丹的对抗进入白热化阶段的时候，后唐政权内部出现了致命内讧。这种分裂，打破了后唐与契丹之间的僵持局面，给契丹向中原地区的扩张打通了一条捷径。后唐明宗李嗣源死后，闵帝李从厚即位，但是掌握实权的潞王李从珂与闵帝矛盾极大，导致李从珂发动兵变，杀掉李从厚，执掌朝政。这时，李从厚的女婿石敬瑭拥有重兵，坐镇太原，于是，李从珂命大将张敬达率军进攻太原，力图铲除石敬瑭。

面对李从珂的进攻，石敬瑭为了生存自保，只得求助于契丹的军事帮助。而面对中原王朝的内讧，辽太宗耶律德光果断抓住时机，倾全力支持石敬瑭。耶律德光亲率大军自雁门关攻入，直驱太原。随即与后唐军队展开激战，“唐张敬达、杨光远、安审琦以步兵阵于城西北山下，契丹遣轻骑三千，不被甲，直犯其阵。唐兵逐之，至汾曲。契丹伏兵起，冲唐兵断而为二，纵兵乘之。唐兵大败，死者数万人”[③]。此后不久，被围困的后唐大将杨光远等人杀张敬达而投降契丹，双方的胜负已见分晓。

---

① 《旧五代史》卷二十八《唐庄宗纪》。

② 《旧五代史》卷八十八《张希崇传》。

③ ［宋］叶隆礼:《契丹国志》卷二《太宗嗣圣皇帝上》。

耶律德光遂册立石敬瑭为大晋皇帝，史称后晋高祖。为了报答契丹的救命之恩，在会同元年（938年）十一月，“是月，晋复遣赵莹奉表来贺，以幽、蓟、瀛、莫、涿、檀、顺、妫、儒、新、武、云、应、朔、寰、蔚十六州并图籍来献。于是诏以皇都为上京，府曰临潢，升幽州为南京，南京为东京”[①]。史称：“太宗立晋，……东朝高丽，西臣夏国，南子石晋而兄弟赵宋，吴越、南唐航海输贡。嘻，其盛矣！”[②]辽朝的发展进入了一个新的历史阶段。

从这时开始，北京地区就脱离了中原王朝的统治，而成为少数民族政权的重要辖区。幽州升为辽南京，不仅在政治上成为辽朝的陪都，而且在军事上成为对抗中原王朝的重镇，在文化上成为辽朝最重要的文化中心，在经济上又成为最重要的经济中心。

四、北宋与辽朝的高梁河之战

就在辽朝的发展一帆风顺的时候，中原地区则处于五代十国的大分裂之中。分久必合是一种中国历史发展的大趋势，大将赵匡胤通过“陈桥兵变”夺得后周皇权之后建立宋朝，并在中原及江南各地展开统一战争，使得大半个中国都归入宋朝的版图。而没有解决的，只有北汉及契丹的问题。

宋太祖赵匡胤曾命大将曹彬攻伐北汉，兵败而还。宋太祖死后，太宗赵光义仍然在为统一天下而努力。宋太平兴国四年（979年）二月，宋太宗率军亲征北汉，此后三月至五月，宋军进展十分顺利，到五月六日，北汉刘继元出降，“北汉平，凡得州十、县四十、户三万五千二百二十”[③]。这次宋军攻灭北汉的战役收获不小。

而在宋军北伐之时，北汉曾向契丹求救，辽景宗也派出军队前往增援，但是被宋军击败，损失惨重。史称：“诏左千牛卫大将军韩侼、大同军节度使耶律善补以本路兵南援。……丁酉，耶律沙等与宋战于

①③ 《辽史》卷四《太宗下》。

② 《辽史》卷三十七《地理志一》。

白马岭，不利。冀王敌烈及突吕不部节度使都敏、黄皮室详稳唐筈皆死之，士卒死伤甚众。”[1]由于击败辽军、攻灭北汉，使得宋太宗的信心倍增，遂决定乘胜进取幽州（即辽南京）。但是，许多人在评价这段历史时都认为宋太宗的决定过于草率，才导致了最后的失败。

同年六月，宋朝大军从山西太原转攻幽州，与辽朝军队的北院大王奚底、统军使萧讨古、乙室王撒等相遇于沙河，经过激战，辽军战败，宋太宗遂率大军进围幽州。七月，辽朝援军耶律沙、耶律休哥、耶律斜轸等赶到辽南京，与奚底、萧讨古等会合，再次向围困南京城的宋军发动进攻，双方在城北的高梁河一带展开激战。史称："秋七月癸未，沙等及宋兵战于高梁河，少却。休哥、斜轸横击，大败之。宋主仅以身免，至涿州，窃乘驴车遁去。甲申，击宋余军，所杀甚众，获兵仗、器甲、符印、粮馈、货币不可胜计。”[2]文中所称“宋主”即宋太宗。这场战役，史称高梁河之战。

这场战役的影响十分深远。首先，宋朝军队倾全力进攻幽州，在军事上占有绝对优势，最后却是惨败的结果。这个结果给宋朝君臣带来精神上的巨大压力和失落感，一直影响到北宋末年。宋太宗豪气万丈去打幽州，最后逃跑的时候竟然连一辆马车都找不到，屁股上还中了两箭。这种主观愿望与客观现实的巨大差距是任何人都很难承受的。

其次，经此一战，辽朝军队士气大涨，在此后的辽宋对抗中，完全占据优势，进一步巩固了辽南京在军事上的重镇地位。在后晋石敬瑭割让给辽朝的燕云十六州中，尤以燕京（时称幽州）和云中（今山西大同）的战略地位最重要，使得辽朝将这两座重镇升为辽南京和辽西京。而宋朝在北伐收复失地的战争中，也以收复这两座重镇为最终目标。但是，宋朝军事行动的失败则正是在争夺燕京时出现的，从而导致了整个北伐战争的失败。

在高梁河之战惨败后，宋太宗并没有清醒认识到宋辽之间在军事

---

①② 《辽史》卷九《景宗上》。

力量对比方面的差距，从而汲取必要的历史经验，反而在不久之后再次发动了大规模的北伐战争，史称雍熙之役。这次北伐的结果，由于种种原因，最终还是以宋朝的惨败为结局，甚至还不如第一次的北伐，可以打到燕京城下，雍熙之役连燕京城都没有见到，就宣告失败了。

在中国古代，农耕民族与游牧民族之间的对抗与交流早在先秦时期就形成了一条分界线，这条分界线最终成为秦汉时期修筑的万里长城。依仗长城，农耕民众多次抵御了游牧部落的南侵，基本上维持着双方力量的平衡。自秦汉至隋唐，只要中原王朝保持一统天下的局面，就能够通过加强长城一线的防卫而保证社会的稳定和经济的发展。一旦中原王朝趋于衰落，无法维持统一局面，北方游牧部落的势力就会向长城以南不断扩张。

唐朝灭亡之后，由于石敬瑭将长城沿线地区的十六州割让给契丹政权，使得中央王朝失去了与北方少数民族政权对抗的屏障，也就使得中原王朝开始处处受到契丹少数民族政权的攻击，丧失了维持平衡的环境。这种状况一直延续到此后的金元时期。中原王朝想要收复燕云十六州失地的举措，实际上是想要恢复农耕民族与游牧部落之间的平衡状态。但是，这种愿望一直也没有实现，直到朱元璋的大军北伐，推翻元朝统治之后这一愿望才得以实现。

第四节　女真族的崛起与金宋灭辽

辽朝末年，东北地区的女真族（史书中多称为女直）迅速崛起，并开始反抗辽朝的腐败统治。对于女真族的崛起，辽朝统治者最初并没有在意，经过几次讨伐都失败之后，才引起足够的重视，辽天祚帝率大军亲征，仍然以失败告终。这时金朝发展的势头已经不可遏制。

虽然辽朝的统治非常腐败，但是金朝在反抗辽朝的斗争中却不敢大意。同时，在宋朝统治者眼里，新崛起的金朝，其军事力量是非常强大的。因此，宋朝统治者为了打击辽朝，在收复失地屡屡受挫的时候，自然会想到要得到金朝的支持，而金朝当时最大的敌人就是辽朝。于是，宋朝派出使者通过辽海来到金朝，并与金朝签订了共同进攻辽朝的协议，史称海上之盟。

当金宋双方按照协议共同出兵进攻辽朝的时候，出现的结果却令人感到非常意外。新崛起的金朝看似比较弱小，却在伐辽战争中勇猛异常，势如破竹；而看似十分强大的宋朝在伐辽战争中毫无进展，甚至不堪一击。受到金宋夹攻的辽朝则形成鲜明对比，在对金朝的战争中连战连败，毫无还手之力；而在对宋朝的战争中却能够以弱胜强，反败为胜。

在联合灭辽的过程中，金朝统治者逐渐认清了宋朝的腐败统治和军事无能，因此，在灭辽之后，金朝随即发动了伐宋战争。就伐宋的初衷而言，金朝统治者并没有攻灭宋朝的思想准备，只是想通过伐宋战争获得更大的经济利益。但是，随着伐宋战争的出奇顺利，金朝军队出乎意料地攻占了北宋都城开封，俘虏了徽、钦二帝，导致北宋灭亡。这个结果改变了整个中国的历史进程，很快就形成金朝与南宋之间的南北对峙，也就是第二次的南北朝局面。

一、女真族的族源及崛起

女真族是中国古代生活在东北地区的一个少数民族，人们开始对它有所认识是从它迅速崛起之后。对于这个少数民族的起源，当时人称："金国本名朱里真，番语舌音讹为女真，或曰虑真，避契丹兴宗名，又曰女直，肃慎氏遗种，渤海之别族也。或曰三韩辰之后，姓拏氏，于北地中最微且贱。唐贞观中，靺鞨来中国，始闻女真之名，世居混同江之东长白山下。其山乃鸭绿水源。南邻高丽，北接室韦，西界渤海、铁离，东濒海，三国志所谓挹娄，元魏所谓勿吉，唐所谓黑水靺鞨者，今其地也。"①

由此可见，人们对它的族源有几种说法：其一，是先秦东北少数民族肃慎族的后代；其二，是东北渤海国的分支；其三，是三韩辰（今朝鲜半岛）的后代。在不同朝代又有不同的名称，三国时称挹娄，北魏时称勿吉，唐代称黑水靺鞨，辽代称女真。为了避辽兴宗（名耶律宗真）的名讳，故而又被称为女直。所谓黑水即指混同江。称所居之地为白山黑水之间，白山指长白山，黑水指黑龙江。

史称："黑水靺鞨居肃慎地，东濒海，南接高丽，亦附于高丽。尝以兵十五万众助高丽拒唐太宗，败于安市。开元中，来朝，置黑水府，以部长为都督、刺史，置长史监之。赐都督姓李氏，名献诚，领黑水经略使。其后渤海盛强，黑水役属之，朝贡遂绝。五代时，契丹尽取渤海地，而黑水靺鞨附属于契丹。其在南者籍契丹，号熟女直；其在北者不在契丹籍，号生女直。生女直地有混同江、长白山，混同江亦号黑龙江，所谓'白山''黑水'是也。"②

在这里，对女真族的描述始于唐代，而到了辽代，又分出了熟女真和生女真的区别。生、熟之间是以有没有契丹籍为标准。显然，有契丹籍的熟女真是要岁时向契丹统治者进贡的。如《辽史》记载，仅会同元年（938年）这一年，女真部落就多次向契丹进贡，其中，三月进贡一次，四月进贡两次，六月进贡一次，八月进贡一次，一年共进贡五次。当然，这种频繁进贡的情况并不多，大多数是一年进贡一

① 《大金国志·金国初兴本末》。
② 《金史》卷一《世纪》。

次或是几年进贡一次。

到了辽朝末年，生女真部落逐渐发展起来，辽天祚帝即位前后，已经对生女真的势力加以关注。史称："初，以杨割为生女直部节度使，其俗呼为太师。是岁，杨割死，传于兄之子乌雅束，束死，其弟阿骨打袭。"[①]据此可知，第一，这时的生女真部已经接受了辽朝的管辖，被称为节度使。第二，金太祖阿骨打继承了这一官职，并且得到辽朝的认可。这一年是乾统元年（1101年）。

天庆二年（1112年）二月，天祚帝至混同江行猎，与阿骨打有了第一次接触。"界外生女直酋长在千里内者，以故事皆来朝。适遇'头鱼宴'，酒半酣，上临轩，命诸酋次第起舞，独阿骨打辞以不能。谕之再三，终不从。他日，上密谓枢密使萧奉先曰：'前日之燕，阿骨打意气雄豪，顾视不常，可托以边事诛之。否则，必贻后患。'奉先曰：'粗人不知礼义，无大过而杀之，恐伤向化之心。假有异志，又何能为？'"[②]这时天祚帝凭直觉已经感到了阿骨打的威胁，但是，由于萧奉先的昏庸，没有能够及时除去这个威胁。

经过这次接触，阿骨打对于天祚帝却提高了警惕，再有类似的活动，他就不再参加了。到天庆四年（1114年）初，阿骨打与辽朝的矛盾公开化，同年七月，"阿骨打乃与弟粘罕、胡舍等谋，以银术割、移烈、娄室、阇母等为帅，集女真诸部兵，擒辽障鹰官。及攻宁江州，东北路统军司以闻。时上在庆州射鹿，闻之略不介意，遣海州刺史高仙寿统渤海军应援。萧挞不也遇女直，战于宁江东，败绩"[③]。史称宁江州之战。

同年十月，辽朝派出大军进驻出河店，"两军对垒，女直军潜渡混同江，掩击辽众。萧嗣先军溃，崔公义、邢颖、耶律佛留、萧葛十等死之，其获免者十有七人。萧奉先惧其弟嗣先获罪，辄奏东征溃军所至劫掠，若不肆赦，恐聚为患。上从之，嗣先但免官而已。诸军相谓曰：'战则有死而无功，退则有生而无罪。'故士无斗志，望风奔

①②③《辽史》卷二十七《天祚皇帝一》。

溃”[①]。史称出河店之战。经此一战，女真部众士气高涨，增强了反抗辽朝的信心。

经过这次战斗，女真部落与辽朝的敌对关系正式公开化，阿骨打遂在部众的劝说下立国称帝。史称：“收国元年正月壬申朔，群臣奉上尊号。是日，即皇帝位。上曰：‘辽以宾铁为号，取其坚也。宾铁虽坚，终亦变坏，惟金不变不坏。金之色白，完颜部色尚白。’于是国号大金，改元收国。”[②]文中的“收国元年”即辽天庆五年（1115年）。

也是在这一年的正月，面对迅速崛起的生女真势力，天祚帝决定率军亲征，“率番汉兵十余万出长春路，命萧奉先为都统，耶律章奴副之。以精兵二万为先锋，余分五部北出骆驼口，车骑亘百里。步卒三万人，命萧胡都姑、柴谊将之，南出宁江州，赍数月粮，期必灭女真。阿骨打以刀剺面，仰天大哭，谓其部落曰：‘不若杀我以降。’诸将皆拜曰：‘事以（已）至此，当誓死一战。’乃与天祚遇，乘其未阵，三面击之，天祚大败，退保长春”[③]。此战被称为护步答冈之战。此后，阿骨打所率生女真部落开始转守为攻，而辽朝对女真族的反抗已经无法镇压下去了。

二、金宋“海上之盟”与伐辽战役

宋重和元年（1118年），在得到金朝军队屡次打败辽朝的消息之后，宋朝统治者再次燃起收复燕云十六州的希望，于是派出使者经由辽海与金朝联系夹攻辽朝之事。“是春，宋遣其使马政来约夹攻辽。先是宋建隆以来，女真自其国之苏州泛海至登州卖马，故道犹存。去夏，有汉儿郭药师者泛海来，具言女真攻辽事，宋遣马政同药师讲买马旧好，由海道入苏州，至其国阿骨打所居阿芝（州）[川]涞流河，问遣使之由。政对以‘贵朝在建隆时讲好已久，今闻贵朝攻破辽国

① 《辽史》卷二十七《天祚皇帝一》。
② 《金史》卷二《太祖》。
③ 《大金国志·太祖武元皇帝上》。

五十余城，欲［与贵朝］复［通］前好，共行吊伐’。阿骨打与粘罕共议数日，遂质登州小校六人，遣渤海人李善庆、生熟女真二人，赍国书并北珠、生金、貂革、人参、松子为贽。”[①]

此后，金朝与宋朝之间使节往来，商议夹攻之事。双方约定，金朝攻取辽朝在长城以北的疆域，宋朝攻取原后晋石敬瑭割让给辽朝的燕云十六州，谁攻占的地方就归谁所有，而原来由宋朝进贡给辽朝的贡物则转交给金朝。显然，如果辽朝只对抗金朝或宋朝，压力比较小，可能会形成较长时间的对峙。而如果是金宋双方形成夹攻之势，就会使辽朝腹背受敌，加速其败亡。

金朝在与宋朝签订“海上之盟”的前后，一直没有停止对辽朝的进攻。收国元年（1115年）九月，攻占黄龙府。翌年五月，出军进攻占据辽东京的高永昌，“东京州县及南路系辽女直皆降。诏除辽法，省税赋，置猛安谋克一如本朝之制”。天辅元年（1117年）正月，攻取泰州；十二月，“拔显州，乾、懿、豪、徽、成、川、惠等州皆降”[②]。到了天辅四年（1120年）五月，金太祖亲率大军，对辽上京发动全面进攻，经过激战，攻取辽上京，然后班师。这次进攻，只是全面伐辽战争的预演。

天辅五年（1121年）十二月，金太祖下诏正式伐辽：“以忽鲁勃极烈杲为内外诸军都统，以昱、宗翰、宗干、宗望、宗盘等副之。”金太祖又下诏称：“若克中京，所得礼乐仪仗图书文籍，并先次津发赴阙。”[③]由此可见，这时的金太祖已经注意到要保存和传承辽朝的礼乐文化。

金朝攻势如潮，天辅六年（1122年）正月攻占辽中京，三月攻占辽西京，四月攻占长城沿线的天德、云内、宁边、东胜等地，五月，完颜宗望报捷，伐辽战争取得胜利。六月初一，金太祖又亲自征辽，发自金上京。七月，“上追辽主于大鱼泺。昱、宗望追及辽主于石辇

① 《大金国志·太祖武元皇帝上》。

②③ 《金史》卷二《太祖》。

铎，与战，败之，辽主遁。己亥，次居延北”[1]。虽然远征千里，却没有能够捕获辽天祚帝。

同年十二月，金太祖转攻燕京，“宗望率兵七千先之，迪古乃出得胜口，银术哥出居庸关，娄室为左翼，婆卢火为右翼，取居庸关。丁亥，次妫州。戊子，次居庸关。庚寅，辽统军都监高六等来送款。上至燕京，入自南门，使银术哥、娄室阵于城上，乃次于城南。辽知枢密院左企弓、虞仲文，枢密使曹勇义，副使张彦忠，参知政事康公弼，金书刘彦宗奉表降”[2]。金军攻占燕京，兵不血刃。

金朝的伐辽战争大获全胜，原来议订由宋朝攻取的辽燕京与辽西京（今山西大同）也都被金军攻战。按照原来宋金协议中谁攻占的地方归谁所有的原则，宋朝将一无所获。对于这一点，宋朝是不会同意的，于是，多次派出使臣与金朝交涉，希望金朝把攻占的燕云十六州归还给宋朝。双方作为灭辽的盟友，金朝是以获取更大利益为目的，故而在一些问题上做出了表面上的让步，从而获得更多的实际利益。

三、金宋双方对燕京的交涉

宋朝在与金朝订立“海上之盟”后，立即着手收复燕京的军事行动。在宋朝统治者眼里，辽朝已经不再是当年高梁河之战时的辽朝了，在金朝的夹攻下已经是不堪一击了。形势也确实如此，这时的辽天祚帝已经被金军击溃西逃，辽东京、上京、中京等重要城市相继失守。于是，金朝派出使臣来到宋朝，询问为何没有出军夹击辽朝之事。宋徽宗遂“命童贯为江北、河东路宣抚使，屯兵于边以应之，且招谕幽燕”。宋朝这种击辽之举如同儿戏。

宣和四年（1122年）五月，童贯率宋军进至雄州（今河北雄县），命大将仲师道、杨可世等进取燕京。“癸未，辽人击败前军统制杨可世于兰沟甸。……（丙戌）杨可世与辽将萧干战于白沟，败绩。丁亥，

① 《金史》卷二《太祖纪》。

② 《金史》卷二《太祖纪》。

辛兴宗败于范村。六月己丑，种师道退保雄州，辽人追击至城下。帝闻兵败惧甚，遂诏班师。”[①]这次宋朝大军的对手，并不是辽军主力，只是驻守燕京的辽燕王耶律淳。由此可见，宋朝军队的软弱无能。正是在这时，辽燕王耶律淳病死，只剩萧后守城。

于是，宋徽宗认为又是一次不可错失的良机，遂再命童贯、蔡攸、刘延庆等组织大军，准备攻伐燕京。同年九月，金朝再次派出使臣催促宋朝伐辽，而恰巧又有辽朝大将郭药师见辽朝大势已去，遂投降宋朝，并把驻守的涿州（今河北涿州市）和易州（今河北易县）进献给宋朝。宋徽宗大喜，认为燕京已在手中，遂御笔改燕京为燕山府，又“御笔涿、易八州并赐名。……除燕山府已赐名外，涿州赐名涿水郡、威行军节度使；檀州赐名横山郡、镇海军节度使；平州赐名海阳郡、抚宁军节度使；易州赐名遂武郡防御；营州赐名平卢郡防御；顺州赐名顺兴郡团练；蓟州赐名广川郡团练；景州赐名滦州郡军事”[②]。

郭药师在归降宋朝之后，就变成了宋朝进攻燕京的向导。宋朝命大将刘延庆与郭药师一起作为主攻燕京的先锋。宋朝大军在郭药师的引导下来到燕京城南，驻军良乡，与辽朝军队隔卢沟河对峙，时为宣和四年（1122年）十月二十三日。“是日，（刘）延庆命诸将共议入燕之策。郭药师献谋曰：‘四军者以全师抗我，则燕山可以捣虚而入。可选轻骑，由固安渡泸水，至安次，径赴燕城。汉民知王师至，必为内应，燕城可得。’延庆即遣郭药师押常胜军千人为向导，命赵鹤寿、高世宣、杨可世、可弼统兵六千，可世等夜半渡河，衔枚倍道，至三家店憩军。”

“是日（二十四日）质明，郭药师遣甄五臣领常胜军五十人杂郊民，夺迎春门以入，杀守阍者数十人。大军继至，陈于悯忠寺，分遣七将官把燕城七门，各差将二人、骑二百守之，内外帖然，不知兵

① 《宋史》卷二十二《徽宗纪》。

② 《三朝北盟会编》所引《茆斋自叙》。

至，咸谓有神一般。”萧后得报，登宣和门，亲施箭镞以拒宋军。又秘密遣人召萧干等回师。“郭药师曰，城外尘起，必有援兵至。诸将皆谓延庆遣兵来助，一望则燕王冢上立四军旗帜矣。方错愕瞪视，而四军人马自南暗门入内，诸门皆启，铁骑突出，战于三市，人皆殊死勠力迎敌”[①]。攻城宋军遂大败而逃。宋军主帅刘延庆得知郭药师等败绩，立刻烧毁大营、辎重，连夜而逃。

在宋军再次惨败之后，金太祖阿骨打率军追天祚帝未遂，转攻燕京。阿骨打命粘罕率军攻打南暗口，挞懒率军攻打古北口，自己率军攻打居庸关，三路并进。契丹萧后及萧干等人听闻阿骨打率金军来攻，赶忙出逃。阿骨打至居庸关，已无防守，不费一兵一卒，直驱燕京，留守在这里的左企弓、于仲文、曹勇义、刘彦宗、萧乙信等人出城迎降。时人称：金人入城后，“续遣先被虏人知宣徽北枢密院事韩秉传令，若即拜降，我不杀一人。催促宰相文武百僚僧道父老出丹凤门球场内，投拜。阿骨打戎服已坐万胜殿，皆拜服罪。于是，使译者宣曰：我见城头炮绳席角都不曾解动，是无拒我意也。并放罪，才抚定燕山府”[②]。这是金军第一次攻占燕京。

已经被宋徽宗御笔改名的燕京及八州之地，并没有由宋军收复，特别是燕京，在宋朝大军占据绝对优势的情况下得而复失，却被金军攻占。面对这种局面，宋朝统治者多次派出使臣，以“海上之盟”为理由，希望金朝统治者把燕云十六州归还给宋朝。但是，金朝统治者对以前的盟约并不承认，却强调谁攻取归谁的原则。双方经过一系列的讨价还价，金朝统治者提出非常苛刻的条件才答应将燕京地区归还给宋朝。

时人称：是金太祖力主和议，“遂遣杨朴以誓书及燕京、涿、易、檀、顺、景、蓟六州归于宋，且索米二十万石。自是，童贯、蔡攸入燕。先曰交割，后曰抚定。凡燕之金帛、子女、职官、民户，为金人

① 《三朝北盟会编》政宣上帙十一。

② 《三朝北盟会编》引《亡辽录》。

席卷而东，宋朝捐岁币数百万，所得者空城而已"[①]。对于这座实际上是用金钱赎买回来的燕山府，宋朝君臣却十分满意。所谓"先曰交割，后曰抚定"，"交割"是双方的事，"抚定"是自己的功劳。经金朝交割之后，宋徽宗命王安中为庆远军节度使、河北河东燕山府路宣抚使、知燕山府。这是在辽金时期北京地区极为短暂的辖归中原王朝的统治。通过金宋双方对燕京的交涉，充分显示出了金朝统治者的贪婪残暴和宋朝统治者的昏庸无能。

四、金朝攻灭北宋

金朝统治者在把燕京及六州"交割"给宋朝时，遭到众多女真贵族的反对，就连一些归降金朝的辽朝官员如左企弓也反对，史称："太祖既定燕，从初约，以与宋人。(左)企弓献诗，略曰：'君王莫听捐燕议，一寸山河一寸金。'太祖不听。"[②]他们认为金太祖用土地换取金钱的办法是得不偿失的。但是，历史证明，他们都没有金太祖英明，因为土地的夺取依恃的是武力，金朝并不缺武力；而金钱的获得有时是不能靠武力的。用随时可以再取得的土地来换取巨额金钱，然后再利用武力把土地夺回来，才是最合算的做法。

在金宋联手灭辽的过程中，中国的政治疆域发生巨大变化。但是，这个变化只是一个开始，随后出现了当时所有人都无法预料的、更大的变化。先是金太祖伐辽之后班师不久即死去，由其弟吴乞买即位，是为金太宗。而吴乞买即位后，并没有打算与宋朝和平相处。面对这样软弱的宋朝，金太宗又怎能不伸出魔爪呢？

是时辽朝败亡已成定局，原辽朝的文武官员及百姓很难判断接下来会发生什么事情。是金朝击败宋朝，尽占辽朝之地？还是金宋言和，同分辽朝之地？抑或是宋朝击败金朝，实现天下一统？这时的人们不可能做出准确判断，却又不能不立刻做出判断，并由此而决定下

① 《大金国志·太祖武元皇帝下》。

② 《金史》卷七十五《左企弓传》。

一步的行动方案。而在对金宋双方进行判断的时候，许多人都被宋朝虚假的强盛所蒙蔽，而做出错误的行动。而判断错误的结果，是付出了惨痛的代价，甚至是生命。张觉就是其代表。

张觉是东北平州人，辽朝进士，官至辽兴军节度副使，金太祖伐辽之后降金。因为金太祖要把辽南京（即燕京）还给宋朝，故而改平州为南京，并任命张觉为南京留守，对他是比较信任的。但是，张觉却一心想要投靠宋朝，遂在金军押送燕京百姓北去金上京、途经平州的时候发动叛乱，“天辅七年五月，左企弓、虞仲文、曹勇义、康公弼赴广宁，过平州，觉使人杀之于栗林下，遂据南京叛入于宋，宋人纳之”[①]。金朝得到消息之后，命完颜宗望率军前来平定叛乱，张觉战败，逃入燕京（即宋燕山府）。

在这个过程中，金太祖死，金太宗即位，立刻就找到了进攻宋朝的借口。完颜宗望派人向宋朝索要叛臣张觉，宋朝找了一个与张觉很像的人杀掉，把假头颅给了金朝。而金朝并没有受骗，继续追讨张觉，宋朝无奈，遂杀张觉。这个结果，不仅尽显宋朝的软弱无能，更使得那些原来从辽朝投降宋朝的大臣们人人心寒，不想再为宋朝卖命。

辽朝投降宋朝的大臣中最重要的当数郭药师。郭药师在投降宋朝之后，曾经率领宋军偷袭燕京城，被守城的萧后及大将萧干击败。但是，宋徽宗并没有责罚他，反而命他辅佐王安中镇守燕山府。但是，当完颜宗望率军攻打燕京时，郭药师率军抵御，兵败投降，并引导金军重占燕京。郭药师在归降金朝之后，对此后的伐宋战争起到了非常重要的作用。

史称：“太宗以药师为燕京留守，给以金牌，赐姓完颜氏。从宗望伐宋，凡宋事虚实，药师尽知之。宗望能以悬军深入，驻兵汴城下，约质纳币，割地全胜以归者，药师能测宋人之情，中其肯綮故

---

① 《金史》卷一百三十三《叛臣传》。

也。”[1]据此可知，第一，金太宗对于郭药师的投降十分重视，赐姓完颜，也就是国姓，郭药师就变成了完颜药师。此前郭药师降宋之时，宋徽宗也曾赐其姓赵，称赵药师。同时，金太宗又命他任燕京留守，给予金牌。第二，因为郭药师在归降宋朝的时候，曾经到东京开封府朝见宋徽宗，故而对从燕京到东京的路途十分熟悉，在率领金军伐宋时，得以直趋东京城下，为金朝获取了巨额利益。时人称：“癸酉，斡离不围宋京师。先是，药师尝打球于牟驼冈，知天驷监有马二万匹，刍豆山积，至是导斡离不使奄而取之。斡离不曰：‘南朝若以二千人守河，我岂得渡哉？’”[2]文中“斡离不”即完颜宗望。宋军的战马两万匹，在当时的价值，远远超过两万精兵。

完颜宗望虽然任用郭药师为向导攻伐宋朝，但是他对郭药师是绝不信任的。郭药师所率军队号称常胜军，在归降金朝后，却遭到完颜宗望的屠杀。时人称：“常胜军乃辽人，叛归宋，至是又叛归金。斡离不乃遣各人还归本土居住为名，问常胜军曰：‘天祚待汝如何？’曰：‘天祚待我甚厚。’‘赵皇如何？’曰：‘赵皇待我尤厚。’斡离不曰：‘天祚待汝厚，汝反；赵皇待汝厚，汝又反，我今以金帛与汝等，汝定是亦反。我无用尔等。’于是皆惶恐而退。既行，遂遣四千骑以搜检器械为名，于松亭关皆杀之。”[3]

天会三年（1125年）十月的第一次大举伐宋，仅用了3个月，于翌年正月攻到宋朝东京城下，迫使宋朝讲和、割地、增岁币，取得巨大胜利。没过多久，金朝军队再次大举伐宋，仍然是兵分两路，以完颜宗翰为左副元帅，从西京（今山西大同）出兵，为西路。又以完颜宗望为右副元帅，从燕京出兵，为东路。天会四年（1126年）八月出征，十一月，完颜宗望攻到宋东京城下，闰十一月，完颜宗翰也率军到此会师。十二月，已经即位的宋钦宗出降。翌年二月，“诏降宋二

① 《金史》卷八十二《郭药师传》。
② 《大金国志·太宗文烈皇帝二》。
③ 《大金国志·开国功臣传》。

帝为庶人”。[1]至此，北宋灭亡。

回顾这段历史，值得回味的是，宋朝联络金朝，只是为了收复燕云十六州，而没有更大的奢望。但是，燕京和西京又都是金朝从辽朝手里夺过来，又送给宋朝的。而在燕云十六州中，最具有战略意义的正是燕京和西京，最后，金军两次大举伐宋，又都是从这两个地方发兵的。在此后相当长的时间里，金军在进攻南宋的时候，又是以这两处作为大本营，从而形成了“东朝廷”（指燕京）和“西朝廷”（指西京），与远在东北的金上京构成一个“铁三角”，由此来巩固金朝的半壁江山。

① 《金史》卷二《太宗纪》。

第五节 海陵王夺权与迁都

北宋灭亡后，宋宗室赵构逃往江南，建立南宋，定都临安（今浙江杭州）。金朝在突然占有长江以北大部分地区后，有必要对巩固这片新的疆域而采取各种措施。其一，在新占领区设置傀儡政权，代行各项管理功能。这个措施最后失败了，金朝只能依靠自己的行政能力来解决管理问题。其二，调整新的管理系统，而都城体系的确立是管理体系调整的重要标志。在金朝攻灭北宋之前，就已经确定金上京（今黑龙江哈尔滨境内）为统治中心，这时虽然已经攻占了辽上京、辽中京、辽西京和辽南京（即燕京），但是没有时间来考虑调整都城体系的问题。如何处理原辽朝疆域的管理以及和宋朝的关系，是更加紧迫的问题。

金太祖立国及伐辽，金太宗灭辽及攻灭北宋，在历史上都留下了丰功伟绩。金熙宗即位后开始对各项制度加以改革和完善，也做出了一些贡献，但是在都城体系的确立问题上，却没有拿出有效的方法。海陵王夺得皇权，即刻着手调整都城体系，迁都燕京，改称中都，又设置东、西、南、北四京，构成了一整套完善的都城管理体系。政治中心的迁移，有力推动了金朝历史向前迈进的步伐，也使得北京第一次成为占据半壁江山的少数民族政权的首都。

一、海陵王的出身及修养

海陵王生活的时代是一个从动荡分裂向安定统一转变的时代。在这个历史时期，金朝的崛起是一股新兴的力量，面对已经腐朽不堪的辽朝和宋朝，这股新兴力量以摧枯拉朽之势接连推翻了辽宋的统治，改变了整个中国的政治格局。但是，新崛起的金朝也有其不足之处，就是它自身的社会结构比较原始落后，尚处于军政合一的猛安谋克体系，有较强的人身依附关系，有待于进一步的发展。当然，在灭辽、灭宋的过程中，金朝已经学到了许多东西，也已经有了一个很大的飞跃。

金朝统治者在起兵反辽之初，刚刚脱离原始的部落组织形式，在汉族谋士杨朴等人的辅佐下建立简单的军政合一体系。凡遇有重大政治、军事活动，则以女真贵族的集体决议为准。因此，以金太祖、金太宗及其子孙等女真贵族们的集团为中心，构成了金朝的权力中枢。而在完颜氏的大家族之中，又有着不同的派系，在各派系之间，也会有利益和权势的相互争斗，从而导致政局的变化。

金太祖在起兵反辽，建立金朝的过程中，兄弟、子侄皆为骨干力量，如太祖阿骨打之弟吴乞买、撒改，阿骨打之子完颜宗干（即斡本）、完颜宗望（即斡离不）、完颜宗辅（即窝里嗢）、完颜宗弼（即兀术）、完颜宗敏（即阿鲁补）等皆曾立有汗马功劳。因此，他们在金朝初年的朝廷中占有十分重要的地位。而金熙宗完颜亶、金海陵王完颜亮则是女真贵族完颜氏第三代中的佼佼者。

金太祖、金太宗和他们的兄弟、子侄们都在戎马倥偬中度过了一生，因此，他们很难在文化修养方面有所作为。但是，作为第三代女真贵族子弟的完颜亶、完颜亮等人则开始受到很好的文化教育，如当时人所描述的那样："今虏主完颜亶也，自童稚时，金人已寇中原，得燕人韩昉及中国儒士教之。其亶之学也，虽不能明经博古，而稍解赋诗翰、雅歌、儒服、烹茶、焚香、弈棋、战象，徒失女真之本态耳。由是则与旧大功臣君臣之道殊不相合。渠视旧大功臣则曰：'无知夷狄也。'旧大功臣视渠则曰：'宛然一汉家少年子也。'"[①]这是对金熙宗的描述。

对完颜亮的描述："幼时名孛烈，汉言其貌类汉儿。好读书，学弈象戏、点茶，延接儒生，谈论有成人器。既长，风度端严，神情闲远，外若宽和，而城府深密，人莫测其际。"[②]文中所云"幼时名孛烈"是指完颜亮的女真名，《金史·海陵纪》称"本讳迪古乃"，也

① 《三朝北盟会编》引《金虏节要》。

② 《大金国志·海陵炀王上》。

是指他的女真名。据此描述可知，完颜亮与完颜亶在生活爱好方面有许多相同之处，如好读书、喜弈棋、焚香烹茶等等。这些共同爱好就是文化修养。

完颜亮等人之所以能够具有较好的文化修养，与当时辽、宋文臣归降金朝有着直接的关系。在金朝攻伐辽朝时，有一批辽朝的文士归降了金朝，完颜亶所交往的文士韩昉就是其中的佼佼者。此外，又有虞仲文、卢彦伦等人。而在金朝攻伐宋朝时，又虏获了一批宋朝的著名文士，如宇文虚中、高士谈，以及蔡靖、蔡松年父子等人。这些人在原来的辽朝和宋朝都有很高的知名度，在归降或者被虏获之后，也都受到金朝统治者的优待和礼遇。因此，在羡慕中华文化的女真贵族弟子中就有一批人会与这些辽宋的文士们相互结交。

完颜亮通过与这些文士们的交往，受到很深的熏陶，其例证之一就是他在文学修养方面的表现。完颜亮传世的文学作品并不多，只留下几首诗词，但是从这仅存的几首诗词中就可以了解到其较高的才气。如他在一处驿站中题写丛竹的诗称："孤驿潇潇竹一丛，不同凡卉媚春风。我心正与君相似，只待云梢拂碧空。"又如他在一幅画作上的题诗称："万里车书盍混同，江南岂有别疆封？提兵百万西湖上，立马吴山第一峰。"不仅文词典雅，还表达出豁达的胸襟。

完颜亮的词也很好。他曾作有《喜迁莺》一词曰："旌麾初举，正駃騠力健，嘶风江渚。射虎将军，落雕都尉，绣帽锦袍翘楚。怒磔戟髯争奋，卷地一声鼙鼓。笑谈顷，指长江齐楚，六师飞渡。此去无自堕。金印如斗，独在功名取。断锁机谋，垂鞭方略，人事本无今古。试展卧龙韬韫，果见成功旦莫。问江左，想云霓望切，玄黄迎路。"[①]这首词若放在宋、元名家的词选中，亦毫不逊色。

完颜亮的家世也很显赫。其父完颜宗干是金太祖阿骨打的庶长子，在金朝建立、伐灭辽朝、制定金朝的各项礼仪制度等方面，都有着重要的贡献，因此得到金太祖、金太宗、金熙宗三朝帝王的宠信与

---

① 以上诗词见《桯史》卷八《逆亮辞怪》。

重用。在金太祖时，完颜宗干皆随同出征，又能在重大军事决策中发挥作用。金太祖死后，又在拥立金太宗的问题上起了关键作用，因此，“太宗即位，宗干为国论勃极烈，与斜也同辅政”。及灭辽之后，“始议礼制度，正官名，定服色，兴庠序，设选举，治历明时，皆自宗干启之。四年，官制行，诏中外”[①]。据此可知，天会四年（1126年）颁行的金朝制度，大多为完颜宗干的手笔。

金太宗死后，对于皇位继承发生矛盾和争夺，完颜宗干在拥立金熙宗时，又发挥了重要作用，从而得到了金熙宗的信任和重用。是时，太宗之子完颜宗磐权势极大，与完颜宗隽、挞懒（即完颜昌）等人相互勾结，企图叛乱。史称：“其后（天眷年间）宗磐、宗隽、挞懒谋作乱，宗干、希尹发其事，熙宗下诏诛之。坐与宴饮者，皆贬削决责有差。”[②]这次叛乱是金太祖的子孙与金太宗的子孙在权力争夺中的冲突，最终太祖的子孙获胜。而在双方的冲突中，完颜宗干再次发挥了重要作用。

完颜亮作为完颜宗干之子，在金熙宗当朝之时自然也就受到信任和重用。他和金熙宗之间的利益是一致的，他的文化修养与金熙宗也是相同的，再加上他父亲完颜宗干对金熙宗有大恩，因此，完颜亮的身份在金熙宗时是非常特殊的，这种特殊身份也为他在此后的宫廷政变中提供了极大的便利。

二、海陵王与金上京的宫廷政变

完颜亮进入仕途后基本上一帆风顺。早在天眷三年（1140年），年仅18岁的完颜亮就已经以奉国上将军的身份来到完颜宗弼（即金兀术）军中任行军万户。到皇统四年（1144年），他又出任中京留守，史称其“在中京，专务立威，以厌伏小人”。开始显露他的政治才干。皇统七年（1147年），完颜亮被金熙宗召到中央政府，主持朝政。翌

① 《金史》卷七十六《完颜宗干传》。

② 《金史》卷七十六《完颜宗磐传》。

年十一月，升任右丞相。

完颜亮在来到金上京之后，充分表现出他的心机莫测。一方面，他向金熙宗表达忠心，“一日因召对，语及太祖创业艰难，亮因呜咽流涕，熙宗以为忠”。另一方面，他又在朝廷中安插自己的亲信，“务揽持权柄，用其腹心为省台要职，引萧裕为兵部侍郎”[①]。这些做法，都有着很深的心机。

与完颜亮形成鲜明对比的是金熙宗完颜亶在即位之初有完颜宗干、完颜宗磐和完颜宗弼等重臣辅佐，还是有一些作为的，如颁行《大明历》，罢废伪齐政权，营建上京宫殿，施行各种仪制等等。特别是他的官制改革，对推进金朝的政治进步起到巨大作用。他又先后平定了高庆裔、完颜宗磐、挞懒等人的叛乱，由此削弱金太宗等其他女真贵族各系子孙的势力。

但是，随着完颜宗干这一批重臣或是老死，或是被诛杀，辅佐的力量丧失殆尽。而这时皇后裴满氏又逐渐干政，金熙宗又无子嗣以继承皇位，遂变得性情暴躁，常常滥杀无辜，使身边的侍从恐惧万分，人人自危。如皇统九年（1149年）五月，因发生自然灾害，“肆赦。命翰林学士张钧草诏，参知政事萧肄擿其语以为诽谤，上怒，杀钧”。不久，“武库署令耶律八斤妄称上言宿直将军萧荣与胙王元为党，诛之”。六月，因迁民之事，“上怒议者，杖平章政事秉德，杀左司郎中三合”。十月，“杀北京留守胙王元及弟安武军节度使查剌、左卫将军特思。大赦”。十一月，“杀皇后裴满氏”。又“杀故邓王子阿懒、达懒”。再“遣使杀德妃乌古论氏及夹谷氏、张氏”。十二月，“杀妃裴满氏于寝殿”[②]。这时的金熙宗，已经变成了一头滥杀无辜的野兽，不论是谁，只要触怒了他，即使是皇后，也格杀勿论。

暴怒的金熙宗完颜亶与城府极深的完颜亮相比，鲜明的对照是当时人们有目共睹的。如果人们能够选择自己的命运，当然会选完颜

① 《金史》卷四《熙宗纪》。

② 《金史》卷四《熙宗纪》。

亮，而不是完颜亶。完颜亮与完颜亶的差别仅仅是因为完颜亶的父亲完颜宗峻（即绳果）是嫡子，而完颜亮的父亲完颜宗干是庶长子。但是，完颜宗峻死得比较早，对金朝所做的贡献远远不及完颜宗干，在金朝初立之时，嫡、庶之间的差别并不大，因此，完颜宗干作为金太祖的长子才会在重大政治决策中发挥重要作用。

当金熙宗身边的侍从们为了自身的安全而除去金熙宗时，必须要找到一个取代金熙宗的新的统治者，这个新的统治者就是完颜亮。史称："（皇统九年）十二月丁巳，忽土、阿里出虎内直。是夜，兴国取符钥启门纳海陵、秉德、辩、乌带、徒单贞、李老僧等入至寝殿，遂弑熙宗。秉德等未有所属。忽土曰：'始者议立平章，今复何疑。'乃奉海陵坐，皆拜，称万岁。诈以熙宗欲议立后，召大臣，遂杀曹国王宗敏，左丞相宗贤。是日，以秉德为左丞相兼侍中、左副元帅，辩为右丞相兼中书令，乌带为平章政事，忽土为左副点检，阿里出虎为右副点检，贞为左卫将军，兴国为广宁尹。"[①]在这些金熙宗身边叛乱者的拥戴下，完颜亮夺得皇权，史称海陵（炀）王。

但是，参加弑杀金熙宗的完颜秉德、唐括辩、乌带等人并不是完颜亮的心腹。因此，完颜亮在刚刚登上皇帝宝座时赐给他们"誓券"，以表示对他们的信任。一旦自己的皇位坐稳之后，仅过了4个月，"杀太傅、领三省事宗本，尚书左丞相唐括辩，判大宗正府事宗美。遣使杀领行台尚书省事秉德，东京留守宗懿，北京留守卞及太宗子孙七十余人，周宋国王宗翰子孙三十余人，诸宗室五十余人"[②]。以此表明，自己和弑杀金熙宗的叛乱是没有关系的。

三、海陵王决定迁都的重要意义

海陵王在登上皇位之时还不到30岁，就有了进一步施展政治才华的广阔天地。而他的重要举措之一，就是把金朝的都城从上京迁到

① 《金史》卷五《海陵纪》。

② 《金史》卷五《海陵纪》。

燕京。从金朝崛起，到占有半壁江山、与南宋对立，金朝的疆域拓展速度是惊人的。作为金朝统治者而言，如何有效地控制这么大一片疆域，确实是一个棘手的问题。当初，金太祖之所以答应把燕京和西京交还给北宋朝廷是因为尚未占据更多的疆域就已经面临着一个重要的问题，也就是考虑到尚无更多的管理能力来统辖这些区域。

到金太宗即位后，举兵攻灭北宋，占据了大片北宋的疆域，为了控制这片新领土，曾经扶持过刘豫伪政权，但是，这个做法最后失败了。女真贵族内部以完颜宗磐等人为首的势力主张把已经夺得的河南、陕西的部分地区归还给南宋，也是因为统治能力尚不完备。此后，金熙宗即位，又派遣完颜宗弼率军将河南、陕西等地重新占据，以扩大自己的疆域，表明金朝统治者已经有了比较完备的管理体系。这个管理体系是在金宋之间的多年攻战中逐渐形成的。

女真统治者崛起于东北，定都于金上京是比较合适的。当时金朝的初起疆域也主要是在东北一隅。及金太祖伐辽，占有辽东京、辽上京、辽中京、辽西京、辽南京等地时还没有建立自己的京城体系，反而把最重要的辽南京和辽西京给了宋朝，因为这两座重镇对金朝的统治是无法构成威胁的。其他辽朝诸京，只有辽东京与金上京的距离比较近，影响也比较大。而辽东京对中原政局的影响，却又比辽南京和辽西京要小很多。

金太宗即位后，不愿意偏居于东北一隅，举兵伐宋，并且取得了意想不到的成功，很快就攻占了北宋都城开封。这时金朝扶持的傀儡政权，也是定都在开封，以便于对中原地区的统治。而金太宗在与宋朝的军事对抗中，开始认识到燕京和西京的重要作用，这两个军事重镇是控制半壁江山的两个大本营。于是，也就有了在这两处设置重要管理机构的举措，被分别称为“东朝廷”和“西朝廷”。

时人称：天会三年（1125年），金太宗命完颜宗望（即斡离不）与完颜宗翰（即粘罕）率军伐宋，“斡离不、粘罕分道入侵南宋。东路之军斡离不主之，建枢密院于燕山，以刘彦宗主院事；西路之军粘罕主之，建枢密院于云中，以时立爱主院事。国人呼为‘东朝廷’‘西朝廷'。于是斡离不之军自燕山侵河北，粘罕之军侵河东，克朔、武、代、忻等州，直趋太原"[①]。文中"燕山"即燕京，"云中"即西京。

及金太宗攻灭北宋，占有大片宋朝疆域，立刘豫为伪齐傀儡，定都于开封，这时的金朝统治中心可分为4处。第一处是金上京，是金朝的统治中心。第二处是燕京，即"东朝廷"。第三处是西京，即"西朝廷"。第四处是汴京，即伪齐都城。及刘豫被废之后，金朝则在这里建有行台尚书省，与燕京行台（原称枢密院）、西京行台并立，构成统治中原地区的"铁三角"。

在燕京、西京、汴京这三处重镇之中，又以燕京的地位最为重要。西京位于西北，汴京位于东南，而燕京位于东北，不论是从西京到金上京，还是从汴京到金上京，都要经过燕京，因此，燕京是与金上京联系最为密切的重镇，是重中之重。这三处重镇的形成是历史进程演变的结果，而枢密院、行台等机构，最初都是临时性的机构，而不是常设机构。也就是说，一直到金熙宗被弑之前，金朝都没有形成一个完整的都城体系。

完颜亮夺得皇权之后，开始着手解决这个重要的问题。由于金朝疆域的拓展，偏在一隅的金上京显然已经不能适应金朝的统治需要，也就是说，金上京已经不适合作为全国的统治中心了。这一点，完颜亮在迁都的诏书中有很好的说明。诏书曰："又以京师粤在一隅，而方疆广于万里，以北则民清而事简，以南则地远而事繁。深虑州府申陈或至半年而往复，间阎疾苦何由期月而周知。供馈困于转输，使命苦于驿顿，未可时巡于四表，莫如经营于两都。眷惟金燕，实为要会。将因宫庙而创官府之署，广阡陌以展西南之城。勿惮暂时之艰，以就得中之制。所贵两京一体，保宗社于万年。四海一家，安黎元于九府。"[②]

完颜亮在天德三年（1151年）下诏之后，就开始营建金中都城。

---

① 《大金国志·太宗文烈皇帝纪》。

② 《建炎以来系年要录·金海陵炀王亮天德三年春正月》。

到贞元元年（1153年）正式迁都。“遂以渤海辽阳府为东京，山西大同府为西京，中京大定府为北京，东京开封府为南京。燕山为中都，府曰大兴。改元，以赦告天下，京邑始定焉。”[①]直到这时，金朝的都城体系才告完备。

值得注意的是完颜亮在议迁都的诏书中曾称“所贵两京一体”是指金上京和燕京，但是在迁都之后却把金上京从五京体系中剔除，而降为会宁府。并且把大批原来定居在金上京的女真族民众迁往中原地区，甚至把金上京的宫殿、园林夷为平地，把原来的祖先陵寝也刨出迁往燕京。这种做法是完全有违常理的事情。究竟是何原因，有待进一步研究。

① 《大金国志》转引《金虏图经》。

第六节　海陵王营建金中都

海陵王完颜亮在决定迁都之后，做了大量准备工作，可以说工作效率是非常高的。从新都城的设计到施工建造，再到完成迁都，整个过程只用了不到3年的时间，这个速度就是在有现代化建筑施工器械的情况下，也是很不容易的事情，更不要说当时都是人力手工制造的过程。经过扩建，一座宏伟的都城以崭新的面貌展示在世人面前，显示出海陵王的宏大气魄和金朝的雄厚实力。

金中都城的改建充分表现出建造设计者的大智慧。通过对燕京城的改建，整个城市的空间布局发生了巨大变化，从一座军事重镇和陪都，变化为一个泱泱大国的首都，几乎所有中国古代都城所应该具备的设施，都可以在金中都城里面见到，从宫殿、园林，到坛庙、寺观，再到衙署、库藏等等，无不具备。这种情况，在北京的历史上还是第一次出现。因此，海陵王在北京历史的发展进程中是功不可没的。

一、对辽南京城的扩建

海陵王扩建的金中都城是以辽南京城为基础的。在辽金时期的历史文献中，对辽南京加以详细描述的并不多，甚至可以说几乎没有。但是，在两宋时期出使辽金的大臣中却留下了零星记载，这些记载在今天看来都是十分珍贵的。其中，有两篇记载常常被研究辽金燕京的学者所引用。其一，为北宋时期宋真宗大中祥符初年（时为辽圣宗统和末年）出使辽中京的使臣路振所撰写的《乘轺录》；其二，为北宋末期宋徽宗宣和七年（1125年）出使金上京的使臣许亢宗所撰写的《奉使行程录》。两人生活年代相距百余年，其对燕京城的描述也是有些差异的。

路振的描述称："幽州幅员二十五里，东南曰水窗门，南曰开阳门，西曰青音门，北曰北安门。内城幅员五里，东曰宣和门，南曰丹凤门，西曰显西门，北曰衙北门。内城三门，不开，止从宣和门出入。城中凡二十六坊，坊有门楼，大署其额，有罽宾、肃慎、卢龙等坊，并唐时旧坊名也。居民棋布，巷端直，列肆者百室，俗皆汉服，中有胡服者，盖杂契丹、渤海妇女耳。”[①]文中所云幽州即辽南京，而幽州是中原官员及民众的习惯称谓。

路振的描述虽然很简要，却透露出一些珍贵的信息。第一，辽南京城的规模，为“幅员二十五里”，即每一面的城墙长约六里。第二，辽南京分为内城和外城，内城的规模很小，“幅员五里”，即内城的每一面城墙只有一里多长。第三，城里共划分为“二十六坊”（除内城外），这些坊的坊名都是唐朝留下来的。也就间接证明了，从唐代的幽州城到辽代的南京城，城市的格局基本上没有变化。第四，文中记载了辽南京有8座城门，外城4座，内城4座。读整段文字，文中的“东南曰水窗门”应是衍一“南”字。第五，文中所云“内城”应该就是皇城，皇城内建有宫殿。

在100多年后，许亢宗出使金朝，路经这里，被改称燕山府，暂时归宋朝管辖。他在《奉使行程录》中称：“城周围二十七里，楼壁共四十尺，楼计九百一十座。地堑三重，城开八门。已迁徙者寻皆归业，户口安堵，人物繁庶，大康广陌皆有条理。州宅用契丹旧内，壮丽夐绝。地北有互市，陆海百货，萃于其中。僧居佛宇，冠于北方。锦绣组绮，精绝天下。膏腴蔬蓏，果实稻粱之类，靡不毕出。而桑柘麻麦，羊豕雉兔，不问可知。水甘土厚，人多技艺。民尚气节，秀者则力学读书，次则习骑射，耐劳苦。”

许亢宗的描述比路振更加宏观，二者之间的珍贵信息也可以相互印证。第一，城市规模的大小，路振说是“幅员二十五里”，许亢宗说是“城周围二十七里”，大致是相似的。第二，许亢宗说“城开八门”，与路振所说也是一致的。第三，许亢宗所说“地堑三重”应该是宋朝为了防备金朝的进攻而重新开凿的，这种情况在路振时是没有

① 《宋朝事实类苑》卷七十七《安边御寇》。

出现的。第四，许亢宗所说“州宅用契丹旧内”指的就是路振所说的内城，州宅则是燕山府的府衙，正是辽南京皇城中的宫殿，也才会是“壮丽敻绝”。

在元人纂修的《辽史·地理志》中，对辽南京也有一个整体的描述：“自唐而晋，高祖以辽有援立之劳，割幽州等十六州以献，太宗升为南京，又曰燕京。城方三十六里，崇三丈，衡广一丈五尺，敌楼、战橹具。八门：东曰安东、迎春，南曰开阳、丹凤，西曰显西、清晋，北曰通天、拱辰。大内在西南隅。皇城内有景宗、圣宗御容殿二：东曰宣和，南曰大内。内门曰宣教，改元和。外三门曰南端、左掖、右掖。左掖改万春，右掖改千秋。门有楼阁，球场在其南，东为永平馆。皇城西门曰显西，设而不开；北曰子北。西城巅有凉殿，东北隅有燕角楼。坊市、廨舍、寺观，盖不胜书。”

这里的记载，有些与路振、许亢宗的描述是大致相同的，有些则有较大差异。第一，对辽南京城规模的描述，差异较大。在路、许二人的描述中，辽南京城的每面城墙大约为6里，而在元人撰写的《辽史》中，辽南京的每面城墙大约为9里。因为路、许二人都是亲到这里的使臣，所以他们两人的描述应该更准确。第二，许亢宗描述的辽南京城墙高40尺，而《辽史》所述为“崇三丈”，因为没有第三方数据，无法判断二者谁更准确。第三，《辽史》中所记辽南京8门，皆为外城的城门，与路振所记内外各4门不同。而且二者皆有准确的城门名称。《辽史》又记有皇城有城门8扇，如果不算左、右掖门，也有6扇门的名称。由此可知，辽南京的城门不止8扇，应该有更多。

金海陵王完颜亮扩建的金中都城，正是在这个辽南京城的基础上，经过改造而实现的。新扩建的中都城，不仅城市规模更大了，城市中的许多设施也更加完备，真正体现出一座中国古代都城应有的风貌。

二、金中都城的扩建

海陵王完颜亮对扩建中都城是下了很大功夫的。首先，是要让举朝官员都能够有一致的认识，从而减少迁都的阻力。时人称："至亶始有内廷之禁，大率亦阔略。迨亮弑亶而自立，粗通经史，知中国朝著之尊，密有迁都意。继下求言诏，应公卿大夫、刍荛黎庶，皆得以利害闻。时上书者多陈上京僻在一隅，官艰于转输，民艰于赴诉，不若徙燕以应天地中会，与亮意合，率从之。即日遣左相张浩、右相张通古、左丞蔡松年，役天下军民夫匠筑室宫于燕。会三年而有成。"① 显然，金上京已经不适宜作为全国政治中心的意见得到了大多数人的赞同，于是，完颜亮命张浩等人开始了中都城的扩建工作。

其他当时人对此也有大致相同的记载。如"（天德三年）冬，发诸路民夫，筑燕京城。盖主密有迁都意也。国主嗜习经史，一阅终身不复忘。见江南衣冠文物，朝仪位著而慕之。下诏求直言，内外臣僚上书者，多谓上京僻在一隅，转漕艰而民不便，惟燕京乃天地之中，宜徙都燕以应之，与主意合，大喜，乃遣左右丞相张浩、张通古、左丞蔡松年，调诸路夫匠，筑燕京宫室"②。

原来的辽南京外城共有8门，经过扩建之后的金中都城变成了13门。史称："天德三年，始图上燕城宫室制度，三月，命张浩等增广燕城。城门十三，东曰施仁、曰宣曜、曰阳春，南曰景风、曰丰宜、曰端礼，西曰丽泽、曰颢华、曰彰义，北曰会城、曰通玄、曰崇智、曰光泰。浩等取真定府潭园材木，营建宫室及凉位十六。"③这13座城门为东、南、西各面3门，北面4门。

但是，在当时的另外一些文献中，对金中都的城门却记为12门。"是春金主亮徙都燕京，下诏改元贞元，不肆赦……名都城门十二，命近臣王竞书之。"④又有宋人称"都城之门十二，每一面分三门，一正两偏焉。其正门四傍皆又设两门，正门常不开，惟车驾出入，余悉由傍两门焉。其门十二各有标名：东曰宣耀，曰施仁，曰阳春；西曰

① 《大金国志》载《金虏图经》。

② 《大金国志·海陵炀王纪》。

③ 《金史》卷二十四《地理志上》。

④ ［宋］李心传：《建炎以来系年要录·金海陵炀王亮贞元元年春正月》。

灏华，曰丽泽，曰新益；南曰丰宜，曰景风，曰端礼；北曰通元，曰会城，曰崇智。内城门左掖、右掖，宣阳又在外焉。外门榜即墨书粉地，内则金书朱地，皆故礼部尚书王竞书。”[①]

又有宋人记载称：“都城四围凡七十五里，城门十二，每一面分三门，其正门两傍又设两门。正东曰宣曜、阳春、施仁，正西曰灏华、丽泽、彰义，正南曰丰宜、景风、端礼，正北曰通玄、会城、崇智，此四城十二门也。”[②]而对于12门和13门的名称，各种文献的记载也不尽相同。

对于金中都究竟是12门还是13门，自古以来就有争议。有的学者认为，金中都原来扩建时是12门，后来又增加一门，成为13门。笔者则认为是《金史·地理志》所载13门正确。第一，如果最初是12门，完全没有增开一门的必要，每面3门足够出入都城使用。第二，都城的建造有十分严格的规制，不是随便可以更改的。第三，金中都的扩建，是参照宋汴京的模式，而汴京城的北面，就是开有4门。因此，金中都北面开有4门不是临时增加的，而是在规划时就设计好的。

在当时人的记载中，还有一个问题，就是新扩建的金中都城究竟有多大？据宋人的记载，“都城四围凡七十五里”，这个数字是唯一见于相关的历史文献。而我们对这个数字是有疑问的。如果真是如此，以正方形都城计算，每面城墙的长度应该在十八九里，与原来辽南京城每面约六里的差距实在是太大了。在当时的条件下要在3年时间内建造这样一座庞大的都城是不可能的。

那么，完颜亮在扩建金中都时，到底是什么情况呢？从相关文献记载和今人的考古发掘可知，在辽南京城的基础上，向南和向西的拓展比较多，都在3里左右，向东的拓展较少，在1里左右，向北的拓展最少，仅有100米左右。如果按照都城近似正方形计算，每

---

① 《三朝北盟会编》，见《金虏图经》。

② 《大金国志·燕京制度》。

面城墙的长度在9～10里，那么合计金中都城的周长应该在36～40里。

在扩建成这座宏伟的都城之后，完颜亮率百官迁徙至此。时人称："贞元元年——时宋绍兴二十三年也（癸酉，1153年）——春正月，元夕张灯，宴丞相以下于燕之新宫，赋诗纵饮，尽欢而罢。"①作为中国历史上，特别是北京历史上的这样一件大事的完成，是应该好好庆祝一下。

三、金中都城的城市空间布局

在新建的中都城，出现了新的城市空间布局。

首先，作为都城最主要标志的皇家宫殿、园林占据了更加显赫的位置，成为整个城市的中心。辽南京的皇城（即唐幽州的内城）坐落在整个城市的西南一隅，而且规模也不大，方圆一里左右，而经过扩建之后的皇城，规模和样式发生了巨大变化。时人称："城之四围凡九里三十步。天津桥之北曰宣阳门，中门绘龙，两偏绘凤，用金钉钉之。中门惟车驾出入乃开，两偏分双单日开一门。过门有两楼，曰文曰武，文之转东曰来宁馆，武［之］转西曰会同馆［四］。正北曰'千步廊'，东西对焉。廊之半各有偏门，向东曰太庙，向西曰尚书省。至通天门，后改名应天楼，［观］高八丈，朱门五，饰以金钉。东西相去一里余，又各设一门，左曰左掖，右曰右掖。"②这种气派，在此前的辽南京是无法见到的。

新建的皇城，不仅规模更加宏伟了，而且通过整个都城的扩建，把原来偏居在西南的位置调整到了全城的中央。在辽南京的城市中，因为皇城偏在西南面，皇城的南墙就是辽南京城的南城墙，皇城的西墙也是辽南京城的西城墙，距东面和北面的城墙较远。经过拓展南面和西面的城墙，就使得皇城的城墙和金中都城的城墙分开了三里，变

① 《大金国志·海陵炀王纪》。

② 《三朝北盟会编》，见《金虏图经》。

成皇城四面的城墙与金中都城四面的城墙距离大致相等。这个巧妙的设计和拓展工程堪称中国古代都城建筑史上的创举。

其次，拓展了皇家园林的空间。时人称："内城之正东曰宣华，正西曰玉华，北曰拱宸门。及殿凡九重，殿三十有六，闲阁倍之。正中位曰'皇帝正位'，后曰'皇后正位'。位之东曰东内，西曰西内，各'十六位'，乃妃嫔所居之地也。西出玉华门，同乐园、瑶池、蓬瀛、柳庄、杏村尽在于是。"[①]这处建在皇城西侧的同乐园又被称为西苑，主要是仿照北宋都城汴京的皇家园林的模式建造的，因此，园林中的许多景致的名称，也都是此前历代皇家园林所惯用的。

当时人也有类似的记载称："皇城周九里三十步，其东为太庙，西为尚书省。宫之正中曰皇帝正位，后曰皇后正位。位之东曰内省，西曰十六省，妃嫔居之。又西曰同乐园，瑶池、蓬瀛、柳庄、杏村皆在焉。"[②]在这里，对皇城内的描述略有差异，而对同乐园（西苑）的描述则是一致的。

在原来的辽南京城西侧，有一片水域，即莲花池水系。经过金中都城的扩建，把这片水域包到城里，变成了皇家园林同乐园的一个重要组成部分，称为鱼藻池，池边又建有瑶池殿位等景致，是金中都城里景色最美的地方之一。到了金朝末年，中都城被蒙古军队攻占，宫殿、园林全部被毁，而莲花池水系的水量逐渐减少，这座美丽的皇家园林遂不复存在。

在金中都城建成以后，金朝统治者长期生活在这里，又新建了一些皇家园林。因为中都城里的城市空间毕竟有限，于是，新建造的皇家园林都是在城郊的位置，一座在中都城的北面，称太宁宫，又称北苑；另一座在中都城的南面，称建春宫，又称南苑。这两处皇家园林的建造进一步拓展了金中都城的城市空间，也丰富了都城的文化内涵。

---

① 《三朝北盟会编》，见《金虏图经》。

② 《大金国志·海陵炀王纪》。

《金史·地理志》在描述金中都城时有这样一段文字："泰和殿，泰和二年更名庆宁殿。又有崇庆殿。鱼藻池、瑶池殿位，贞元元年建。有神龙殿，又有观会亭。又有安仁殿、隆德殿、临芳殿。皇统元年有元和殿。有常武殿，有广武殿，为击球，习射之所。京城北离宫有太宁宫，大定十九年建，后更为寿宁，又更为寿安，明昌二年更为万宁宫。琼林苑有横翠殿。宁德宫西园有瑶光台，又有琼华岛，又有瑶光楼。皇统元年有宣和门，正隆三年有宣华门，又有撒合门。"后人所述这些宫殿、亭台、楼阁，大多数都是建造在西苑、北苑和南苑中的。

在金中都城里，还分布着众多的寺庙和道观，这些宗教活动场所，有些是前代建造的，有些则是金朝建造的。这些宗教建筑在都城和全国的影响都很大，有些甚至成了金中都城的建筑坐标和文化符号。在金中都城里最著名的前代寺庙，当数悯忠寺（今法源寺）。这座寺庙是唐太宗远征辽东回到幽州后立志要建造的寺庙，以悼念征辽将士的亡灵，后由女皇武则天建成。当时著名的前代道观则有天长观、玉虚宫等。

这些寺庙和道观除了作为宗教活动场所之外，又发挥着许多其他的社会功能，如悯忠寺曾经在金代作为考取进士的考场。又如延寿寺（今已废毁），曾经作为金朝俘获宋徽宗到燕京时的关押住所等等。此外，这些寺庙和道观，还是前来京城游览的文士们借宿的地方，寺观中的僧人和道士，还常常与文人饮酒品茶、吟诗作赋，一时传为佳话。

金中都城里的民居，大致承袭了辽南京城的模式，都被高大的坊墙所阻隔。据相关历史文献记载，辽南京城里有26个坊，每个坊4面修有坊门，以便政府控制居民的出入。经过扩建的金中都城究竟有多少个坊，历史文献没有记载。有的学者认为《元一统志》中记载的燕京旧城62个坊就是金中都的坊数，这个见解是错误的。《元一统志》所记载的坊数是元初至元末的数字，距蒙古军队攻占金中都城已经过了半个多世纪，城市面貌也已经发生巨大变化，前后的坊数不可能是一样的。故而金中都究竟有多少个坊，还有待进一步研究。

四、金中都中轴线上的主要建筑

海陵王完颜亮在建造金中都城的措施中，最重要的贡献就是建造出了北京都城史上的第一条中轴线。这条中轴线，南起金中都城的正南门丰宜门，北至金中都城的正北门通玄门，全长约九里。中间贯穿整个皇城的各组宫殿。侯仁之主编的《北京历史地图集》中有金中都城图一幅，是依据各种历史文献的记载复原而成，其中有些地方，因为人们对文献的理解不同，而产生了不同的认识。今据笔者的理解而将金中都城中轴线上的主要建筑述之如下：

丰宜门，为金中都城的正南门，也是金中都中轴线的起点。对于这座建筑，金代的文献没有详细记载，而南宋出使的使臣却留下宝贵记载。宋使楼钥来到金中都城，描写了从城外进城时候的情景称："道傍无居民，城濠外土岸高厚，夹道植柳甚整。行约五里，经端礼门外，方至南门。过城壕，上大石桥，入第一楼，七间，无名。傍有二亭，两傍青粉高屏墙，甚长，相对开六门，以通出入。或言其中细军所屯也。次入丰宜门，门楼九间，尤伟丽。分三门，由东门以入。"[①]由此可见，在丰宜门外，又有无名楼，应该是丰宜门前面的瓮城。瓮城与丰宜门之间，有青色高墙，墙内驻屯有守军。而丰宜门开有3座城门，平时中门不开，人们出入皆走东门。

过了丰宜门，有一座大石桥，称龙津桥。同样是宋朝使臣对其有较为详细的记载。宋使范成大描述道："玉石桥，燕石，色如玉。桥上分三道，皆以栏楯隔之，雕刻极工。中为御路，栏以杈子。桥四旁皆有玉石柱，甚高。两旁有小亭，中有碑曰'龙津桥'。"[②]桥边又有高大的华表，使人们一进入金中都城就有一种威严的感觉。

过了龙津桥，就是金中都的皇城正门宣阳门。时人称："自天津桥之北曰宣阳门（如京师朱雀门），门分三，中绘一龙，两偏绘一凤，用金镀铜钉实之。中门常不开，惟车驾出入。两偏分双只日开一门，

---

① 《攻媿集》卷一百十一《北行日录》。

② 《三朝北盟会编》，见范成大：《揽辔录》。

无贵贱皆得往焉。过门有两楼，曰文曰武。文之转东曰来宁馆，武之转西曰会同馆，二馆皆为本朝人使设也。"[1]文中"天津桥"即指"龙津桥"，过桥的宣阳门比丰宜门更加壮丽，而且用龙凤的图案来表达皇城的象征，也是中国古代皇家惯用的图案。

进入宣阳门，为千步廊。时人又称之为东御廊和西御廊。"入门北望其阙，曰西御廊。首转西至会同馆，出馆复循西廊，首横过，至东御廊，首转北。循廊檐行几二百间，廊分三节，每节一门，路东出第一门通街市，（第二）门通球场，（第三）门通太庙。庙中有楼。将至宫城，廊即东转，又百许间。其西亦然，亦有三门，但不知所通何处。……东西廊之中，驰道甚阔，两旁有沟，沟上植柳，两廊屋脊，皆覆以青琉璃瓦。宫阙门户，即纯用之，葱然翠色。"[2]文中所云"不知所通何处"，与太庙相对的千步廊西侧，是尚书省的衙门。由此可见，当时的中轴线两侧，还没有落实"左祖右社"的规制。

跨过千步廊，就是宫城的正门应天门。这座门楼的规模应该是最壮观的。史称："应天门十一楹，左右有楼，门内有左、右翔龙门，及日华、月华门。"[3]宋朝使臣的描述更加详细："驰道之北即端门十一间，曰应天之门。旧常名通天门，亦十一间，两夹有楼，如左右昇龙之制。东西两角门，每楼次第攒三檐，与夹楼接，极工巧。端门之内有左、右翔龙门，日华、月华门。"[4]据此可知，应天门又被称为端门。而宋使臣所说"亦十一间"，应该指的是应天门北面的大安门，即宫城正殿大安殿的正门。这2座门是南北相对的。

又一位宋朝使臣楼钥对应天门描述得更加详细："正门十一间，下列五门，号应天门。左右有行楼折而南，朵楼曲尺各三层四垂。朵楼城下有检鼓院，又有左、右掖门，在东西城之中。两角又朵楼，曲

---

① 《三朝北盟会编》，见《金虏图经》。

② ［宋］范成大：《揽辔录》。

③ 《金史》卷二十四《地理志》。

④ ［宋］范成大：《揽辔录》。

尺三层。”他在描述大安门时称：“大安殿门九间，两傍行廊三间，为日华、月华门，各三间。又行廊七间，两厢各三十间。中起左、右翔龙门，皆垂红绿帘。”[①]据此可知，应天门的规模最大，为11开间，下开5座城门。而大安门的规模略逊于应天门，为9开间。但是，大安门两侧又有日华、月华门及左、右翔龙门作为陪衬，故而显得十分壮观。

进了大安门就是皇宫正殿大安殿，这座宫殿是金朝新修的，也是金中都城里最宏伟的宫殿。因为大安殿是金朝举行重大活动的地方，故而能够来到这里的人物都有着特殊的身份，也因此对大安殿的描述文献并不多，较为详细的描述仍然是宋朝使臣楼钥留下的：“大安殿十一间，朵殿各五间，行廊各四间，东西廊各六十间。中起二楼，各五间，左曰广佑，后对东宫门；右曰弘福，后有数殿，以黄琉璃瓦结盖，号为金殿。闻是中宫。殿上铺大花毡，中一间又加以佛狸毯。主座并茶床皆七宝为之，卓帏以珍珠结网，或云皆本朝故物。卓前设青玉花六朵，看果用金垒子高迭七层，皆梨瓜之属。其次皆低钉细果。傍设玉壶，以贮余酒，未至时覆以真红绣衣。”[②]他不仅描述了大安殿的规模，而且描述了大安殿内部的陈设。

大安殿的后面，是宣明门，过宣明门是仁政门。对于这两座中轴线上的宫门，金朝和宋朝的历史文献中皆没有更多的描述。进仁政门，即是仁政殿，这座宫殿是辽朝建造的，一直留到金朝，仍然十分坚固，是金朝帝王处理日常政务的地方。史称：“（大安殿）其北曰宣明门，则常朝后殿门也。北曰仁政门，傍为朵殿，朵殿上为两高楼，曰东、西上阁门，内有仁政殿，常朝之所也。”[③]大多数的金朝政事皆是在这里决定的。

在诸多政事之中，金朝帝王常常在这里接见宋朝、西夏、高丽等国的使臣，因此也就留下了一些宋朝使臣的记载。范成大在出使时描

---

① ［宋］楼钥：《北行日录》。

② ［宋］楼钥：《北行日录》。

③ 《金史》卷二十四《地理志》。

述道："入仁政门（盖隔门也），至仁政殿下。大花毡可半庭，中团双凤。殿两旁各有朵殿，朵殿之上两高楼，曰东、西上阁门。两旁悉有帘幕，中有甲士。东西御廊循檐各列甲士，东立者红茸甲、金缠竿枪、黄旗画青龙；西立者碧茸甲、金缠竿枪、白旗画黄龙。直至殿下皆然。惟立于门下者，皂袍，持弓矢，殿两角杂列仪物幢节之属，如道士醮坛威仪之类。虏主幞头、红袍、玉带，坐七宝榻，背有龙水大屏风，四壁帘幕皆红绣龙，斗拱皆有绣衣，两楹闲各有焚香大金狮蛮，遍地铺礼佛毯，可满一殿。两旁玉带金鱼或金带者十四五人，相对列立，遥望前后殿庑，矗起处甚多制度不经，工巧无遗力，所谓穷奢极侈者。"[①]这里所说"虏主"为金世宗。虽然不是金海陵王建都之时，但是这些宫殿建筑都是海陵王留下来的。

宋朝使臣楼钥出使来到金中都的时间略晚于范成大，他的描述也应该是金海陵王建造中都城时留下来的模样。他在描述仁政殿时称："大殿九楹，前有露台，金主坐榻上，仪卫整肃，殆如塑像。殿两傍廊二间，高门三间，又廊二间，通一行二十五间，殿柱皆衣文绣。两廊各三十间，中有钟鼓楼，垂红绿金漆帘，檐头皆挂绣额。……殿门外卫士二百人，分列两阶，皆戴金花帽，锦袍。"[②]据此可知，仁政殿的规模略小于大安殿（为11间），但是殿中的陈设大致相同，都是十分奢华的。

仁政殿的后面是拱辰门，也就是金中都皇城的北门。出了北门再往北就是金中都城的北门通玄门，这里也就是金中都城中轴线的最北端。在这条中轴线上，建造有金中都城里最豪华、壮丽的宫殿，也是金朝举行重大活动的地方。自从金海陵王完颜亮建造了这条中轴线以后，金世宗、章宗、卫绍王直到金宣宗一直都在使用，最后由于金宣宗南迁汴京，这条中轴线的重要功能才由此消失，而这时离金朝的灭亡也就不远了。

---

① ［宋］范成大：《揽辔录》。

② ［宋］楼钥：《北行日录》。

第七节　金中都的中轴线及其评价

海陵王完颜亮建造的金中都城，虽然不是从空旷之地拔地而起，却在扩建的过程中改变了整个城市的格局，把一座北方军事重镇一变而为辉煌的首都。这座都城从建筑的角度而言完全可以和北宋都城开封府相媲美。它既带有北方少数民族文化的特色，又汲取了中原农耕文化的营养，从而成为当时整个北方地区最具有文化内涵的大都会。

在这座大都会中，完颜亮仿照北宋东京开封府的模式，建造了一条贯穿全城的中轴线。而在这条中轴线上所体现出来的丰富文化内涵可以说是中国古都文化的典型代表。如皇城在都城中占有核心位置，体现了皇权至高无上的文化主题。外朝在南，内廷在北，初步显示了内外有别的伦理观念。皇家宫殿与园林的区分，表达出皇家宫廷建筑的多种功能。

在北京城市发展的历史上第一次出现了中轴线的格局，表现出城市发展史出现了一次大的飞跃，或者说是一次质的变化。从古蓟国、燕国到辽南京（也就是从诸侯国的都城到少数民族政权的陪都），虽然城市在不断发展，却一直没有出现这条重要的中轴线。而这条金中都中轴线的出现标志着北京城市发展进入了一个新的阶段。

一、金中都中轴线的文化内涵

金中都中轴线的文化内涵是十分丰富的。首先，表现出来的是北方少数民族政权向中原农耕民族政权的积极学习态度。时人称："亮欲都燕，遣画工写京师宫室制度，至于阔狭修短，曲尽其数。授之左相张浩辈，按图以修之。"[①]文中所云"京师宫室制度"，就是指北宋东京的宫殿格局。史称："天德三年，始图上燕城宫室制度，三月，

① 《三朝北盟会编》，见《金虏图经》。

命张浩等增广燕城。”[①]这里所说的“图上”是指由画工摹绘的图画。

完颜亮对于宋朝各种文化的学习是公开的，表现出金朝统治者的开放和大度。你的东西比我好，我就会虚心学习。学习的结果，是我有了更大的收获和进步。但是，作为宋朝文人，却对完颜亮的学习态度加以鄙视，加以讽刺。如南宋名士范成大称：“虏既蹂躏中原，国之制度强效华风，往往不遗余力，而终不近似。”[②]宋朝使臣周辉称：“北宫营缮之制，初虽取则东都，而竭民膏血，终殚土木之费。瓦悉覆以琉璃，日色辉映，楼观翚飞，图画莫克摹写。”[③]文中所说“北宫”即指金中都，而“东都”则是指宋汴京。如果仅从历史人物的胸襟来看，宋人确实不如金人的雄豪，颇有一些“小家子气”。

其次，礼仪建筑的设置，也是仿照宋朝的模式。金朝初起之时，对于丰富的中华文化了解甚少，进入中原地区后，接触到更多的中原文明，并在模仿的过程中有了很大的飞跃。例如，在中轴线上的千步廊两侧，安置有太庙和尚书省六部。太庙的设置，是中华民族尊重祖先观念的体现，这个观念在金朝初起时是很淡漠的。时人称：“金人宗庙之制，其初甚简略。自平辽之后，所用执政大臣多汉人，往往说以天子之孝在乎尊祖，尊祖之事在乎建宗庙。……迨亮徙燕，遂建巨阙于内城之南、千步廊之东，曰太庙。标名曰衍庆之宫，以奉安太祖旻、太宗晟、德宗宗干（亮父）。又其东曰元庙，以奉安元祖和卓、仁祖大圣皇帝英格王。”[④]而尚书省六部的设置，也是金朝政治体制的一大进步。

再次，皇家园林的设置，给金中都的宫廷文化增添了亮丽色彩。中国北方的大多数城市，由于自然环境的原因，往往多山而少水，故而缺少南方景色中的灵秀之气。而金中都则是有着得天独厚的环境，在城市西部有一潭清澈的湖水，正好为皇家园林的建设提供了优越

---

① 《金史》卷二十四《地理志》。

② ［宋］范成大：《揽辔录》。

③ 《古今说海》引《北辕录》。

④ 《金国虏经》。

的条件。完颜亮在建造皇家园林时，充分利用了这片水域（时称鱼藻池），建造了秀丽的西苑。此后，金世宗又利用金中都城东北的积水潭，建造了堪与西苑并称的北苑，使金中都的园林文化有了进一步的巨大发展。

二、对金中都中轴线的评价

金中都中轴线的出现，标志着北京城市发展进入了新的阶段。在此之前，北京的城市地位固然很重要，但一直没有在全国范围内产生较大政治影响。在此前的辽宋对峙时期，辽南京虽然上升为陪都，而且是辽朝五京之中最重要的陪都，成为辽朝的经济中心、文化中心和军事中心，但是，却没有成为政治中心。仅就这一点而言，辽南京是无法与北宋的东京开封府相比的。

但是，在金、宋对峙时期，由于完颜亮的迁都和扩建都城的举措，使得金中都不仅在政治地位上出现了飞跃，在经济、文化等各方面也都出现了飞跃。特别是中轴线的出现，使金中都的城市建设出现了质的飞跃，这时的金中都城已经可以与南宋都城临安（今浙江杭州）一较高下，甚至可以说是平起平坐。

金中都的中轴线是对中国古代都城中轴线的继承。在几千年的中国古都发展进程中，人们对古都的整体规划有过多种不同模式。发展到北宋时，都城的中轴线模式已经比较完善了，基本形成了都城、皇城、宫城相包围的模式，而中轴线既是都城的，也是皇城和宫城的。这种一致性的建造模式，体现了皇权高度集中的文化主题。而金朝对宋朝中轴线的继承，恰恰就是对古都文化的全面继承。

金中都的中轴线又对此后中国历代都城中轴线产生了较大影响。如忽必烈在建造元大都城时，也是采用的都城包皇城、皇城包宫城的模式，而中轴线也是都城、皇城和宫城共同的中轴线。元朝大都城的中轴线又对金中都的中轴线有了进一步的发展，其北端不再是都城的正北门（元大都北面只有两门），而是位于全城中心的钟鼓楼。

金中都的中轴线对元大都的影响虽然有一些，但是，影响更大的是对明代的北京城。其一，元大都的皇城是没有中轴线的，它是以太液池为中心建造的。换言之，元大都城的中轴线，是穿过皇城太液池东面的大明殿、延春阁一线的。而在明代的北京，则把皇城和宫城（即紫禁城）都建在了北京城的中轴线上，而把太液池和琼华岛归入西苑，其模式与金中都是一致的。其二，元大都的太庙和社稷坛是安置在皇城两侧的，虽然体现的也是“左祖右社”的格局，毕竟与金中都不同。而明北京城在设置“左祖右社”时，则是把太庙和社稷坛都安置在千步廊的两侧，完全是金中都的模式，只是更加规范和完善一些。

综上所述，海陵王完颜亮扩建的金中都城，在北京城市发展史上有着特殊的意义，它第一次成为占据中国半壁江山的少数民族政权的首都。而在这座新扩建的首都，出现了北京历史上的第一条中轴线。这条中轴线如果从贞元元年（1153年）建成算起，到元太祖十年（1215年）蒙古军队攻占金中都城为止，只存在了短短的62年。这段时间虽然很短，意义却十分重大，标志着北京历史地位的再次提高，并继续向着更高的层次发展。

第三章

煌煌大都

在中国古代的历史上，元朝是第一个由少数民族建立的统一多民族国家，不仅对中国历史的发展产生了重要影响，而且对整个人类历史的发展也产生了巨大影响。而元朝在建立的过程中，出现过都城不断迁移的现象，从哈刺和林到元上都，再到元大都。

在元朝从建立到逐渐发展壮大，再到衰亡的整个历史进程中，民族融合始终是一条贯穿其中的主线。如何处理好各民族之间的关系，如何使草原上的游牧文化与中原地区的农耕文化相互融合，以促进各民族的共同和谐发展，是历史留给当时人们的研究课题，而元大都城的建立正是民族融合、文化融合的产物。

元大都城的建立在中国古代的都城建设史上是一座辉煌的里程碑。它的出现是农耕文化与游牧文化的完美融合，是从未有过的崭新模式，也是以农耕文化为主体的文化融合。其中，尤以都城中轴线的产生为标志。

第一节　蒙古国的崛起和攻占金中都

自唐代末年开始，中国出现了第三次大分裂割据时期（第一次是春秋战国时期，第二次是魏晋南北朝时期），这个时期历时数百年，形成北方少数民族政权与中原汉族王朝之间的长期对峙。而在北方的金朝与南方的宋朝对峙之时，草原上的蒙古部落迅速崛起，在其首领铁木真（此后被称为成吉思汗）的领导下，以势不可当的威力横扫草原上的众多部落，建立了大蒙古国，然后又挥师南下，攻陷金中都城，逐渐占据了中原地区。与此同时，又挥师西进，攻灭花剌子模国，横扫亚欧大陆，从而改变了整个世界的格局。

成吉思汗死后，蒙古国的势力扩张并没有结束，特别是向中原地区的扩张，更成了主要的战略目标。从元太宗窝阔台与南宋联手攻灭金朝，再到元宪宗亲自率领大军企图攻灭南宋，受创于蜀中钓鱼城，这个战略目标一直都在贯彻不辍。直到元世祖忽必烈即位，才开始进入历史发展的一个新阶段。在这个历史阶段，蒙古国的重心一直是北方的草原，以元太宗创建的都城哈剌和林为中心。而在元世祖即位之后，开始是以漠南草原的开平府取代了哈剌和林，然后又在中原地区兴建了大都城，改国号为“大元”，统治重心逐渐迁移到了中原地区。直到元军攻灭南宋，统一中国，使历史发展又进入一个新的阶段。

一、蒙古族的源流

在中国古代的草原上，世代生活着众多的游牧部落，如先秦时期的戎狄，秦汉时期的匈奴、乌桓等，魏晋南北朝时期的鲜卑、羯、氐、羌等，隋唐时期的突厥、契丹、奚等。这些少数民族先后在草原上和中原地区建立过割据政权，对中国历史的发展产生了极大影响。对这些曾经在草原上生活过的少数民族部落，中原的历史学家们一直给予关注，并把当时能够收集到的各种资料加入了正史之中。

在历代正史之中，最早记载北方少数民族生活状况的为司马迁所写《史记·匈奴列传》，开篇即曰："匈奴，其先祖夏后氏之苗裔也，曰淳维。唐虞以上有山戎、猃狁、荤粥，居于北蛮，随畜牧而转移。"文中的"山戎"就是戎狄中的一员。

司马迁认为北方的这些少数民族皆是华夏后裔，到西周末年的犬戎曾助申侯攻杀周幽王，从而留下了"烽火戏诸侯"的故事。到了春秋战国时期，北方山戎的势力不断增长，北京地区曾经出现"越燕而伐齐，齐釐公与战于齐郊"的记载。此后，又有山戎伐燕，燕国向齐国求救，齐桓公遂率大军北伐山戎的事情。众多的当代考古工作者曾经在北京地区发掘出许多山戎活动的历史遗迹，并在延庆创建有山戎博物馆。

在司马迁的《史记》中，匈奴为北方各少数民族的统称，包括山戎、猃狁、荤粥、西戎、戎狄（又有戎翟）、戎夷、犬戎、赤翟、白翟、绵诸、绲戎、林胡、楼烦、东胡、胡貉、义渠等，记载较为简略。至秦代及汉代前期，才开始对匈奴有了较为详细的记载。其中，秦汉对匈奴之战和关系直接影响到中原政局的变化。

此后，班固作《汉书》，亦有《匈奴传》，分为上、下两篇，所述更加详细，只是在最后的结论中颇失公允。班固称："是以《春秋》内诸夏而外夷狄。夷狄之人贪而好利，被发左衽，人面兽心，其与中国殊章服，异习俗，饮食不同，言语不通，辟居北垂寒露之野，逐草随畜，射猎为生，隔以山谷，雍以沙幕，天地所以绝外内也。是故圣王禽兽畜之，不与约誓，不就攻伐；约之则费赂而见欺，攻之则劳师而招寇。"这种对北方少数民族的偏见，一直延续了很长时间。

到了范晔作《后汉书》时，对四周少数民族的关注更多，分别作有《东夷列传》《南蛮西南夷列传》《西羌列传》《西域列传》《南匈奴列传》《乌桓鲜卑列传》等。其中的东夷、南匈奴、乌桓鲜卑等列传，皆与生活在北方草原上的少数民族有关。而这些少数民族的后代就演变为辽金元时期进入中原地区的民众。

在此后的相当长一段时间里，北方草原上的游牧民族不断迁徙，特别是在南北朝时期，有大量北方少数民族民众进入中原地区，使人们对北方少数民族的关注越来越多。有学者认为，这一时期开始与中原王朝有所接触的室韦部族应该是蒙古族的远祖。《北史·室韦传》称："室韦国，在勿吉北千里，去洛阳六千里。室或为失，盖契丹之类，其南者为契丹，在北者号为失韦。……其后分为五部，不相总一，所谓南室韦、北室韦、钵室韦、深末怛室韦、大室韦，并无君长。"这时的室韦诸部落还比较弱小，被突厥统治。到了唐代，室韦诸部落逐渐发展起来，占地渐广，部落愈多，《旧唐书·北狄传》称由原来的5部发展为9部。而《新唐书·北狄传》则称已经分为20余部。

直至宋、金对峙时期，人们对蒙古部落的活动才逐渐关注起来。如蒙古国初立之时，宋人称之为"蒙鞑"，认为源自鞑靼。"鞑靼始起，地处契丹之西北，族出于沙陀别种，故于历代无闻焉。其种有三，曰黑、曰白、曰生。"而成吉思汗所属为"黑鞑"[①]，宋人又称："黑鞑之国（即北单于）号大蒙古。沙漠之地有蒙古山，鞑语谓银曰蒙古。女真名其国曰大金，故鞑名其国曰大银。其主初僭皇帝号者，小名曰忒没真，僭号曰'成吉思皇帝'。今者小名曰兀窟解，其耦僭号者八人。"[②]文中"忒没真"，即《元史》中的太祖铁木真。而"兀窟解"，则是《元史》中的太宗窝阔台。

而据明朝时纂修的《元史·太祖纪》记载，蒙古部落中的太祖铁木真的始祖为孛端叉儿，其母阿兰果火寡居时，"夜寝帐中，梦白光自天窗中入，化为金色神人，来趋卧榻。阿兰惊觉，遂有娠，产一子，即孛端叉儿也。……独乘青白马至八里屯阿懒之地居焉"。于是，金色神人和青白马就成为后来蒙古族所崇拜的部落图腾。

孛端叉儿，又历4世，有海都被立为君（即部落首领），"由是四傍部族归之者渐众"。而到了元太祖铁木真之父也速该（被尊为烈祖神元皇帝）时，"并吞诸部落，势愈盛大"。在《元史》中的这些记

---

① ［宋］赵珙：《蒙鞑备录》。

② ［宋］彭大雅：《黑鞑事略》。

载，大多来自蒙古部落民众的口耳相传。但是，如果我们大致推算一下，蒙古黄金家族的源头可以上溯200年（即10世，每世以20年计）左右，也就是辽代中期左右。这时的契丹人称霸草原，小小的蒙古部落（当时被称为室韦或是鞑靼）只能归附在辽朝的统治之下。

二、蒙古国的建立

蒙古国的建立是在铁木真的几十年奋斗之后实现的。铁木真年幼时，草原上的各个部落之间不断展开兼并战争，以争抢牲畜和牧场。在部落间的战争中，逐渐形成较为强大的部落联盟，其中，尤以蒙古、塔塔儿、蔑里乞、克烈、乃蛮五个部落联盟最强大。他们之间的争夺及其胜败决定了整个草原的政治局势。

铁木真的父亲也速该是蒙古部落中乞颜部的首领，在铁木真年幼时被世仇部落塔塔儿部落的人毒死，由此导致乞颜部的衰落。铁木真成年后的第一个政治举措就是恢复在蒙古部落中的首领地位。他通过与强大的克烈部首领汪罕结盟，得到汪罕的支持，逐渐将乞颜等蒙古部众会集到一起，树立了自己的首领地位。随后，铁木真又与政治对手札木合在答兰版朱思之野展开激战，史称“十三翼之战”。这次铁木真战败了。

但是，《元史·太祖纪》的记载却恰恰相反。史称：“札木合以为怨，遂与泰赤乌诸部合谋，以众三万来战。帝时驻军答兰版朱思之野，闻变，大集诸部兵，分十有三翼以俟。已而札木合至，帝与大战，破走之。”所谓的“破走之”，其实是铁木真败退了。然而最重要的是，他并没有失去民心。“若赤老温、若哲别、若失力哥也不干诸人，若朵郎吉、若札剌儿、若忙兀诸部，皆慕义来降。”反而使得铁木真的力量不断壮大。

此后不久，铁木真得到一个极好的发展机会。金承安元年（1196年），金朝出动大军围剿塔塔儿部，铁木真立刻联合汪罕的力量，对被金朝大军战败的塔塔儿部发动进攻，“帝自与战，杀蔑兀真笑里徒，尽虏其辎重”。通过这次军事行动，铁木真不仅解除了塔塔儿部的军事威胁，确立了在蒙古草原东部的霸主地位，而且得到了金朝的奖赏。

对于铁木真的崛起，草原东部的各个部落是不服的，他们企图联合起来对抗这股新崛起的势力。而铁木真利用与汪罕的军事联盟，向各个部落的军事联盟发动进攻。《元史·太祖纪》称："时泰赤乌犹强，帝会汪罕于萨里河，与泰赤乌部长沆忽等大战斡难河上，败走之，斩获无算。哈答斤部、散只兀部、朵鲁班部、塔塔儿部、弘吉剌部闻乃蛮、泰赤乌败，皆畏威不自安，会于阿雷泉，斩白马为誓，欲袭帝及汪罕。弘吉剌部长迭夷恐事不成，潜遣人告变。帝与汪罕自虎图泽逆战于杯亦烈川，又大败之。"经过这两次激战，铁木真基本上扫除了整个东部草原上的军事威胁。

随着蒙古部落的崛起，铁木真给周围的其他部落带来了威胁，对于位于草原中部的克烈部汪罕也是如此，他开始从铁木真的盟友转变为敌人。于是，汪罕在其子桑昆和札木合的怂恿下，率军向铁木真发动进攻。两军经过激战，由于力量悬殊，铁木真惨败，退至班朱尼河，身边仅存19人。汪罕认为铁木真已经不可能再构成威胁，遂回师。铁木真却在班朱尼河与随从19人发誓要挽回败局，重兴大业。这时汪罕内部出现分裂，铁木真又召集被打散的部众，恢复力量。

一方面，他派出使臣前往汪罕部落，表示投降，以使汪罕放弃警惕；另一方面，率大军紧随求降使臣。汪罕果然上当受骗，"汪罕信之，因遣人随二使来，以皮囊盛血与之盟。及至，即以二使为向导，令军士衔枚夜趋折折运都山，出其不意，袭汪罕，败之，尽降克烈部众，汪罕与亦剌合挺身遁去。……帝既灭汪罕，大猎于帖麦该川，宣布号令，振凯而归"。经过这场较量，铁木真以少胜多，将蒙古部落的势力从草原的东部扩张到了中部地区。

铁木真在草原上的最后一个强敌是西部霸主乃蛮部的太阳罕。这时的铁木真势力已经非常强大，足以向任何一个草原部落发动进攻。"岁甲子，帝大会于帖麦该川，议伐乃蛮。"蒙古部落士气高昂，斗志旺盛，铁木真遂率军西征。与铁木真相比，乃蛮部落的太阳罕虽然兵多将广，实力雄厚，却犯了轻敌的致命错误。“是日，帝与乃蛮军大战至晡，禽杀太阳罕。诸部军一时皆溃，夜走绝险，坠崖死者不可胜计。明日，余众悉降。于是朵鲁班、塔塔儿、哈答斤、散只兀四部亦来降。”经此一战之后，铁木真在草原上已经没有了对手。

此后不久，“元年丙寅，帝大会诸王群臣，建九斿白旗，即皇帝位于斡难河之源，诸王群臣共上尊号曰成吉思皇帝。是岁实金泰和之六年也”。这一年是1206年，史称元太祖元年。文中所谓“诸王群臣”就是草原上各个部落的首领们。而铁木真的“即皇帝位”就是当了大蒙古国的帝王，史称成吉思汗。

铁木真在被众多草原部落首领推举为成吉思汗之后，着手采取了3项重要举措。第一项，是制定了军政合一的千户制度。把草原上的众多部落分成95个千户，每个千户既是一个军队单位，也是一个从事游牧生产的单位。在千户之上，设置有万户，在千户之下则有若干百户单位。这项举措极大提高了蒙古国的整体战斗力。第二项，是建立了专职的侍卫亲军组织。这些军士是从众多部落首领的子弟中选出，颇有“人质”的作用，故而又被称为“质子军”。第三项，是建立蒙古国的法律及法官制度。蒙古国的这部法律被称为“大札撒”，而执行法律审判的官员称“札鲁忽赤”。

当然，在铁木真建立大蒙古国之后，也有很多重要的制度还未创立，如政治方面的都城制度、经济方面的赋税制度等等，而这些都是在此后元太宗窝阔台在位时期才陆续创立的。

三、蒙古军队攻占金中都

在铁木真建立大蒙古国的过程中，草原南面的金朝也在发生着变化，这个变化是有利于铁木真势力的扩张的。先是，金朝出动大军讨伐塔塔儿部，为铁木真清除了一个草原上的强敌。与此同时，金朝又取消了残酷的“减丁”政策。据《蒙鞑备录》记载：“金虏大定间，燕京及契丹地有谣言云：‘鞑靼去，赶得官家没去处。’葛酋雍宛转闻之，惊曰：‘必是鞑人为我国患。’乃下令极于穷荒，出兵剿之，每三岁遣兵向北剿杀，谓之‘减丁’，迄今中原人尽能记之……鞑人逃遁沙漠，怨入骨髓。至伪章宗立，明昌年间不令杀戮，以是鞑人稍稍还本国，添丁长育。”文中所云“葛酋雍”就是指金世宗完颜雍。“减丁”举措的取消使得草原部落的势力得到恢复及增长。

当草原各部落统一在铁木真麾下时，蒙古国的力量空前强大。而这时的金朝已经度过了最强盛的时期——金世宗到金章宗——开始走向衰败，一个主要原因就是在金章宗死后由昏庸无能的完颜允济即位，史称卫绍王。铁木真曾经和这位新的金朝帝王打过交道，对他十分蔑视。

《元史·太祖纪》称：元太祖五年（1210年），“会金主璟殂。允济嗣位，有诏至国，傅言当拜受。帝问金使曰：‘新君为谁？’金使曰：‘卫王也。’帝遽南面唾曰：‘我谓中原皇帝是天上人做，此等庸懦亦为之耶，何以拜为！’即乘马北去”。文中的“金主璟”是指金章宗。在此之前，蒙古游牧民众把金朝的帝王视同神人，多有畏惧心理。至此，铁木真对金朝的畏惧一扫而空，遂决定向金朝发动进攻，以报世代积下的仇怨。

铁木真南下伐金，最主要的目标就是金中都，而大规模的征伐行动共有三次。第一次是在元太祖六年（1211年），“二月，帝自将南伐，败金将定薛于野狐岭，取大水泺、丰利等县。金复筑乌沙堡。秋七月，命遮别攻乌沙堡及乌月营，拔之。八月，帝及金师战于宣平之会河川，败之。九月，拔德兴府。居庸关守将遁去，遮别遂入关，抵中都。冬十月，袭金群牧监，驱其马而还”。二月的进攻只是一种试探，七月的进攻才是与金军主力的第一次较量。经过在野狐岭一带的殊死搏斗，铁木真全歼金军主力，时人称：“金人精锐，尽没于此。”[①]并且，蒙古军队的先锋大将哲别（文中称“遮别”）竟然攻入居庸关，直达金中都城下。

铁木真的第二次大规模伐金是在两年以后（1213年）的七月。这

① 《圣武亲征录》。

次进攻的规模更大，范围更广，时间更长。而这一次，金朝统治者在居庸关一线做了充分的防守准备。铁木真来到居庸关前，见无法强攻，于是采用迂回包抄的战术，向西转攻金军防守薄弱的紫荆关。“帝出紫荆关，败金师于五回岭，拔涿、易二州。契丹讹鲁不儿等献北口，遮别遂取居庸，与可忒、薄刹会。”[①]入关后的蒙古军队将中都城围困。

铁木真见中都城的防守十分严密，决定扫荡中原，掠获财物。于是，蒙古军兵分三路：铁木真带幼子拖雷为中路军，横扫河北、山东、河南等地；术赤、察合台、窝阔台诸皇子为右路军，横扫河北、山西等地；皇弟哈撒儿及斡陈那颜等为左路军，横扫河北至辽西等地。经过这次蒙古军队的攻掠，中原地区残破不堪。史称：“是岁，河北郡县尽拔，唯中都、通、顺、真定、清、沃、大名、东平、德、邳、海州十一城不下。”[②]蒙古三路大军回师后又相聚于中都城下。铁木真率军攻打中都城，但是几番激战后却没有能够占领这座都城（《元史·太祖纪》称铁木真不同意攻城）。

翌年（1214年）三月，铁木真遂遣使与金朝统治者讲和。这时，金卫绍王已经被杀，即位不久的金宣宗不得不同意讲和，“奉卫绍王女岐国公主及金帛、童男女五百、马三千以献，仍遣其丞相完颜福兴送帝出居庸”[③]。此后，金宣宗被吓破了胆，不敢再居住在中都城中，而是率领百官逃往黄河南面的汴京（今河南开封）去了。得到金宣宗南逃的消息之后，铁木真下令，“诏三摸合、石抹明安与斫答等围中都”。不久，负责留守中都的金朝皇太子完颜守忠弃城而逃。至此，中都城的陷落已经成为定局，只是时间的早晚而已。

元太祖十年（1215年）五月，经过将近一年的围困，守城的金军出降，中都城落在了蒙古国的掌控之中。这时的中都城被蒙古国改为燕京行省。这个名称的改变具有十分重要的意义，它使得原来金朝的政治中心丧失了，改变为蒙古国进一步在中原地区扩张其势力的中

---

①②③《元史》卷一《太祖纪》。

心。此后，蒙古军队以燕京为大本营，不断出动军队攻掠周边地区，逐渐肃清了金朝在河北、河南、山东、山西等地的残余力量。

四、蒙宋联兵灭金

铁木真在夺取金中都城之后，把攻占中原地区的重任交给了大将木华黎，而他自己的目光却转向了蒙古草原西面的花剌子模国。元太祖十四年（1219年），前往西域的蒙古大型商团在花剌子模国遭到抢劫，众多商人皆遭杀害，这激怒了铁木真和大多数蒙古贵族，于是引发了蒙古军队的大规模西征，同年六月，“帝率师亲征，取讹答剌城，擒其酋哈只儿只兰秃”。蒙古大型商团就是在讹答剌城遭到抢劫的，因此，这次蒙古军队的西征完全是为了复仇。此后，铁木真的军队势如破竹，无往不胜，震动了整个西方世界。

经过五年的远征，铁木真决定班师。此后，蒙古军队一方面与金朝军队相互拼杀，另一方面又远征西北，试图攻灭西夏。但是，在西夏军民的顽强抵抗之下，蒙古军队的进展并不顺利，直到元太祖二十二年（1227年）夏天，才迫使西夏投降，而铁木真也病逝于西夏。他在临死前，仍念念不忘攻灭宿敌金朝的事情，而这个事情只能由继承皇位的元太宗窝阔台来完成了。

窝阔台即位后，先是完善了一系列的相关制度，如始立朝仪、颁大札撒、定赋税、立驿站、置仓廪等。然后，他与拖雷等蒙古贵族商议攻灭金朝之事。元太宗二年（1230年），“是春，帝与拖雷猎于斡儿寒河，遂遣兵围京兆。金主率师来援，败之，寻拔其城”[①]。文中的“京兆”即今陕西西安，是西北地区最重要的城市。窝阔台占领京兆这座城市，就可以控制整个西北的局势。

到了这一年的秋天，窝阔台率拖雷、蒙哥等亲征金朝，但在攻打凤翔、潼关、蓝关等处时遭到金军的顽强抵抗，直到翌年二月才攻占凤翔。此后，蒙古大军兵分三路，窝阔台自率中路军，“攻洛阳、河

① 《元史》卷二《太宗纪》。

中诸城，下之”，最终的目标是金哀宗固守的汴京。拖雷率西路军，绕开防守坚固的潼关等处，经过宋军防守的宝鸡，也直趋汴京（据说这条进攻线路是由铁木真设计的）。蒙古宗王斡赤斤率东路军由山东济南出发，目标也是汴京。

在三路伐金的蒙军中，尤以拖雷的西路军所遇阻力最大。金军主力固守邓州，拖雷攻敌受挫，绕敌而行。金军大将合达率主力军追击拖雷，双方在三峰山相遇，“天大雨雪，金人僵冻无人色，几不能军，拖雷即欲击之，诸将请俟太宗至破之未晚。拖雷曰：‘机不可失，彼脱入城，未易图也。况大敌在前，敢以遗君父乎！’遂奋击于三峰山，大破之，追奔数十里，流血被道，资仗委积，金之精锐尽于此矣”。至此，灭金的主要任务已经完成。

此后不久，蒙古军队在伐金回师途中，窝阔台突然称病，“六月，疾甚。拖雷祷于天地，请以身代之，又取巫觋祓除衅涤之水饮焉。居数日，太宗疾愈，拖雷从之北还，至阿剌合的思之地，遇疾而薨”[①]。拖雷的死十分奇怪，遂使其子孙与窝阔台的子孙结下仇怨，导致日后互相残杀。双方斗争的结果，使元朝帝王的宝座归于拖雷子孙。

三峰山战役后的第二年正月，被围困在汴京的金哀宗出逃归德（今河南商丘）。守城大将崔立发动叛乱，投降蒙军，汴京遂被攻占。此后不久，金哀宗又逃到蔡州（今河南汝南），再次遭到蒙宋联军的攻击，最终蔡州失陷，金朝灭亡。南宋帮助蒙古攻灭金朝，不仅没有得到任何好处，反而引火烧身，成了蒙古国下一个攻灭的目标。

---

① 《元史·睿宗纪》。

第二节　忽必烈营建上都城

自铁木真死后，蒙古国就开始处于四分五裂之中，只是矛盾还没有公开化。拖雷暴卒后，窝阔台系与拖雷系的矛盾已经十分明显。及元定宗贵由（窝阔台之子）死后，拖雷之子蒙哥乘机夺得了大汗之位，史称元宪宗。他即位之后，一方面，清除太宗一系子孙的势力；另一方面，任用自己的兄弟把持各方面政务，巩固了自己的统治。

而忽必烈在蒙哥掌权之后，受命主持中原地区的军政事务，这在他的政治生涯中是一个非常重要的经历，使他懂得了中原地区的儒家政治学说和各种典章制度对于巩固统治具有极其重要的作用。同时，忽必烈还收罗了一批杰出的中原政治家为他出谋划策、管理政务，从而为他今后建立元朝奠定了一个坚实的政治基础。

一、忽必烈受命主持中原政务

在蒙古国的历史上，皇位继承制度一直没有建立，故而元太祖铁木真死后，虽然有遗诏立窝阔台为帝，但依然需要经过贵族大会忽里台的推举形式，才能够得到确认。而在元太宗窝阔台死后，一度由太宗皇后乃马真氏摄政；元定宗贵由死后，一度由定宗皇后斡兀氏摄政。这都是因为在选择皇位继承人时出现了较大分歧。在这种情况下，势力大小就成为争夺皇位的重要因素。

在定宗皇后斡兀氏摄政时，拖雷之子蒙哥在众多蒙古贵族的拥戴下，召开忽里台大会，夺得了皇权。《元史·宪宗纪》称："元年辛亥夏六月，西方诸王别儿哥、脱哈帖木儿，东方诸王也古、脱忽、亦孙哥、按只带、塔察儿、别里古带，西方诸大将班里赤等，东方诸大将也速不花等，复大会于阔帖兀阿阑之地，共推帝即皇帝位于斡难河。"文中的"帝"即指元宪宗蒙哥。蒙哥即位之后，采取了一系列重要举措，其中一项是"命皇弟忽必烈领治蒙古、汉地民户"。

对于这项举措，《元史·宪宗纪》的提法有些笼统，而《元史·世祖纪》的描述更加准确："岁辛亥，六月，宪宗即位，同母弟惟帝最长且贤，故宪宗尽属以漠南汉地军国庶事，遂南驻瓜忽都之地。"文中的"岁辛亥"是指元宪宗元年（1251年），忽必烈因为"最长且贤"，而得到主管漠南汉地军政事务的重任。文中的"帝"则是指忽必烈，当时还只是蒙古宗王，没有登上皇位。

蒙古国在占有中原地区（即文中所说"漠南汉地"）之后，最初只是在这里设置行省，并派出官员加以管理。这种行省原是金朝在中原地区临时设置的机构，蒙古国沿用这种制度，遂有燕京行省、云中行省等机构的设置。而元宪宗蒙哥任命皇弟忽必烈主持中原地区的军政事务则是前所未有的举措。第一，表明蒙古统治者对中原地区的重视程度有了很大提高；第二，表明忽必烈在蒙哥的心中占有十分重要的地位。

忽必烈在主持中原地区军政事务时办了几件大事。

其一，是对抗南宋的军事活动。在蒙宋联兵攻灭金朝之后，蒙古与南宋之间又开始了不断的军事斗争。为了对付南宋军队的进攻，忽必烈报呈元宪宗蒙哥，在汴京设置了一处机构，称经略司。《元史·世祖纪》称："以忙哥、史天泽、杨惟中、赵璧为使，陈纪、杨果为参议，俾屯田唐、邓等州，授之兵、牛，敌至则御，敌去则耕，仍置屯田万户于邓，完城以备之。"这种耕战结合的办法，使得蒙古军队有效控制了这一地区的局面。

其二，是处理了蒙古贵族封地的管理问题。铁木真攻占中原后，仿照先秦时期的分封制，为蒙古贵族在中原地区设置了众多封邑，以征收粮食和钱财。对这些封邑的管理，一直是很难解决的问题。史称，忽必烈在邢州（今河北邢台）设立了安抚使和商榷使，在他自己的封地京兆（今陕西西安）设立了从宜府和宣抚司，任命汉族大臣为官员加以管理，于是出现了"邢（州）乃大治""关陇大治"的局面。此后，他又任命大臣廉希宪为关西道宣抚使，姚枢为劝农使，以便管理当地政务。

其三，是率军远征。蒙哥即位后，攻打南宋成为首要的军事目标，而长江天险是一道极难攻克的防线。为此，蒙哥决定采用蒙古军队最为擅长的迂回包抄战术，从青藏高原直插云南，然后从云南转攻宋军的背后。为了实现这个战术，蒙哥命忽必烈率大军远征。忽必烈在元宪宗二年（1252年）七月从草原出发，翌年九月，兵分三路，忽必烈亲率中路军，大将兀良合带率西路军，宗王抄合等率东路军，正式远征。经过多次转战，三个月后，忽必烈"军薄大理城"。在攻占云南各地后，因为从云南进入江南的路途很难行进，转攻南宋的战术无法落实，忽必烈决定"留大将兀良合带戍守，以刘时中为宣抚使，与段氏同安辑大理，遂班师"①，翌年五月，回到六盘山。

其四，是建立在中原地区的统治中心。《元史·世祖纪》称："岁丙辰，春三月，命僧子聪卜地于桓州东、滦水北，城开平府，经营宫室。"文中"丙辰"即元宪宗六年（1256年），"僧子聪"即刘秉忠。这项政治决策很耐人寻味。首先，是"卜地"的行为，即选择吉地，用以建造宫室。刘秉忠深通易学，故而"卜地"为其专长。其次，蒙古国在中原地区的统治中心是在燕京，而忽必烈的封地是在京兆，这两座城市都是北方的重要城市，一在东北方，一在西北方，完全可以加以利用，而不必另建新的城市。最后，当时的社会环境十分复杂，蒙古宫廷内部矛盾重重，蒙古与南宋之间战争不断。在这种情况下，忽必烈却要在一片平地之上建造一座新城，而且是带有宫殿的新城，显然是有政治谋划的。

二、反对势力的威胁与危机解除

自太祖铁木真创立蒙古国以来，特别是自太宗窝阔台即位以后，蒙古人已经形成了一套与游牧文化相适应的政治制度，被当时的蒙古贵族称为"祖宗之法"。而初登皇位的元宪宗蒙哥，更是以遵循这种法度为执政理国的大计。《元史·宪宗纪》称，蒙哥"性喜畋猎，自谓遵祖宗之法，不蹈袭他国所为。然酷信巫觋卜筮之术，凡行事必谨

① 《元史》卷四《世祖纪》。

叩之，殆无虚日，终不自厌也”。这种评价显然是带有贬义的。

忽必烈在治理中原地区军政事务时，虽然大多都请示蒙哥而后执行，但是，他毕竟已经来到了中原，与漠北草原的都城和林有着数千里之遥的距离，显然不如生活在蒙哥身边的人更有直接的影响。而生活在和林的许多蒙古贵族对忽必烈在汉地的所作所为，是不认同的，甚至是采取反对态度的。他们攻击忽必烈的一大罪状，就是忽必烈不遵守“祖宗之法”。而这一点又是蒙哥绝对不能允许的。

《元史·姚枢传》称，“或谗王府得中土心，宪宗遣阿蓝答儿大为钩考，置局关中，以百四十二条推集经略宣抚官吏，下及征商无遗，曰：‘俟终局日，入此罪者惟刘黑马、史天泽以闻，余悉诛之。’世祖闻之不乐。(姚)枢曰：‘帝，君也，兄也；大王为皇弟，臣也。事难与较，远将受祸。莫若尽王邸妃主自归朝廷，为久居谋，疑将自释。’及世祖见宪宗，皆泣下，竟不令有所白而止，因罢钩考局。”文中的“王府”即指忽必烈。这段史料披露了一系列的重要信息。

第一，有人在蒙哥身边发出谗言，而蒙哥对谗言已经深信不疑，故而采取了“置局关中”的办法，来清算忽必烈的不法行为。关中为忽必烈的封地，当时又称京兆，这里显然是忽必烈的根基之地。而设置的局称为钩考局，就是专门核查忽必烈罪行的机构，“世祖闻之不乐”只是一种表面的说法，实际上这对忽必烈的压力是非常大的。

第二，宪宗蒙哥的亲信大臣阿蓝答儿的态度是非常嚣张的，他在中原地区所采用的办法又是非常恶毒的。因为忽必烈毕竟是蒙哥的亲弟弟，要想谋害忽必烈，如果没有确凿的证据，是不能下手的。因此，阿蓝答儿采取的办法是从忽必烈重用的汉族大臣着手，只要确定了这些大臣的罪行，也就可以扳倒忽必烈在中原地区的统治权。

第三，阿蓝答儿在来到中原地区之时，是受到蒙哥委以生杀大权的，只要他认为是有罪的人，除了像刘黑马、史天泽这样的万户大将需要禀报蒙哥之外，“余悉诛之”，即统统杀掉。而对被阿蓝答儿迫害的下属，忽必烈又没有办法加以解救。如果他为部下大臣说话，只会加重蒙哥对他的误会。这也是忽必烈只能闷闷不乐的一个重要原因。

为此，忽必烈的谋臣给他出了一个计谋，即让忽必烈直接返回都城，面见蒙哥，以释误会。忽必烈立刻日夜兼程飞奔回都城和林，兄弟相见之后，果然所有的误会都消除了。钩考局的撤销也标志着对忽必烈和众多汉族大臣的迫害取消了。当然，对于遵行“祖宗之法”还是遵行“汉法”的争论并没有因此而得到解决。

经过这次政治风波之后，蒙哥虽然没有处置忽必烈，却也对他在中原地区的所作所为有了警戒，于是就让忽必烈参加了大举伐宋的军事行动。这次伐宋战争以蒙哥亲率大军为主力，主攻方向是川蜀一带。因为忽必烈远征云南的迂回包抄战术没有成功，为了避开长江天险的阻碍，蒙哥决定从蜀中着手，缩小迂回包抄的范围，从这里绕过长江。而忽必烈并没有参加这支主攻部队，而是独自统率一支偏师，佯攻鄂州（今湖北武汉），以牵制宋军，不让他们支援蜀中的守军。

蒙哥的计划虽然很好，但是在执行过程中出了大差错。蒙哥低估了蜀中宋军的抵抗能力，而低估敌人的能力往往是导致失败的主要原因，蒙哥也不例外。他在进攻蜀中钓鱼城的时候被防守的宋军用大炮击伤，后因伤势严重而阵亡。这个重大的变故导致了伐宋战争的失败。

蒙哥阵亡的消息很快就传到了正在攻打鄂州的忽必烈耳中。面对这个变故，忽必烈有两种选择：一种是继续攻鄂州，获得更大的收获；另一种是与宋军讲和，退回北方，以争夺大汗之位。最初，忽必烈想获得更大战果再班师，但是，皇弟阿里不哥已经在漠北采取行动，为夺得皇权而做准备。留在开平府的察必皇后见到这种情况，立刻派人到鄂州前线，催促忽必烈回师北上。在这个至关重大的问题上，察必皇后的见解是正确的。忽必烈能够采纳察必皇后的意见，及时赶回燕京，从而保证了此后历史发展的轨迹沿着有利于忽必烈迅速崛起的目标前进。

第三节　忽必烈营建大都城

如果忽必烈没有战胜阿里不哥，大都城不会成为新的政治中心，和林城也不会失去蒙古国都城的政治地位。如果忽必烈没有夺得皇权，也很难有此后统一全国的历史进程。当然，南宋王朝的统治已经腐败到了不可救药的地步，也为忽必烈顺利统一全国加快了进程。

忽必烈对大都城的建造动用了整个中原地区的力量，这不仅创造了中国都城发展史上的一个奇迹，而且是一座伟大的里程碑。而大都城的进一步发展，则是聚集了大江南北的力量，才使自身在政治、经济、文化等各个方面得到了飞速发展和繁荣。

一、忽必烈夺得皇权

就在元宪宗蒙哥率领大军攻打蜀中的时候，忽必烈率偏师助攻鄂州，而他们最小的弟弟阿里不哥却驻守在都城和林，当时被称为监国。监国的作用就是暂时代理皇帝的权力，负责处理日常事务。这种特殊的作用，从铁木真出征时由其幼子拖雷作为监国镇守大本营可以看出。而阿里不哥的监国，显然是得到蒙哥的信任。

蒙哥在蜀中阵亡之后，阿里不哥就开始着手争夺皇权，而他最大的竞争者就是忽必烈。当年向蒙哥进谗言诬陷忽必烈的人之中，即有阿里不哥。而在蒙哥突然死亡后，忽必烈与阿里不哥兄弟之间的皇位争夺，应该是在都城举行的忽里台大会上决定胜负的。这是蒙古国以往选立新皇帝的惯例，没有人敢于破坏这个祖宗留下来的规矩。

而当时留守和林的大臣，大多数都是支持阿里不哥的。史称："时先朝诸臣阿蓝答儿、浑都海、脱火思、脱里赤等谋立阿里不哥。阿里不哥者，睿宗第七子，帝之弟也。于是阿蓝答儿发兵于漠北诸部，脱里赤括兵于漠南诸州，而阿蓝答儿乘传调兵，去开平仅百余里。”[1]这时争夺皇位的举动已经十分明显了。

但是，忽必烈并不是一位循规蹈矩的政治家，他所具有的雄才大略使得他可以因势利导，以达到自己最终的目标。他不会在阿里不哥占有较大优势的地方进行政治较量，而是选择在有利于自己的地方开展斗争。元宪宗九年（1259年），忽必烈从鄂州赶回燕京，立刻阻止了阿蓝答儿、脱里赤等人在中原地区为阿里不哥征集军队的活动。到了中统元年（1260年）三月，忽必烈从燕京北上开平，组织一些蒙古贵族，召开了忽里台大会，“亲王合丹、阿只吉率西道诸王，塔察儿、也先哥、忽剌忽儿、爪都率东道诸王，皆来会，与诸大臣劝进。帝三让，诸王大臣固请”[2]。于是忽必烈登上皇位，史称元世祖。

忽必烈在即位诏书中称：“求之今日，太祖嫡孙之中，先皇母弟之列，以贤以长，止予一人。虽在征伐之间，每存仁爱之念，博施济众，实可为天下主。”也就是向天下宣布，他的即位是合理合法的。但是，此后不久，“阿里不哥僭号于和林城西按坦河”。阿里不哥的即位也是召开了忽里台大会，而被草原上的众多蒙古贵族们拥戴的。在这种情况下，蒙古国同时出现了两位皇帝，这两人是亲兄弟，但是在治理国家的观念上却是截然不同的。忽必烈要大行“汉法”，而阿里不哥却要遵行“祖宗之法”。

对于兄弟俩争夺皇权，究竟谁对谁错是很难下判断的。如果在草原上遵行“祖宗之法”是没有问题的，但如果在中原地区遵行“祖宗之法”却是不对的——在中原地区只能遵行“汉法”。在这个问题上，忽必烈是对的，阿里不哥是错的。而兄弟俩在争夺皇权时，胜负的结果不是由谁对谁错来决定的，而是看谁的实力更强大。

忽必烈与阿里不哥之间进行了长达数年的厮杀。忽必烈身边既有一批蒙古军队，又有一批汉族军队，还有大量中原地区的物资供应。而阿里不哥身边只有一部分蒙古军队。双方最初的激战，差距还不大，但是在几年之后，这种实力上的差距就显现了出来。最终，阿里

---

①② 《元史》卷四《世祖纪》。

不哥不得不向忽必烈投降。两个皇帝并立的局面结束了，忽必烈成为唯一的帝王。

阿里不哥投降后的第一个重要结果是蒙古国的都城和林从此失去了其统治中心的地位，而被开平府所取代。与此同时，忽必烈还在寻找一座新的都城—— 一座可以给整个帝国带来新发展的都城。经过一段较长时间的思考之后，忽必烈决定在燕京城的东北重新建造一座新的都城，并且把这座都城的名字从燕京改称中都，后来又改称大都。

都城的迁移，不仅是地理位置上的变化，而且代表了统治者对国家发展的总体思考。大都的政治中心地位表明整个国家的发展重心已经从草原向南迁移到中原地区，并且还要进一步向江南地区扩展。忽必烈战胜阿里不哥，其结果不仅影响了他们二人的荣辱得失，同时也影响了整个中国历史发展的进程：一个新的王朝——大元王朝诞生了，中国历史从此进入了一个新的发展阶段。

二、忽必烈南下灭宋

忽必烈在消除了来自北方草原上的蒙古贵族的威胁之后，巩固了自己的统治，于是开始着手为统一中国而努力。自唐代末年以来，中国已经处于分裂状态数百年，接连不断发生着局部战争和大规模的统一战争（如宋辽之间、金宋之间、蒙金之间等）。这些由于政治分裂带来的战争，严重破坏了广大民众的社会生产与生活，阻碍了各地之间的经济往来和文化交流，产生了一系列的不良影响。如何消除分裂，完成统一，也一直是各国统治者都在追求的一个政治理想，从宋太祖、宋太宗到金海陵王都在努力，却都归于失败。

这个重大的政治理想，经过几百年后，最终是由元世祖忽必烈完成的。忽必烈在战胜阿里不哥后，仍然坚持了遵行“汉法”的大政方针，其定国号为“大元”，就是取儒家经典《周易》中的“大哉乾元”之义，表现出要统一全国的雄心壮志。为此，他把原来远在漠北的和林都城的统治中心功能废除，又在中原地区的燕京东北建造新都城，并命名为大都。统治中心的南移，也表明了忽必烈要统一全国的政治倾向。在这个政治举措上，忽必烈的做法与金海陵王一样。金海陵王从远在东北的金上京（今黑龙江哈尔滨阿城区）南迁到燕京，也是他想南下灭宋的政治大计中的一个重要环节，只是他的南征却以失败告终了。

忽必烈在营建大都城的同时，也在调遣军队不断进攻南宋，以求统一全国。从元太宗灭金之后即与南宋兵戎相见，一直到元宪宗进攻蜀中失败，元朝统治者想要统一全国的政治诉求从未改变，但却由于种种原因一直没能实现。从大局来看，一方面，是北方政局总是处于动荡之中，没有一位蒙古帝王能够把国家治理得井然有序，因此要完成统一大业尚不具备必要的条件；另一方面，是南方的统治还没有腐败到足以被灭亡的程度，南宋的百姓对于赵氏帝王还没有失望甚至绝望，因此双方军事对抗的状态一直处于胶着之中。

忽必烈即位之后，双方大局出现了很大变化。在北方，忽必烈采用的一系列汉化举措不仅巩固了他的统治，而且使得其军事力量不断增强，经济发展日益繁荣，为最终统一全国奠定了坚实的基础。而在南方，赵宋王朝的统治越来越腐败，奸臣贾似道等人的胡作非为更使得民不聊生。这种大局的变化使得原来处于胶着状态的局面失去了平衡，促使忽必烈完成统一大业。

导致南宋灭亡的一个显著标志是宋军江防大将刘整的投降元朝。刘整是金人，以勇武入南宋，屡立战功，“累迁潼川十五军州安抚使，知泸州军州事”。但是，正因为他不是宋人，因而多次受到宋军将领及官员排挤，于是被逼投降元朝。这个事例很有典型意义，宋朝在面临元朝这个强大的敌人不断进攻的情况下，竟然还能够排斥异己，争权夺利。而对于归降的刘整，忽必烈给予完全信任，命他主持蜀中的军务。对待刘整的态度，足以说明元朝攻灭南宋的主要原因。

到了至元四年（1267年）十一月，刘整前来都城拜见忽必烈，提出了一项重要的建议，即把进攻南宋的主攻点放在襄阳（今湖北襄樊）。多年以来，南宋之所以能够长期与金、元等军事力量强大的政权对抗，依恃的就是长江天险，而金、元在进攻时面对浩浩长江，不知道何处是要害。刘整的建议，恰恰是南宋千里江防的要害。

对于刘整的建议，元朝中央政府中的大多数权贵是不同意的。但是，在刘整的一再劝说下，忽必烈毅然采用了刘整的建议，翌年七月，命刘整为镇国上将军、都元帅，“九月，偕都元帅阿术督诸军，围襄阳，城鹿门堡及白河口，为攻取计。……十年正月，遂破樊城，屠之。遣唐永坚入襄阳，谕吕文焕，乃以城降。上功，赐整田宅、金币、良马”。经过近5年的苦战，横跨长江两岸的襄阳和樊城皆被元军攻占。在这种情况下，元朝的统一战争取得了决定性的胜利。刘整再次入朝，上奏称“襄阳破，则临安摇矣。若将所练水军，乘胜长驱，长江必皆非宋所有”[①]。当南宋失去了长江天险之后，其败亡已是指日可待。

至元十一年（1274年）七月，世祖忽必烈命大将伯颜为统帅，大举南征。“世祖谕之曰：‘昔曹彬以不嗜杀平江南，汝甚体朕心，为吾曹彬可也。’”[②]由此可见，这时的元朝军队已经以“不嗜杀”作为南征的宗旨，与蒙古国时期不断实行“屠城”的惨剧相差很大，这显然也是汉化的结果。同年九月，伯颜到达襄阳，兵分三路，水陆并举。至元十三年（1276年）正月，元军攻到南宋都城临安（今浙江杭州）城下。皇太后与小皇帝上降表，南宋灭亡。分裂已经几百年的中国由此再度统一。

元朝的统一使中国的疆域达到了历史上最辽阔的时期，而元朝的国际影响也达到了空前的程度。元世祖忽必烈对中国历史的最大贡献就是一统天下，从而把中国的政治、经济、文化等各方面的发展都推向了一个新的阶段。而忽必烈在位的30多年中，改凿京杭大运河、开通海运、创行钞法、探寻河源等皆为一代壮举，而其中最辉煌的业绩之一就是对大都城的营建。

---

① 《元史》卷一百六十一《刘整传》。

② 《元史》卷一百二十七《伯颜传》。

三、大都城地位的确立

都城的确立是与一个王朝的发展密切联系在一起的。王朝政治规模的大小、王朝存世时间的长短等都会对都城产生极大影响，而当都城一旦确立，则会对王朝的历史发展产生巨大影响。周、秦、汉、唐等统一王朝的都城长安和洛阳都是规模宏大、历时久远的著名城市，在中国历史上产生了巨大影响。元朝确立的大都城也是如此。

在元朝统一前，全国处于政治分裂状态，出现了几个都城并立的局面。由中原王朝设置的都城，一座是北宋的都城开封府东京（这时的洛阳为陪都西京），另一座是南宋的都城临安。而由北方少数民族政权建立的都城较多。辽朝实行五京制，除了首都辽上京（今内蒙古赤峰市境内）外，有东、西、南、北4座陪都，辽南京析津府就在今北京境内。

金朝灭辽，仿照辽朝的做法，也是多京制，最初有三京，即金上京（今黑龙江哈尔滨境内）、金东京（今辽宁辽阳）和金燕京，此后逐渐完善为五京，即金中都（今北京）和东、西、南、北四京。除此之外，在西北由党项族建立的西夏王朝，则定都银川兴庆府。直至蒙古国崛起，元太宗定都和林，元世祖定都开平府，并废去和林的都城地位，最后营建了元大都。

在辽、宋、西夏对峙时期，各方的疆域没有发生大的变化，故而都城也没有大的变化，辽上京、宋东京、西夏兴庆府为各自的统治中心。及金灭辽，又灭北宋后，金、宋之间的疆域发生了巨大变化，双方的都城也随之发生了变化。北宋的都城开封府已经归入金朝的疆域，南宋只得另选都城——临安。虽然从名称来看，临安只是一座临时的都城，但是直到南宋灭亡，也没有再迁移过。

金朝立国之时定都上京，是因为其统治范围在东北一隅。及灭辽、灭宋之后，金朝的疆域有了极大拓展，却没有对都城进行及时调整，仍然定都上京。此后，金海陵王弑杀熙宗，准备进一步向南拓展疆域，才从上京迁都到燕京，并更名中都。没过几年，海陵王又重修汴京，准备灭宋之后在这里定都。但是，随着伐宋战争的失败，海陵王被杀，金世宗仍然以中都作为首都。而在辽金与两宋不断拼杀的时候，西夏仍维持着自己独立的地位。

蒙古国崛起之后，太祖朝没有设置都城，连年四处征战，一直也未能安定。太宗朝在漠北设置都城和林，因为这时的蒙古国统治重心是在草原上，故而都城设置在这里是十分合理的。此后，蒙古国灭西夏而占有兴庆府，灭金而占有金中都和金南京开封府，遂使得北方地区的都城少了3座。这是在统一战争过程中必然会出现的局面，割据政权的数量越少，它们的都城数量也会减少。

元世祖忽必烈即位后，继续推进统一大业。这时蒙古国的统治重心已经开始出现迁移，从漠北的草原向中原地区迁移，并进一步向江南地区迁移。这种统治重心的向南迁移，直接影响到都城的向南迁移，于是出现了从漠北草原的和林到漠南草原的元上都开平府，再到中原地区的元大都大兴府的南移。而在这个迁移过程中，元朝的疆域也不断向南拓展，其结果是南宋的灭亡，临安府都城地位的消失。

在元世祖完成统一大业之后，原来曾经有过的诸多都城，如辽上京、北宋东京、金上京和中都、南宋临安、西夏兴庆府等全都失去了都城的地位，代之而起的元上都以前从来没有做过都城，而元大都也是在金中都的东北方另建新都城。这个局面的出现应该说是整个中国古代都城变化的一个新时代。如果再往上延伸至汉唐时期，与之相比，元朝的两都（上都与大都）制度的出现也堪称划时代的变化。

在中国古代几千年的历史发展进程中，曾经作为古都的城市有很多，但作为统一王朝的都城却不多。夏商两代疆域有限，都城频迁，而且都没有留下完整的都城遗迹，姑且不论。自周代以来，元代之前，能够作为统一王朝的都城只有长安（又称镐京、咸阳等）、洛阳（又称洛邑），而元大都是第三座。与长安和洛阳相比，元大都城的全国政治中心作用延续性也很少中断（仅明初和民国年间），一直延续到今天。

任何一座都城的产生，都是由当时的政治、经济、军事、文化，以及地理环境等各方面的综合因素决定的，而作为统一王朝的都城，更是要有十分优越的综合因素。元大都城正是具备了这几个方面的重要因素，才能够成为元朝的首都，而此后历经明清数百年不变，一直延续到今天。

与元大都相比，长安、洛阳、南京、杭州、开封等古都皆有各自的优势，因此才在中国古代被选为各朝代的都城。但是，这些古都在具有各自优势的情况下，又有着各自不同的弊端，而这些弊端又很难克服。经过几千年的历史变迁，这些古都的优劣已经尽为人知，经过比较，元大都作为统治中心的优势要明显超过弊端，故而历史选择了这里作为大一统王朝的首都。

这个选择的过程很漫长，许多重要的因素都在发生变化。例如，汉唐时期的都城长安，在历史的变迁中失去了作为都城的重要依托，而不得不丧失了都城的地位。大都城最初也不具备作为全国都城的条件，但是，随着历史的发展变化，许多条件逐渐具备了，许多优势凸显出来，许多因素已经成为其他城市无法与之相比的，自然而然地就成了全国的首都。这个过程是通过割据政权的陪都到半壁江山的首都，再到统一王朝的首都展示出来的。此后的历史虽然不断变化，而作为首都的重要因素并没有变化，没有消失，直到今天这里仍然是全国的首都。

第四节　大都城的设计者刘秉忠

一座伟大城市的出现，首先需要的就是一位伟大的设计者。他要把自己对都城的理解和追求的理想结合在一起，通过具体的设计方案，逐步得到落实。在中国古代，许多都城的建造者皆是在前朝城市的基础上加以改造，来实现自己的理想模式，只有很少的设计者可以根据自己的理想凭空在一片平地上拔地而起，建造一座完美的都城。这样的设计者是幸运的，元朝初年的刘秉忠就是这少数的幸运者之一。

一个时代的变迁必会造就一批风云人物，元朝的兴起也造就了一批风云人物，刘秉忠就是这批风云人物中的佼佼者。他生活的时代，不仅是一个政治格局大变动的时代，也是一个学术脉络大变化的时代，而学术大变化的特征之一，就是儒、释、道三家的大融合。许多著名的儒学家都在钻研佛学和道教，而佛教僧侣和道教道士也都以精通儒学而著称。刘秉忠就是一位三教兼修的大学者，充分体现了这个时代的学术特征。

一、刘秉忠的学术与政治思想

刘秉忠的人生经历很奇特，他自幼熟读儒家经典，又在蒙古国任小吏，此后弃官，入山学道，后来皈依佛门，法号子聪，故而对儒、释、道三教皆有涉猎。及燕京高僧海云被忽必烈召见，刘秉忠遂与海云一同前往，开始受到忽必烈的赏识。史称："秉忠于书无所不读，尤邃于《易》及邵氏《经世书》，至于天文、地理、律历、三式六壬遁甲之属，无不精通，论天下事如指诸掌。"[1]于是，他成了忽必烈的重要谋臣。

刘秉忠虽然是以僧人的身份辅佐忽必烈，但是他的各项主张却是

① 《元史》卷一百五十七《刘秉忠传》。

代表了儒家的政治学说。早在忽必烈受命主持中原地区军政事务之时，刘秉忠就用典章、礼乐、法度等治国之道来开导他，使忽必烈对于中原地区的传统文化有了足够的重视。他指出，太祖铁木真是以马上取天下，却不可以马上治天下，忽必烈只有用这些典章礼法制度，才能够永保祖宗社稷。

刘秉忠又指出，帝王的责任，就在于内选贤相、外任猛将，内外相济，才是国之急务，同时又要选任州县官吏，并用开国功臣的子孙出任州县监督官，以监督地方官员的政绩，“治者升，否者黜”，从而巩固自己的统治。而轻徭薄赋、定百官爵禄、禁止百官任意杀戮、大行学校教育以培养贵族子弟等等，皆在刘秉忠所上奏书之中涉及。这些对忽必烈的治国方略，产生了巨大影响。

刘秉忠所提到的许多事情，在当时是很难施行的，但是此后却陆续得到实施。如他提出了应该修订新的历法，这件事早在元太祖铁木真时大臣耶律楚材就已经提出，并且当时精通天文历法的耶律楚材自己就设计过新的历法，但是却没有施行。刘秉忠不仅希望修订新的历法，而且提出“令京府州郡置更漏，使民知时”。由此可见，他对新历法是非常重视的。可惜的是，直到刘秉忠死后，天下统一，忽必烈才着手修订历法，命许衡、郭守敬等人完成《授时历》的修订，并颁行全国。

又如刘秉忠提出要撰修《金史》，这早在金元之际的大文豪元好问就曾经设想过，并做了大量的准备工作，此后耶律楚材、史天泽等人也都提出撰写《辽史》和《金史》的建议，到忽必烈即位之后，甚至把这项工作提到了议事日程上来，却由于种种原因，始终没有得到落实。一直到元代后期，在宰相脱脱的主持下，才开始着手《辽史》《金史》《宋史》的纂修工作，并最后得到落实，完成了刘秉忠“国灭史存”的愿望。

刘秉忠的这些施政建议，在当时忽必烈手下的许多谋臣皆曾提出过，如姚枢、郝经、许衡、窦默等都有相似的主张，但是忽必烈对刘秉忠是特别信服的。在刘秉忠死后，元世祖忽必烈曾经公开对群臣说："秉忠事朕三十余年，小心慎密，不避艰险，言无隐情。其阴阳术数之精，占事知来，若合符契，惟朕知之，他人莫得闻也。"[①]由此可见，刘秉忠虽然是以僧人的身份来辅佐忽必烈，但是他的学术脉络和政治主张，却都是儒学的政治学说，堪称儒僧。

刘秉忠不仅精通儒、释、道三教，他的文学修养也很深厚。史称："秉忠自幼好学，至老不衰，虽位极人臣，而斋居蔬食，终日淡然，不异平昔。自号藏春散人。每以吟咏自适，其诗萧散闲淡，类其为人。有文集十卷。"[②]他的许多诗歌作品一直被人们传诵到今天。

二、刘秉忠与两都制度的确立

忽必烈的信任使得刘秉忠的才干得到更加充分的发挥。而在刘秉忠的政治生涯中，最重要的一项举措就是对两都（元上都与元大都）的建造。在中国古代，都城是历代帝王长期居住的统治中心，具有十分重要的意义。刘秉忠对两座都城的设计和建造，起着举足轻重的关键作用。可以说，这个举措直接影响到元朝历史的发展进程，也对中国历史的发展产生了巨大影响。

早在忽必烈受命主持中原地区军政事务之时，刘秉忠就开始为他策划新的统治中心。《元史·世祖纪》称："岁丙辰，春三月，命僧子聪卜地于桓州东、滦水北，城开平府，经营宫室。""岁丙辰"指元宪宗六年（1256年）。忽必烈远征大理后回到中原，就开始营建开平府，建造城池、宫室。"僧子聪"就是指刘秉忠，"卜地"就是选择吉祥之地。显然，这是刘秉忠为忽必烈准备的第一座统治中心，当时称开平府。这座城池的建造，用了三年时间。

这座统治中心刚刚建成不久，就发挥了巨大的政治作用。元宪宗的突然阵亡，为忽必烈夺取皇权提供了一个非常好的机会，而皇弟阿里不哥占据都城和林则为忽必烈设置了一个极大的困难。显然，

---

① 《元史》卷一百五十七《刘秉忠传》。

② 《元史》卷一百五十七《刘秉忠传》。

忽必烈如果千里迢迢从中原地区赶回漠北都城，再与阿里不哥争夺皇权是非常不利的，而在开平府召开忽里台大会，就可以避免阿里不哥的竞争。

这座由刘秉忠建造的开平府，立刻就产生了与都城和林直接抗衡的作用。如果没有刘秉忠的预先设计，忽必烈必须千里迢迢赶回漠北，又要遭受许多支持阿里不哥的蒙古贵族的攻击，情况会极为不利，而在开平府即位之后，忽必烈有充足的时间来组织军事力量，与阿里不哥进行对抗，依靠雄厚的实力战胜对手。不管谁更合理合法，战争的胜负决定一切。历史发展的轨迹也是沿着这条道路前进的，其结果则是开平府取代了和林的都城地位。

刘秉忠的任务并没有结束，他还有一项更为重要的任务，就是在忽必烈统一全国之后，建造一座规模更加宏伟的都城。这座都城不是用来加强中原地区与草原的联系，而是对全国进行统治。这座都城的选址经过再三考虑，最终确定在燕京地区。

元朝人在后来论述都城制度变化时称："国家龙飞朔土，始于和宁营万安诸宫。及定鼎幽燕，乃大建朝廷、城郭、宗庙、宫室、官府、库庾。大内在国都之中，以朝群臣、来万方。又以开平为上都，夏行幸则至焉，制度差矣。中都建于至大间，后亦希幸。其他游观之所，离宫别馆，奢不踰侈，俭而中度，可考而见焉。"[①]文中的"和宁"就是蒙古国最初的都城和林。在这里一共提到4处都城，即和林、大都、上都及中都。其中，和林在世祖即位后不久就废除了，元中都则是在世祖死后由元武宗建造的，但是基本上没有发挥都城的作用，只有大都和上都这两座由刘秉忠设计和建造的都城，一直都在发挥着重要作用。

世祖忽必烈在即位之前建造的上都城，最初是以藩王府第的规模加以建造的，主要目的是为了加强中原地区与漠北草原的联系。中统元年（1260年），忽必烈在此即位，上都遂升格为都城，但这只是临

① ［元］苏天爵：《国朝文类》卷四十二《宪典总序》。

时性的变通之举。忽必烈即位之后建造的大都城，则完全是按照国都的规模加以建造的。以都城的功能与重要性而言，大都城是超过上都城的，但是忽必烈却始终没有降低上都城的政治地位。为了维系上都城的政治影响，忽必烈建立了两都巡幸的制度：每年春天，从大都前往上都，秋天则从上都返回大都。

在大都城建造前，和林城与上都城的并立，也就是阿里不哥与忽必烈的并立，形成两个政治中心。直至阿里不哥败降，和林城被废，才形成上都城一个政治中心的局面，但是这种局面只是一种过渡的阶段。及大都城建造完成之后，虽然又有了两个政治中心，但是这两个中心实际上是合在一起的，也就是一个统治中心。当忽必烈在大都城过冬时，政治中心是在大都；而当忽必烈在上都城度夏时，政治中心则北移到了上都。由于两都巡幸制的确立，形成了政治中心的南北迁移状态。

每年春天，当忽必烈出巡上都时，大都城中的百官、军队皆随同前往，就连国子监学中的老师和学生，也要一起到上都去举行教学活动，到了秋天，再一同回到大都。这种两都巡幸的制度，是忽必烈一手确立的，此后诸帝皆遵行之，一直到元朝末年。两座都城均为刘秉忠设计和建造的，这种两都巡幸制度是否也是刘秉忠的建议，史无明文，不得而知。但是，这两座都城是元朝最重要的城市，而且一直也没有发生变动，则是刘秉忠留给后人的一笔巨大文化财富。

第五节 大都城的规划模式

与上都城相比，大都城是一座按照中国古代都城的理想模式建造的宏伟都城。这座都城的规划是一种全新的模式，同时也是一种最古老的模式。说它是全新的模式，是因为在此之前的周、秦、汉、唐等统一王朝的都城都没有采用这种模式，完全是一种创新。说它是最古老的模式，是因为早在先秦至汉代的典籍《周礼·考工记》中就有着相关的记载，即所谓的“面朝后市，左祖右社”。这种模式很早就出现了，但是只是在理想中，而真正把它落实在中华大地上，则是通过元大都城的建造。

这种都城理想模式的文化传承长达数千年，在此期间，中国的古都曾经发生过许多次变化：一方面，从城市规模的大小，到城市空间的分布，再到各种文化设施的增减等等；另一方面，从南到北，从东到西，从经济富足之地到物产贫瘠之地等等。这种变化因时因地、因人因事而千变万化，但是主题只有一个，就是突出皇权的至高无上。元大都城的规划模式也是如此。

一、大都城市空间分布的特点

大都城的建造是在刘秉忠的精心设计下完成的，因此，在城市空间布局上体现了设计者的几个主题思想。首先，是钟鼓楼被设置在全城的中心位置，这是以往的都城模式中从来也没有过的。这表明元大都的设计者是把这座新建造的都城与天象联系在一起的。在中国古代，人们认为宇宙的各种活动都是与人间的社会息息相关的，因此，天上日月星辰的运行规律也就显示出人间社会秩序的发展规律。

都城作为帝王居住的地方，每一个建筑的分布自然也要与宇宙的运行规律相符合。钟鼓楼是地上的人们了解日月星辰运行规律的地方，一年四季12个月、每天12个时辰的运行都是通过击鼓鸣钟来加以显示，故而大都城的钟鼓楼又被称为齐政楼。都城最重要的地方就是全城的中心位置，在这个地方设置钟鼓楼，表示大都城的规划者是把宇宙的活动放在了最重要的位置上。

其次，是人们居住空间的分布。在都城之中，帝王的居住空间是最重要的，也是标志着全国政治中心的依据。它的位置在钟鼓楼的南面，也是全城南面的中心位置上。如果从整个宇宙的视角来看，钟鼓楼是最重要的标志，而从整个现实社会的视角来看，皇城则是最重要的标志。在中国古代人的观念中，帝王是沟通上天与人间的桥梁，一方面代表着上天的意志，另一方面代表着人间的权势。因此，帝王居住的地方空间最宽敞、环境最优美、生活最舒适。

至于都城里面其他居民生活空间的分布，也有一定的规律。第一，是社会地位越高的人，通常居住的空间越大，而有钱的人不一定能够住上宽敞的房子。第二，是与帝王关系越亲密的人，通常居室的位置越靠近皇城。反之，越是低贱的城市居民，其居室越远离城市中心。例如，在大都城建好之后，大多数居民都从旧城迁移到新城居住，而留在旧城的主要是贫困市民。

最后，是礼仪设施和官僚衙署大多占据特定的位置。在大都城内外，分布着许多礼仪设施和官僚衙署，这是统治中心的显著标志，在其他城市是没有的。例如，在诸多礼仪设施中，太庙、社稷坛和郊坛是最重要的建筑。按照中国古代都城建设的理想模式，有“左祖右社”之说。而在元大都的空间规划中，太庙被安置在皇城东侧，符合“左”的位置；社稷坛被安置在皇城西侧与太庙对称的“右”的位置。郊坛因为用来祭祀天地日月诸神，则被安置在都城外的南郊。

都城中的中央官僚衙署以主管政务的中书省、主管军事的枢密院和主持监察工作的御史台最有代表性。中书省最初被安置在皇城北面的凤池坊，枢密院被安置在皇城东面的保大坊，御史台则被安置在皇城西北的肃清坊，皆是以天象的分布为依据。但是，此后为了处理政务的方便，中书省迁至皇城南面的五云坊，御史台也从皇城的西北迁至皇城东南。这种空间布局的变化是适应实际需要的结果。

此外，与人们日常生活息息相关的商市和与人们精神生活密切相关的宗教活动场所遍布于大都城内外。大都城的商市主要分布在城市中心的钟鼓楼一带，以及各个交通枢纽的大街和城门附近。由于大都城坊墙的废除，街道和胡同变得更加开放，有些商市临街开设，促进了城市商业经济的繁荣。也有一些地摊小贩临街设置摊位，出售各种小商品。

大都是全国的文化中心，国内外的各种宗教派别皆有其领袖人物来到这里，开展各种宗教活动。为此，他们在大都城内外建造了许多佛教寺庙、道教宫观、伊斯兰教清真寺，以及基督教的教堂，等等。这些宗教场所有些是元朝帝王敕建的，如大圣寿万安寺（今俗称白塔寺），规模宏大，堪比宫殿。有些是由贵族官僚赞助建造的，规模也相当可观。还有一些是由宗教领袖自己建造的，虽然宗教影响较大，建筑规模却很有限。这些宗教活动场所的分布比较松散，建造时间也不一致。

在新建的大都城里，有两片比较宽阔的水域，一片在皇城之内，称为太液池；另一片在皇城之外，称为海子（或积水潭）。这两片水域的水源是不同的。太液池的水源称金水河，主要从玉泉山引泉水入皇城，是供都城皇家使用的水源。而海子的水源称高梁河，比玉泉水更加充沛，是供都城普通居民使用的水源。到了明代，这两片水域已经连为一体了。高梁河与金水河又是京城漕运的主要水源，使得通惠河里的漕船可以一直驶入海子，促进了城市商业的发展。在北方的大多数城市中，这种大面积水域的存在是较为少见的。

二、大都皇城的建造模式

大都新城是在一种全新的模式下建造的，大都皇城也是在全新模式下建造的。这个新模式的第一个特点就是因地制宜。元大都皇城的所在地原来是金朝的一座行宫——太宁宫，位于金中都城的东北面，是金世宗时建造的，此后成为金世宗、金章宗等岁时游览的主要场所。蒙古军队攻占金中都城后，这里曾经一度成为全真教领袖丘处机活动的场所。元世祖忽必烈每次来到燕京时，这里又成为忽必烈驻辟的地方。及刘秉忠规划建设新大都城时，这里就被规划为皇城所在地。在太宁宫里有一片水域称为太液池，池中有岛称琼华岛，岛上有万岁山，山上有广寒殿，在皇城里面的宫殿没有建完之时，这里就成为忽必烈在燕京处理日常政务的地方。

在新的皇城里，所有的建筑皆是围绕着太液池建造的。在太液池东岸，有两组建筑，前面一组是帝王居住和处理政务的地方，主体建筑称大明殿，也就是皇宫正殿。后面一组是皇后居住的地方，主体建筑称延春阁。这两组建筑都坐落在全城的中轴线上。在太液池西岸，有一组建筑，称为东宫，是皇太子居住的地方。这时从整个格局来看是一正一偏的样子，太液池东岸的大明殿与延春阁为正，太液池西岸的皇太子宫为偏。这是最初的规划模式。

但是，随着历史发展进程的变化，皇城里面的建筑模式也随之发生变化。在元世祖忽必烈驾崩之前，皇太子真金病发身亡，这时的皇太子宫是由真金的妻子阔阔真和儿子铁穆耳居住。忽必烈死后，铁穆耳即位，称元成宗。元成宗死后无子，元仁宗母子入京发动宫廷政变，夺得皇权。元仁宗之兄元武宗率大军入京，元仁宗不得不将皇位让给元武宗，自己退位为皇太子，居住在东宫。而元武宗又在东宫的后面建造了一组宫殿，供皇太后居住，称兴圣宫。于是，这里就形成了太液池两岸4组建筑群的对峙。太液池东岸仍然是大明殿和延春阁两组建筑，而太液池西岸则是隆福宫（最初的东宫）和兴圣宫两组建筑。

通过这个变动，原来一主一辅的整体格局不见了，给人们的感觉是皇城内环湖而居的局面，而环湖而居正是游牧民族的生活习性，蒙古族又恰恰是来自草原的游牧民族，那么，这种格局正是游牧文化的充分体现。但是，这种表面现象与整个大都城的文化格局有着较大的差异，就是中轴线主题的存在。由于有了全城的中轴线，而大明殿和延春阁又正好坐落在中轴线上，这种文化主题的表现是压倒其他各种因素的存在。

当然，在大都皇城里面也有许多游牧文化因素的体现。如在宫殿的地上铺设有厚厚的毡毯，在宫殿的墙上夏天挂纱帐，冬天挂满兽皮等等，仿佛不是居住在宫殿里，而是在毡帐中。在宫殿里铺满砖石的地上，毡毯不是用来隔潮的，只是为了找到一种熟悉的感觉。又如在丹陛上种植誓俭草，也是为了让元太祖铁木真的子孙在来到中原地区之后，不要忘记草原才是蒙古族的根。这种文化理念一直延续到元朝灭亡。

在大都皇城里面还有一组重要的建筑就是琼华岛上的广寒殿。这组建筑位于皇城的中心太液池中，原来是仿照中国古代神话中的仙山模式。早在忽必烈建造大都新城之前，这里曾经是他处理政务的场所。而在忽必烈册封真金为皇太子之后，真金又以中书令的身份在此处理政务。琼华岛上的广寒殿非常宽敞，这里又成为忽必烈举行盛大宴会的地方。现存北海公园瓮城的大玉海，据传就是当年放在广寒殿里装酒的酒具。

三、传统礼仪设施的设置

在新建的大都城里，设置了许多重要的礼仪设施，也建造了大量的宗教活动场所，使得新建的大都城真正成为全国的文化中心。这些礼仪设施和宗教场所丰富了都城的文化内涵，使其不仅成为全国各种文化的交会之地，而且成为世界各国不同文化相互撞击、融合的重要国际大都会。

大都城里礼仪设施的设置和建造，表明元朝统治者对中华传统文化的尊重和继承，这种文化传承是此前许多少数民族政权的统治者皆表现出来的政治态度，其核心观念就是正统的合法地位。少数民族帝王在入主中原地区之后，广大汉族民众对于他们进行统治的合法地位常常表示出质疑，由此而产生民族矛盾及政治对抗。而当少数民族帝王采用中华传统文化，遵行各种礼仪制度之后就会增加广大民众的文化认同，减少政治对抗和民族矛盾，使其统治变得更加“合法”，社会更加稳定。许多有远见的少数民族帝王对此都有深刻的认识，并采取各项适当的举措。

元世祖忽必烈在建造元大都新城的时候，也充分考虑了这个重要因素，也才有了“左祖右社”的规划方案及太庙与社稷坛、郊坛等礼仪设施的陆续建造。元朝统治者是来自草原上的牧民，他们习惯的是游牧文化的视野，对于农耕文化有一个逐渐熟悉的过程，而对敬祖观念的认同，以及实行这套中原的礼仪制度也是如此。

据《元史·祭祀志》记载，蒙古帝王接受祭祖的观念始于元宪宗，他在祭天时把自己的父亲拖雷与元太祖铁木真一起加以祭祀，当时使用的方法，与中原地区的太庙祭祀制度完全不同，“其祖宗祭享之礼，割牲、奠马湩，以蒙古巫祝致辞，盖国俗也”。这是用的游牧文化的制度。而采用中原礼仪制度举行祭祖活动，始于元世祖忽必烈。

忽必烈在登上皇位不久，就在中书省的衙署中设置了祖宗牌位，用于祭祀。这时的中书省衙署，应该是指在燕京旧城的临时场地。翌年，忽必烈又在燕京的圣安寺建有瑞像殿，并把祖宗的牌位安放在寺中，而行祭祖仪式仍然在中书省的衙署中。祭祀礼毕，再把祖宗牌位放回到圣安寺去。到中统四年（1263年）三月，在燕京旧城“初建太庙”，再到至元三年（1266年）十月，“太庙成”。[①]这是元朝建造的第一座太庙，而这时大都新城的建造尚未开工，燕京旧城又没有宫殿建筑，自然也就没有“左祖右社”的规划设计。

及大都新城的建造按照规划落实的过程中，在皇城两侧建造太庙及社稷坛的工作也就陆续得到落实。至元十七年（1280年）十二月，“大都重建太庙成，自旧庙奉迁神主于祏室，遂行大享之礼”[②]。这座新太庙建成的时候，元大都的设计者刘秉忠已经死去六年了。而大都新旧两城太庙的建造过程，也是元朝祭祖礼仪形成和不断完善的过程。

如果说蒙古帝王对于祭祖的礼仪较为陌生，他们对社稷坛的认识更加陌生。社稷之神是农耕文化的典型代表，是农业生产的创造者，对于中原地区的广大民众而言，农业生产的重要性是不言而喻的，而

①② 《元史》卷四《世祖纪》。

对于草原牧民而言，是没有任何关系的。因此，蒙古帝王对祭祀社稷之神的礼仪采纳，也是比较晚的事情。据《元史》记载，首次提出祭祀社稷之神的，是元世祖忽必烈，他在至元七年（1270年）十二月下诏，“敕岁祀太社、太稷、风师、雨师、雷师”[①]。这时，尚未有京城社稷坛的建造。

史称：“（至元）三十年正月，始用御史中丞崔彧言，于和义门内少南，得地四十亩，为壝垣，近南为二坛，坛高五丈，方广如之。社东稷西，相去约五丈。”（《元史·祭祀志》）有些学者据此认为，大都城的设计，是没有“左祖右社”的规划的。这种说法是值得商榷的。首先，社稷坛建造的地点在皇城西侧，与太庙东西对称，这个结构，不是偶然的。它既不在皇城的东侧，也不在皇城的南面或是北面，有这样大的空地面积应该是预留的。正如太庙是在刘秉忠死后才建成的一样，社稷坛在刘秉忠死后才建成并不能否定大都城总体规划的存在。

其次，这样一处重要的礼仪建筑必须要经过严格的专家论证，不是随便想怎样建就怎样建的。在礼仪制度的研究方面，刘秉忠是专家，而崔彧当时只是一个负责监察的官员，他的建议只是促成建造社稷坛的开工，也就是说，在刘秉忠时已经有了“左祖右社”的规划，并且在与太庙相对称的和义门（今阜成门）内留下了相应的建筑用地，但是一直没有施工。到了至元三十年（1293年）正月，御史中丞崔彧提出应该开工建造社稷坛了，这项工程才得到落实。

再次，建社稷坛的活动并不局限于京城，而是天下郡县、乡里皆建有社稷坛。史称：“至元十年八月甲辰朔，颁诸路立社稷坛壝仪式。”这就表示，早在至元十年（1273年）八月，社稷坛的模式已经被确定了，而这时刘秉忠尚在人世。此后，“（至元）十六年春三月，中书省下太常礼官，定郡县社稷坛壝、祭器制度、祀祭仪式，图写成

① 《元史》卷四《世祖纪》。

书，名《至元州郡通礼》"[1]。再往后，元朝政府又规定，社稷坛必须建造在城镇的西南位置上，这是参照都城社稷坛的建造模式的结果。

大都城的另一处重要礼仪建筑为郊坛，这处礼仪建筑主要是为祭天所用。自古北方蒙古民族信萨满教，即有用萨满巫师祭天的各种仪式。及进入中原地区以后，才接触到农耕文化中的祭天礼仪，而尊行这种礼仪，始于元世祖忽必烈。史称，至元十二年（1275年）十二月，"于国阳丽正门东南七里建祭台，设昊天上帝、皇地祇位二，行一献礼。自后国有大典礼，皆即南郊告谢焉"[2]。这是元朝第一次正式举行的祭天活动，而活动的场所为大都新城南面丽正门外建造的祭台。

到元成宗即位后，继续实行中原地区的祭天活动，并且进一步把这种活动制度化，于是在原祭台之处建造祭坛，并且命主持礼仪工作的官员们深入探讨以往各朝代祭天的程序，从而确定了元朝的相关祭祀制度。此后，大臣哈剌哈孙等人又指出，古代天子每年举行亲祀大典的有三次，即祭天、祭祖宗、祭社稷。这三次祭祀活动非常重要，就算帝王不亲自主持祭祀活动，也要派遣政府要员主持仪式。这个建议得到元成宗的认可。

元成宗时建造的郊坛规模十分可观，史称："坛壝：地在丽正门外丙位，凡三百八亩有奇。坛三成，每成高八尺一寸，上成纵横五丈，中成十丈，下成十五丈。四陛午贯地子午卯酉四位陛十有二级。外设二壝。内壝去坛二十五步，外壝去内壝五十四步。"[3]与太庙、社稷坛占地几十亩相比，郊坛占地300多亩，确实很壮观。这处郊坛的祭祀仪制采用的是天地、日月、山川诸神合祭的模式，对后世的祭祀活动有一定影响。

---

①②③《元史》卷七十二《祭祀志》。

第六节　元大都的中轴线

在大都城里，中轴线虽没有贯穿全城，却是最重要的一条街道。这条中轴线的北端是在全城中心位置的钟鼓楼，而没有再往北穿越，南端则是都城的正南门丽正门，城外已经没有重要的对称建筑，也就很难再用“中轴”来加以形容。在这条短短的中轴线上却表现出极为丰富的文化内涵，几乎囊括了整个都城的文化主题。这些主题代表着中华文明几千年来的发展历程，都是用各种不同的建筑来加以表达的。

这条中轴线可以分成不同的区域，代表着不同的城市功能，也表达出不同的文化内涵。而诸多中轴线及其周围的建筑，又可以划分为主体建筑和附属建筑，以显示出不同的文化价值。因此，大都城的中轴线就是整个都市的精华所在，只有真正认识到中轴线的价值，才能够更深入地体会大都城的价值。

一、中轴线上的主要建筑

大都城的中轴线南端始于都城正南门的丽正门，北端为位于都城中心位置的钟鼓楼，全长约4000米。从丽正门往北，依次为千步廊、跨金水河上的周桥、皇城正门崇天门、宫城正门大明门、宫城正殿大明殿、后宫正门延春门、后宫正殿延春阁、宫城后门厚载门、御苑、皇城后门、海子桥，最后直达钟鼓楼。

丽正门是大都城的正南门，因为正南的位置非常重要，因此，在大都城的11座城门中，丽正门应该是最壮观的一座，但是随着朝代的变迁，这座城门早在几百年前已经被拆毁了，而元代文献缺乏，也只留下了一些十分可怜的信息。据残存的《析津志》一书记载：丽正门“门有三，正中惟车驾行幸郊坛则开，西一门亦不开，止东一门以通车马往来”[1]。由此可知，丽正门的城楼下面开有三个门，平常供居民出入的只是东边的门，西边的门长期关闭，中间的门是仅供皇帝出入使用的。

入丽正门，是一条长街，中间为御道，只有皇帝能够行走，两旁为其他人行走之道，称为千步廊。元代的千步廊长约700步，今天已经无法见到了。这一建筑格局，始于唐代，一直延续到清代。过了千步廊，前有一水，称金水河，河上有桥，称周桥。据《析津志》称："周桥义或本于诗，造舟为梁，故曰周桥。"[2]这种金水河与周桥的设置模式，也是唐宋以来的制度。

周桥是丽正门通往皇城的第一座桥，故建造得也比较宏伟。《大都宫殿考》称：金水河"上建白石桥，三座，名周桥。桥四石，白龙擎载，旁尽高柳，郁郁万株，远与城内海子、西宫相望，度桥可二百步，为崇天门"[3]。据此可知，周桥共有三道，桥石上雕刻有龙的图案。站在桥上，可以看到大都皇城的景色。又一说为："直崇天门有白玉石桥，三虹，上分三道，中为御道，镌百花蟠龙。"[4]二者可以互相参证。

跨过周桥，是皇城正门崇天门。关于崇天门的记载，已经比较详细了。大都的皇城共有六门，南面三门，崇天门东边为星拱门，西边为云从门。东面1门，为东华门，西面1门，为西华门，北面1门，为厚载门。其中，尤以崇天门最壮丽。门楼"十二间，五门，东西一百八十七尺，深五十五尺，高八十五尺。左右趓楼二，趓楼登门，两斜庑十门。阙上两观，皆三趓，楼连趓楼东西庑，各五间。西趓楼之西，有涂金铜幡竿"[5]。其他皇城各门的门楼或七间，三门；或五间（或三间），一门。而这些皇城的门楼"皆金铺、朱户、丹楹、藻绘、彤壁，琉璃瓦饰檐脊"。崇天门今已不存，但是通过这些描述，犹可想象其壮观的情景。

---

①②③ 《日下旧闻考》卷三十八《京城总纪》。

④⑤ ［元］陶宗仪：《南村辍耕录》卷二十一《宫阙制度》。

进入崇天门之门，面对的就是宫城正门大明门。大明门的规模与崇天门相比，要逊色一些。据相关文献记载："大明门在崇天门内，大明殿之正门也。七间，三门，东西一百二十尺，深四十四尺，重檐。"①而在大明门两侧，又有东侧的日精门和西侧的月华门，皆为三间，一门。大明门的三门应该也是皇帝走中门，大臣、贵戚走两旁的门。

进入大明门，就是皇宫正殿大明殿。史称："大明殿乃登基、正旦、寿节、会朝之正衙也。十一间，东西二百尺，深一百二十尺，高九十尺。柱廊七间，深二百四十尺，广四十四尺，高五十尺。寝室五间，东西夹六间，后连香阁三间，东西一百四十尺，深五十尺，高七十尺。"②这座宫殿应该是大都皇城中最宏伟的建筑。

它的装饰也是最豪华的。"青石花础，白玉石圆碣，文石甃地，上藉重茵，丹楹，金饰龙绕其上。四面朱锁窗，藻井间金绘饰，燕石重陛，朱阑，涂金铜飞雕冒。"大殿中又安置有七宝云龙御榻、七宝灯漏、大玉海、漆瓮、玉笙、玉编磬、玉箜篌等宝物。而在大明殿两侧又建有文思殿和紫檀殿，大明殿之后又建有宝云殿，形成一组宫殿建筑群。

在宝云殿后面，是皇后居所的正门延春门，"五间，三门，东西七十七尺，重檐"。从规模上来看，比大明门要小三分之一。而皇后居住的延春阁，比大明殿也要小一些，宽度、纵深都略为逊色，但是高度却比大明殿要略高，有一百尺，"三檐重屋，柱廊七间，广四十五尺，深一百四十尺，高五十尺。寝殿七间，东西夹四间，后香阁一间，东西一百四十尺，深七十五尺，高如其深。重檐"。这座宫殿的装饰也很豪华，"文石甃地，藉花毳裀，檐帷咸备。白玉石重陛，朱阑，铜冒楯，涂金雕翔其上。阁上御榻二，柱廊中设小山屏床，皆楠木为之，而饰以金"。延春阁后寝殿两侧又建有慈福殿和明仁殿，形成另一组宫殿群。

①② ［元］陶宗仪：《南村辍耕录》卷二十一《宫阙制度》。

在延春阁后，建有厚载门。出厚载门有御苑，是宫内种粮、种菜、种瓜果的地方，时称：在御苑内“有熟地八顷，内有田。上自构小殿三所。每岁，上亲率近侍躬耕半箭许，若藉田例。次及近侍、中贵肆力。盖欲以供粢盛，遵古典也。……苑内种莳，若谷、粟、麻、豆、瓜、果、蔬菜，随时而有。皆阉人、牌子头目各司之，服劳灌溉。以事上，皆尽夫农力，是以种莳无不丰茂。并依《农桑辑要》之法。海子水逶迤曲折而入，洋溢分派，沿演渟注贯，通乎苑内，真灵泉也。蓬岛耕桑，人间天上，后妃亲蚕，寔遵古典”①。由此可见，御苑应该是皇城里面热闹的场所之一。

御苑开有红门四座，出御苑红门，直达万宁桥。万宁桥又称海子桥，时称：“万宁桥在玄武池东，名澄清闸。至元中建，在海子东。至元后复用石重修。虽更名万宁，人惟以海（子）桥名之。”②据此可知，这座桥是在至元年间建造的，当时应该是座木桥。至元以后，才改用石材重建。这座桥至今尚存，因此成为确定元大都中轴线的一个重要坐标。

过了万宁桥，就来到了元大都中轴线最北端的钟鼓楼，鼓楼在前，钟楼在后，南北并立。大都城的鼓楼又称齐政楼，时称：“齐政楼都城之丽谯也。东，中心阁。大街东去即都府治所。南，海子桥、澄清闸。西，斜街过凤池坊。北，钟楼。此楼正居都城之中。……齐政者，书璇玑玉衡，以齐七政之义。上有壶漏鼓角。俯瞰城堙，宫墙在望，宜有禁。”③据此可知，第一，“此楼正居都城之中”，是全城的中心点。第二，南面与海子桥相对，北面与钟楼相对，正是建在中轴线上。

鼓楼北面的钟楼也是大都城里受人瞩目的建筑之一。时称：“钟楼京师北省东，鼓楼北。至元中建，阁四阿，檐三重，悬钟于上，声远愈闻之。”又称：“钟楼之制，雄敞高明，与鼓楼相望。本朝富庶

① 《析津志辑佚·古迹》。

② 《析津志辑佚·河闸桥梁》。

③ 《析津志辑佚·古迹》。

殷实莫盛于此。楼有八隅四井之号。盖东、西、南、北街道最为宽广。”[①]据此可知，元大都的钟楼和鼓楼，不仅是城市的中心点，还是四通八达的交通枢纽。

二、中轴线两侧的主要建筑

在元大都中轴线两侧，还建有许多对称的建筑，从而使得中轴线的主题更加突出。在诸多对称的建筑中，尤以太庙与社稷坛的地位最为重要，即所谓的“左祖右社”。祖是祖先，自从夏代家天下以来，帝王的祖先就被放在最重要的地方而加以尊崇，以显示统治者的合法地位。社稷原来是发明农业生产的神灵，经过多年的引申，变成了国家和土地的象征。要从事农业生产，前提就是要有土地，“耕者有其田”是中国古代的一种理想模式。因此，作为国家代表的首都，当然要设置太庙和社稷坛这样的礼仪建筑。

新大都城的太庙，设置在皇城东侧的齐化门（今朝阳门）内，是在建造大都新城时一起建造的。而讲到太庙的模式，就不能不从大都旧城的太庙说起。元代建造的第一座太庙是在中统四年（1263年）三月，是由主持祭祀活动的官员太常卿徐世隆建议的，当时议定的建造模式是“七室之制”，并且在至元元年（1264年）建完。但是，在完工后又加以改造，变为“八室”之制，改造工程在至元三年（1266年）完成。这是建造的第一座元代太庙，采用的是“同堂异室”的制度。

这处大都旧城太庙制度的改变，不仅是多一间或是少一间祭室的问题，它涉及祖宗世数、尊谥、庙号、增祀、功臣配享等诸多重要的问题，而且改建的工作是由宰相安童等人主持完成的。最初的太庙“七室”中，元太祖夫妇为第一室，元太宗夫妇为第二室，拖雷（忽必烈之父）夫妇为第三室，术赤（拖雷长兄）夫妇为第四室，察合台（拖雷次兄）夫妇为第五室，元定宗（太宗之子）夫妇为第

① 《析津志辑佚·古迹》。

六室，元宪宗（忽必烈长兄）夫妇为第七室。而在改造后增加的第一室（以下依次后推）中，安置的是元太祖之父也速该，被称为烈祖神元皇帝。其他各位也都增加了谥号和庙号，被称为太祖圣武皇帝、太宗英文皇帝、睿宗（拖雷）景襄皇帝等等。大都旧城的太庙存在的时间并不长，却为新都城的太庙建造奠定了坚实的基础。

大都新城的新太庙位于皇城东面的齐化门（今朝阳门）内路北，始建于至元十四年（1277年）八月，初步竣工于至元十七年（1280年）十二月。这时新太庙建有正殿、寝殿、正门及东西门。在建造新太庙的时候，有些官员提出了两种不同的模式，即“都宫别殿”与“同堂异室”。所谓别殿就是为每位帝王自建一殿，而异室则是在一座殿堂里，每位帝王各分一室。对于采用哪种形式来建造新太庙，当时人认为：“欲尊祖宗，当从都宫别殿之制；欲崇俭约，当从同堂异室之制。”[①]元世祖最终采用了比较俭约的“同堂异室”之制，而新太庙最终完工于至元二十一年（1284年）三月。新建的大都太庙实际上又恢复了燕京旧城最初太庙的模式，前庙后寝，庙分七室。

此后，随着历史发展不断变化，太庙的模式也在不断变化。“同堂异室”的格局没有变，却从“庙分七室”变为“九室”“十五室”，在不断增加“室”数，以安置更多元朝的帝王。当然，随着元朝政治局势的变化，供奉在太庙中的帝王也在发生变化。如元武宗兄弟在夺得皇权后，把元太宗、元定宗等人的神主排除出太庙，而把他们的生父追谥为顺宗，又把元成宗的父亲追谥为裕宗，加入到太庙中来。此后，泰定帝、元文宗、元顺帝各朝，也都对太庙中供奉的帝王进行过较大的调整。

在元大都中轴线西侧的社稷坛的建造时间比太庙要晚一些，但是，祭祀社稷的礼仪施行得并不晚。据《元史》称：至元七年（1270年）十二月，元世祖忽必烈“敕岁祀太社、太稷、风师、雨师、雷

① 《元史》卷七十二《祭祀志》。

师”[1]。这里的“太社、太稷”就是京城社稷坛祭祀的神灵，只是社稷坛尚未建好，而相关的祭祀仪式已经在拟定和施行之中。

现在，人们谈到元大都社稷坛的建造功劳，往往归功于御史中丞崔彧，史称：“（至元）三十年正月，始用御史中丞崔彧言，于和义门内少南，得地四十亩，为壝垣，近南为二坛，坛高五丈，方广如之。社东稷西，相去约五丈。社坛土用青赤白黑四色，依方位筑之，中间实以常土，上以黄土覆之。筑必坚实，依方面以五色泥饰之。四面当中，各设一陛道。其广一丈，亦各依方色。稷坛一如社坛之制，惟土不用五色，其上四周纯用一色黄土。”[2]这种说法比较流行。但是，我们通过梳理相关史料，却可以得出完全不同的结论。

同样是《元史》的记载，又一说为至元二十九年（1292年）七月：“壬申，建社稷和义门内，坛各方五丈，高五尺，白石为主，饰以五方色土，坛南植松一株，北墉瘗坎壝垣，悉仿古制，别为斋庐，门庑三十三楹。”[3]也就是说，社稷坛的建造比崔彧的建议要早一年。

又据《元史》记载，至元年间主持中央政府祭祀工作的官员为田忠良，史称：“（至元）二十四年，请建太社于朝右，建郊坛于国南。俄兼引进使。二十九年，迁太常卿。”[4]据此可知，田忠良早在至元二十四年（1287年）就提出要在皇城西侧建造社稷坛。而且在建造社稷坛这一年，他又正好升任太常寺的主持官员太常卿。由此可见，元大都社稷坛的建造工程是田忠良提出并主持的，崔彧有据为己有的嫌疑。

到了元成宗即位之后，田忠良升任昭文馆大学士，仍然兼任太常卿。因此，这时修建的丽正门外郊坛，应该也是他首先提倡并主持建造的。元成宗死后，在元武宗、元仁宗时，田忠良仍然受到重用，历任大司徒、光禄大夫、领太常礼仪院事。当然，对于“左祖右社”的

---

① 《元史》卷四《世祖纪》。

② 《元史》卷七十二《祭祀志》。

③ 《元史》卷四《世祖纪》。

④ 《元史》卷二百三《田忠良传》。

礼仪制度，并不是刘秉忠的创新，而是大多数对儒家学说有研究的政府官员们的共识，既代表了刘秉忠的观点，也代表了田忠良、崔彧等人的共识。

元大都的社稷坛在建造之前已经对其有了充分的研究，因此，在建造的过程中比较顺利。主体建筑为供祭祀之用的社稷坛，元代采用的是社坛与稷坛分祭的模式，社坛以土地为主要文化内涵，稷坛则以五谷为主要文化内涵。国土有四方，故而社坛以五色土为主题，青、赤、白、黑四色分别代表东、南、西、北四方，依次铺设，而黄色代表中央，也就铺在中间的位置上。稷坛不分五色，皆以黄土铺设。

社稷坛的辅助设施特别多，仅据《元史・祭祀志》的记载，即有望祀堂、齐班厅、献官幕、祠祭局、仪鸾库、法物库、都监库、雅乐库、大乐署、馔幕殿、乐工房、官厨、神厨、酒库、牺牲房，又有执事斋郎房、监祭执事房等等。通过这些设施的建造，可以显示出祭祀社稷之神的活动十分隆重，也十分复杂。

第七节　大都城及中轴线的文化内涵

大都城的建造是中国古代都城建设史上的一座里程碑。这是因为当时人们在规划这座都城时，已经有了非常完备的哲学理念，即地上的城市模式应该与天上的星辰密切联系在一起，这种联系表现出宇宙运行的基本规律。而对宇宙运行规律的把握，表明中国古代天文历法的发展达到了世界领先的地位。

大都城的另一个文化主题就是突出皇权的威势。在元朝的建立过程中，蒙古统治者逐渐接受了中原文化中的儒家政治学说，而这个政治学说的核心就是皇权至上，为了突出这个文化主题，大都城的规划者把皇城放在了全城的南面，同时又在中轴线的中心部位。这个文化主题不仅是对此前的宋代和金代都城设计模式的完美继承，而且有了进一步的发展。

一、上天是至高无上的

在中国古代，天与人的关系一直是人们特别关注的问题。在当时人们的观念中，天有着两层含义。第一层是自然属性的天，有着各种不同的变化。如一年四季的冷暖变化，风雨、雷电的阴晴旱涝，以及日食、月食、地震等异常现象的出现。这些变化会给人类社会的发展带来巨大的影响。

天的第二层属性是社会属性，这种属性是人们在观察天体运行现象的时候所产生的人为想法。例如，认为人类社会的发展是受到上天控制的，国家的统治者是受到上天眷顾的，故而又称“天子”。又如自然界的变化都受到上天的控制，风雨旱涝和地震等灾害是上天对统治者错误行为的警告，从而衍生出来上天的代理者龙王、风神、雷神等，代替上天行使职责。

因此，作为国家的统治者，古代的帝王们是把敬天放在极为重要的位置上。而掌握天体运行规律，遵循天体的自然变化，正是敬天的一项主要内容。中国古代天文历法之所以十分发达，就是和人们对天的认识密切相关的。从自然现象的角度来看，中国古代的农业生产主要是“靠天吃饭”，故而人们希望预先把握自然变化的规律。从社会现象的角度来看，作为统治者的帝王是否是“天子”，将成为其统治地位是否合法的重要依据。

在远古时期，负责与上天沟通的是巫者，而巫者的一项专长就是观测天象，以印证人间祸福。随着历史的发展，观测天象就成为一项专门的学问，而用观测的结果总结天体运行的规律，并加以记录，世代相传，就产生了天文历法。在中国古代，往往在朝代更替之时，新的统治者会颁布新的历法。中国历史上朝代不断变更的结果，就给我们留下了几十种不同的历法。元朝颁行的《授时历》就是在统一全国后重新修订的一种历法。

对于宇宙的运行规律，普通人除了对日升日落、月圆月缺的明显变化有所了解之外，更深入的研究是很少的，大多数的人只是按照时间的流逝而有规律地生活着。但是，作为主持天文历法颁行工作的官员，就有更大的责任，要预先确定日食、月食的时间，以及四时的节气等等。而为了把这些天体运行的规律表达出来，就要从计算每天的12个时辰开始。

时间的尺度是人们从事社会活动的标准，没有这个标准就会给整个社会带来混乱。如政府官员的上班（当时称为上朝）时间有明确规定，通常是不允许迟到的。特别是由皇帝主持的办公会，大臣们更是要早早就恭候在皇宫的旁边。又如城市中的商业活动，由政府主管的商市，每天几点开门营业，几点关门歇业，都有严格规定，商家和民众都必须遵守。再如民间形成的庙会，每月初几开市，也有固定的时间。这些时间如果搞乱了，整个社会秩序都会出大问题。

又如在元代之前的相当长一段时期里，城中的人们都是居住在封闭的坊里之内，每天坊门打开，人们才能够出去从事各种活动，而在坊门关闭之前必须赶回，否则将会受到严厉责罚。这种坊门的开启和关闭是有严格时间规定的，相关的政府官员和吏人是不敢擅自改变的。因此，时间的把握在社会运行过程中处于非常重要的地位，只是一般人意识不到而已。

在一座城市中，特别是在都市中，时间早晚的依据就是建造的鼓楼和钟楼在早晨敲钟、晚上击鼓以报时，就成为一种社会运行的秩序。钟鼓楼有着十分重要的作用，因此，在许多城市中都被放在重要的位置。在一些规模较小的城市中，钟鼓楼被放在城中心的地方，以便全城的居民都能够听到钟鼓楼报时的声音。而在元大都之前的诸多古都中，钟鼓楼则往往被安置在皇城前面，东西相对，钟楼在东，鼓楼在西。

元大都的规划者打破了以往的模式，把鼓楼和钟楼也放在了全城的中心位置。一方面，这种格局使得敲击的钟鼓声可以响遍全城，为众多居民提供计时的便利服务（因为当时人基本上没有使用钟表的），这种服务是非常重要的。另一方面，则表现出都城的规划者突出了上天的至高无上这一文化主题。最重要的设施才会被放在最重要的地方，而全城的中心位置就是最重要的地方。

元大都的鼓楼又被称为齐政楼，帝王治理国家的依据是时间的运转，所谓“在璇玑玉衡，以齐七政”[①]。璇玑、玉衡都是测量天体运行规律的仪器。故古人又曰：“日月之行，星辰之次，仰观俯察，事合逆顺，七政之齐，正此类也。”[②]古人认为，帝王、大臣治理国家的得失会反映在天体运行的过程中，如果施政得道，天体就会正常运行，如果理民失道，天体运行就会出现异常。文中所谓“事合逆顺”就是指顺天道治国还是逆天道施政。

当然，出于为统治者提供服务的需要，元大都城的设计者也在皇城里面设置有钟楼和鼓楼。“钟楼，又名文楼，在凤仪南。鼓楼，又名武楼，在麟瑞南。皆五间，高七十五尺。”[③]凤仪门和麟瑞门是大明殿两侧的宫门，据此可知，在皇宫正殿——大明殿两侧是分别建有钟

① 《尚书·舜典》。

② ［清］顾炎武：《日知录·天文》。

③ 《南村辍耕录·宫阙制度》。

楼和鼓楼的。

二、皇权是中轴线的核心

元大都的规划者在全城的中心点安置鼓楼和钟楼的同时，又在中轴线的中心位置安置了皇城，表现出了另一个突出的文化主题——皇权是整个国家的统治核心。要做到这一点，元朝的蒙古帝王有个渐进的过程。从元太祖铁木真建立大蒙古国开始，源自原始民主制的部落贵族会议——忽里台大会就一直在发挥着重要的政治作用。所有新即位的帝王都必须经过忽里台大会的认可，才有“合法”的统治地位，元太祖是如此，此后的各位帝王也是如此。

作为元朝的创建者忽必烈，在夺得皇权之前，也要召开忽里台大会，以表示自己是蒙古国的“合法”继承者。这种做法，显然与中原传统的嫡长子继承制是矛盾的，是对皇权至高无上权威的挑战。皇位的继承不是以血脉的亲疏为判断标准，而是以实力强弱来决定皇权的归属，这种现象在元朝的历史上屡见不鲜。这显然也是一种文化表现，元朝皇位不是某个帝王的专属品，而是整个黄金家族的专属品。谁能代表黄金家族，才有权力当皇帝。

元世祖忽必烈在建立元朝的过程中是想改变这种游牧文化的状况，加强中央集权，实行嫡长子继承制。但是，皇太子早夭，皇太孙即位（称元成宗）后又无子而死，造成宫廷政变，强势者夺权，从此就使得皇位的继承一直处于无序的混乱之中，直到元朝的灭亡。忽必烈在建造元大都的时候是以突出皇权为文化主题的，故而皇宫正殿和皇后正宫都建造在都城的中轴线上。这种意图是十分明显的。

但是，元成宗死后，元武宗、元仁宗兄弟夺得皇权。元仁宗在宫廷政变中功劳很大，元武宗不能传位给自己的儿子，而把弟弟元仁宗立为皇太子，住在太液池西岸的东宫里。而母亲答己在政变中的功劳也很大，元武宗又不得不在皇城内的太液池西岸为他母亲答己建造了兴圣宫，这种环湖四组宫殿建筑的布局，恰恰表明了元朝的皇权要受到黄金家族其他成员的限制，从而削弱了皇权的威力。

虽然游牧文化在元朝的宫廷文化中占有十分重要的地位，但是元世祖忽必烈所推行的汉法仍然有着较大影响，其中的一项就是皇宫正殿大明殿在这四组宫殿中占有支配的地位。这一点，通过大明殿的功能是可以体现出来的。首先，每年元旦（今天的春节）在这里举行的大朝会是帝王会见百官、同庆新年的重要仪式。参加这个仪式的人在元朝都有着显赫的地位。同时，这里又是元朝帝王举行寿诞庆贺活动的地方。

其次，新皇帝的登基仪式、皇后及皇太子的册封仪式等也都是在这里举行。作为元朝帝王的登基，既要采用游牧文化形式的忽里台大会，也要举行在大明殿即位和颁诏天下的仪式，以表示他的合法地位。如元武宗死后，元仁宗作为皇太子，是应该继承皇位的，他为了表示谦逊，准备在东宫举行即位仪式，遭到汉族大臣的反对，最后是在大明殿举行的即位仪式。而诸位帝王的皇后及皇太子的册封也是在大明殿举行仪式，同样体现的是中原传统文化的理念，以确定皇后及皇太子的“合法”地位。

最后，这里是元朝帝王接见各种重要人物的地方。如至元年间，大将阿术随伯颜攻伐南宋，在至元十三年（1276年）九月，“两淮悉平。冬，北觐见世祖于大明殿，庭陈宋俘，设大谳贺”。[①]这是元世祖在大明殿接见平宋大将并设宴会加以庆祝。又如同伐宋的大将高兴，“（至元）十六年秋，召入朝，侍燕大明殿，悉献江南所得珍宝”[②]。由此可见，仅因平定南宋一事，世祖忽必烈就在大明殿多次接见将领们。此外，至治元年（1321年）三月，即位不久的元英宗“御大明殿，受缅国使者朝贡”[③]。以示对使者的重视。

据此可知，作为皇宫正殿的大明殿，在元大都的皇宫中占有十分重要的地位，这显然是与皇权的至高无上有着密切的联系，因此，它才占据着都城中轴线的核心位置。这个位置是其他任何皇宫建筑都不

---

① ［元］苏天爵：《国朝名臣事略》卷二《丞相河南武定王》。

② 《元史》卷一百六十二《高兴传》。

③ 《元史》卷二十七《英宗纪》。

可能占用的。虽然受到游牧文化的影响，元朝的皇权受到诸多蒙古贵族权力的冲击，但是皇权仍然是整个国家的最高权力，从而使得代表皇权的大明殿必然被安置在中轴线的核心位置上。

三、对大都城及中轴线的评价

元大都城是中国古代都城建设史上的一座里程碑，而元大都城的中轴线在古代都城的中轴线建设中也具有标志性，是一种新文化理念的体现。在中国古代，很早就有了都城的设置，而不同时代建造的都城，都会体现出不同的文化理念。这种文化理念的发展变化，导致了不同都城模式的发展变化，体现了不同时代人们对传统文化的认识程度。

先秦时期，人们对都城的最突出认识是等级差异，这种差异表现为尺寸的大小。据《周礼·考工记》称："匠人营国，方九里，旁三门。国中九经，九纬，经涂九轨，左祖右社，面朝后市。"这里所说的"匠人营国"就是指为天子建造都城，其大小为"方九里"。后人又称："公之城盖方九里，宫方九百步；侯、伯之城方七里，宫方七百步；子、男之城方五里，宫方五百步。"[①]这里所说的公、侯、伯、子、男是周代分封诸侯的等级，他们建造的都城也就有了"方九里""方七里""方五里"的差异，而他们认为这时天子的都城是"方十二里"的。

天子的都城不仅规模更大，城墙、城门、皇城、宫城都要比诸侯国的都城大一个等级。这种等级差异当然是一种文化理念的体现。周朝建立时分封成百上千的诸侯国，每个诸侯国的都城建造的大小肯定是不一样的，但是都不能超过天子的都城则是肯定的。第一，诸侯国的经济实力是无法与天子相比的，因此在都城建造方面是受到一些限制的。第二，诸侯国的经济实力很强，也要受到当时文化观念（当时的等级观念）的束缚，谁也不愿意背上僭越的罪名，而受到其他诸侯

---

① 《全晋文》卷六十七《诸王公城国宫室章服车旗议》。

国的攻击。

在先秦时期的都城模式中，或者说是自周代以来的都城模式中，皇城和宫城都是建造在整个都城的中心位置，形成了三个方形相互嵌套的状态。这种模式的文化观念只有一个，即都城居天下之中，天子居都城之中。中央的位置是都城中最尊贵的位置。臣民应该围在天子周围，诸侯应该围在都城周围。自秦朝扫平诸侯，设置郡县，全国的都城只有一处，即咸阳。此后汉、唐的都城长安与洛阳，则是其他任何一座城市皆无法与之相比的。

在秦汉时期的都城，开始出现了对中轴线的初步认识，因为皇城在都城中的位置大多是在全城的北面，中轴线自然是在皇城的南面。这种认识不断加深，皇城和都城的建设也就变得越来越对称。皇城建在都城的北面是与当时人们的观念相一致的。《春秋谷梁传》中称："南门者，法门也。"其注曰："法门，谓天子、诸侯皆南面而治，法令之所出入，故谓之法门。"这表明北面是尊崇的位置，是统治者占据的位置，而南面则是被统治者居住的地方。当时还有一个特点，就是皇城的中轴线往往与都城的中轴线不一致。也就是说，二者还没有真正融为一体。直到隋唐时期，皇城占据都城北面的模式没有发生太大变化。

宋朝建立之后定都开封府，营建宫室，又回到先秦时期的模式，把皇城和宫城放在了都城中央的位置。这时的都城也是三纵三横道路的交通结构，都城的中轴线正好是三纵道路中间一条，同时又是皇城和宫城的中轴线。这条中轴线穿越了整座都城。此后，金朝攻灭北宋，金海陵王迁都燕京，在营建新都城的时候完全模仿的是北宋开封府的模式。为了把皇城和宫城放在全城的中央，又把燕京城的南面和西面（一说还有东面）加以拓展。因此，从文化观念而言，这时的人们已经忽略了北面君临天下的模式，而更注重天子居于天下之中的模式。就地理环境而言，开封府可算是北宋的疆域中心，而燕京也可算是金朝的疆域中心，故而海陵王改称燕京为中都。

元朝营建大都城之后，都城设计者的文化观念又有了新的发展变化。从形式上来看，第一，把鼓楼和钟楼放在了全城的中心，皇城既不在全城的北面，也不在全城的中心。这种模式更加准确地体现了“面朝后市”的思想，南面是皇城，北面是商市。而在皇城和商市中间的则是钟鼓楼。这种模式是以前历代都城从来也没有过的，体现了都城设计者鲜明的独创精神。

第二，都城设计者把全城的中轴线从都城的正南门向北延伸，一直到达鼓楼后面的钟楼，而没有继续向北延伸。从形式上来看，这条中轴线只有全城纵向一半左右的长度。人们不禁要问，为什么中轴线到了钟鼓楼就截止了，而没有延伸到都城的北城墙？因为大都城的北面只有两座城门，而不是三座或是四座。而为什么会出现这种现象，存世的历史文献尚无明确记载。我们认为，这是因为都城设计者把相关阴阳五行的观念带到了大都城的规划之中。

大都城的另一个重要文化标志就是“左祖右社”。虽然早在先秦时期人们就有了“左祖右社”的文化模式，但是在历代统治者修建都城的时候，却很少有人真正落实这个文化模式。大多数的统治者都非常重视太庙的建造，却很少有人把社稷坛抬到与太庙同等的重要地位。因此，在许多朝代的都城建设中皆把太庙放在皇城的左前方，如洛阳、开封、金中都等，但是却没有把社稷坛放在皇城的右前方。只有到了元大都城的建造过程中，才把太庙和社稷坛放在了同等对称的地方。

在大都城的建造过程中，有一个文化现象是值得注意的，就是儒家思想的主题贯穿了整个都城建造。首先，坊里数量的设置是以儒家《易经》的思想为依据，设置为49个，取“大衍之数”。都城中坊里的数量可多可少，唐代长安城有坊里数百个，元初的燕京旧城也有坊里62个。元大都城的面积要大于燕京旧城，是可以设置更多的坊里数量的，却只设置了49个，就是为了突出易学的主题。至于这49个坊的坊名，也绝大多数出自儒家的经典著作。

还有一个现象值得注意，近年来有人声称，元大都的中轴线如果向北延伸，可以一直连接到元上都。对于这种说法，我们认为只是一个历史的偶然巧合，没有任何的实际意义。第一，元大都的设计者已经表明，大都城的中轴线北端就是到钟鼓楼为止，连大都城都没有贯穿，又怎么会一直延伸到元上都城去呢？第二，忽必烈在建造开平府（即元上都）的时候，根本无法预料自己会登上皇帝的宝座，也无法预料要在燕京城的东北建造新的大都城，又怎么能够用一条看不见的中轴线将二者贯穿在一起呢？

第四章

壮丽北京

明代北京城共有三重：最中心为宫城，又称紫禁城，为皇帝及其家庭成员居住的地方；宫城之外为皇城，内有太庙、社稷坛、御苑及内务府等机构；最外层为北京城。明代嘉靖年间，在原北京南城墙外加筑外城，至此北京城由原先的四方形变成了“凸”字形的平面结构。明代北京城的中轴线是在元大都基础上形成的，并向南北延伸，从而使得北京城中轴线的纵深拉长。同时，随着明代北京城营建工程的完成，位于中轴线上的建筑不断增多，城市中轴空间结构和层次更丰富。如今北京城依然能够看出明代遗留下来的痕迹，除了一些历史文物的遗存外，北京城中轴线的设置也十分明显。

第一节　明代中轴线与北京城市文化布局

明朝建立，朱元璋选择定都南京，但由于明初分封藩王留下了巨大的隐患，朱元璋死后，燕王朱棣起兵靖难，占领南京，夺取皇位，并将国都由南京迁往北京，这对明代乃至明以后的中国历史都造成了重大的影响。在都城的选择与迁移过程中，朝野内外出现了很多的争论，明朝的元老们大都反对迁都，而新皇帝明成祖朱棣力排众议，开启了北京城的建设，并将都城迁往北京。

一、明初北方政治军事形势

1402年，也就是朱元璋死后的第四年，燕王朱棣兵临南京城下，攻破南京，夺取了他侄子朱允炆的帝位，为什么短短四年间明朝会发生这么大的变动呢？这一切还得从明初朱元璋分封诸王开始谈起。

所谓封建，即封邦建国，也就是除了皇帝控制的王畿之外，把其他的土地分给宗亲或者子嗣，并让他们捍卫皇室。西周时期，首开分封制之先河；西汉时，刘邦实行郡国并行制，也就是既设立郡县，又分封藩国；西晋时期，晋武帝分封诸王；明代初年，朱元璋也在全国推行分封诸子。从历史上来看，分封制是有很大的弊端的，周朝希望“封建亲戚，以藩屏周”，却发展成春秋五霸、战国七雄的乱世；西汉分封，以固邦本，但在汉武帝削藩时却出现了“吴楚七国之乱”；西晋希望以分封来巩固统治，但司马宗室的藩王成员却联合起来争夺中央政权，爆发了长达16年之久的“八王之乱”，在这之后，西晋进入“五胡乱华”时期，“八王之乱”大大加速了西晋的灭亡；而明朝的分封，也是在很短的时间内便爆发了内战，导致了帝位的更迭。分封制有着如此明显的弊端，为何明太祖朱元璋还是要在1000多年后继续实行这样的制度呢？这既与明初的政治形势有关，也受朱元璋个人的性格因素影响。

朱元璋曾说：“惩宋、元孤立，失古封建意，于是择名城大都，豫王诸子，待其壮而遣就藩服。”[①]由此可以看出，朱元璋主要是吸取了宋元时期没有实行分封，王室孤立，最后亡国的教训，但宋元灭亡与分封其实是没有关系的。早在秦朝，当时的丞相李斯就指出了分封制的弊端，朱元璋仍坚持实施这样的政策，无疑是一种历史的倒退。

1370年，朱元璋正式下诏分封诸王，而在前一年，朱元璋颁布了《皇明祖训》，确定了分封诸王的权力，诸王虽然没有行政管辖权，“惟列爵而不临民，分藩而不赐土”[②]，可是却有很大的军事权力，可以控制3000～19000人的护卫亲兵，还规定如果朝中有奸臣擅权，可以“领天子密诏”以“清君侧”的名义索取奸臣。朱元璋共有26个儿子，其中太子不用分封，第26子早夭，没有分封，其他儿子都被分封到全国各地，分封的王子中一部分分在内地以防止叛乱，一部分则镇守北边以防蒙古。其中分封在北方边境的诸王们势力最大，因为他们面临的军事压力最大，因此也就掌握了强大的军队。

明初分封诸王控制着北方边界和东北地区，“据名藩，控要害，以分制海内”，虽然朱元璋对这些封王制定了一些约束，但由于北边远离南京，朱元璋又对大臣很不信任，因此，将北方的军事大权都交给了这些王子，燕王朱棣掌兵十万；宁王朱权“带甲八万，革车六千，所属朵颜三卫骑兵皆骁勇善战”[③]；晋王朱棡也是很早就表现出了军事才能，曾与燕王一起深入蒙古草原作战，晋、燕二王尤其为明太祖所重视，连像开国功臣冯胜、大将傅友德这样的官员将领都要听从他们的节制。整个明代，元朝的残余势力给明朝以巨大的压力，可是之所以会让元朝顺利退到蒙古，这与朱元璋的军事策略也有直接的关系。元末战争时，朱元璋采取保守的军事策略，为了防止山西的扩廓帖木儿，陕西的李思齐、张良弼等与元顺帝联合起来，虽然徐达提醒他“进师之日，恐其北奔，将贻后患，必发师追之”，徐达告诉朱元璋让蒙古北逃将会遗患无穷，但朱元璋还是选择了放任他们逃亡草

---

① 《明史稿》卷一百八《诸王传》1。

② 《明史纪事本末》。

③ 《明史》卷一百十七《诸王传》。

原，而采取“即固守疆围，防其侵扰”的防御战略，这样做在当时或许是正确的，但却实在是遗患无穷，给后代处理蒙古问题留下很大的隐患。1368年，明军攻占元大都，改名北平，元顺帝仓皇地从大都逃到应昌，虽然元朝退往了漠北，可帝位仍然代代相传，后被明军从应昌赶往了和林。

燕王朱棣所占据的北平是抵抗蒙古侵扰的前线，统率十万军队，曾在与蒙古的战斗中大败元太尉乃儿不花，由此名声大震，后在多次战争中表现出军事才能，深得明太祖喜爱。1370年，朱棣被封为燕王，但直到1380年才赴北平就藩。北平的燕王府在1369年便已开始修筑，当时本应赴任湖广参政的赵耀改为北平行省参政，并根据命令在元代留下的旧皇城基础上改为王府，在《明太祖实录》中记载“燕用元旧内殿”[①]，由于这一记载十分模糊，也就给我们确定燕王府的具体位置造成了困难。一种说法是认为燕王府在北京西苑，朱国桢记载“文皇初封于燕，以元故宫为府，即今之西苑也，靖难后，就其地亦建奉天诸殿，十五年改建大内于东，去旧宫一里许”[②]，如果从这条文献看，会把燕王府认为是在西苑，也就是《明太祖实录》中所记的旧宫，如果这样的话，燕王府，西苑和旧宫的联系就建立起来了，也就会确定燕王府就是当时的西苑，但是，由于朱国桢是万历时期的人，距离明初已有200多年，文献记载将旧宫与新宫混淆的可能性很大，仅靠这些后来记载并不能确定燕王府就是西苑。另一种说法认为燕王府就是在元大内，元大内的正殿为11间，是天子的规格，亲王的正殿本应在九间或九间以下，但《明会典》中将燕王府的规制认为是符合王府的普遍规制的，究其原因，或许与明成祖时修改《太祖实录》有关，朱棣即位后，曾三次修改《太祖实录》，删去并修改了对自己不利的记载，因此《明会典》根据《太祖实录》来修撰，看到的就是被修改过的《太祖实录》了；另外还可以结合朱棣营建北京

① 《明太祖实录》卷五四。

② 《涌幢小品》卷四。

时，为了建造西宫，曾离开北京，修好后再返回，很可能是因为燕王府所在的元大内要拆毁，所以不得不回南京居住，因此，通过文献资料的梳理，燕王府在元大内的可能性更大。

明初的北方，既有来自蒙古草原的军事压力，也有北方诸王势力逐渐膨胀带来的隐患，由于朱元璋过分信任自己的儿子们，如他的二儿子秦王，曾经由于诸多过失而被明太祖斥责，但基本上一直任由其恣意妄为，直到1391年，传言其要造反，明太祖才把他召回京师，但在太子的劝解下，并没有将他废掉；再如晋王朱㭎，也是在太原当地作恶多端，欺压百姓，他在得知太祖想另立太子时，认为自己很可能当选太子，于是“遂僭乘舆法物，藏于五台山，及事渐露，乃遣人纵火，并所藏室焚之”[①]，但朱元璋对这些行为仅是提出批评，更多的是纵容他们。朱元璋的过分信任，以及给了他们太多的军事权力，结果造成了藩王尾大不掉的局面，这也给之后的靖难之役埋下了伏笔。朱元璋本希望通过分封，封邦建国，以屏中央，但在他死后却祸起萧墙，大明王朝又经历了一场腥风血雨的变乱。封建制早已在历史的长河中被淘汰，然而朱元璋却一意孤行，最后导致国家的灾难，从中可以看出，必须以史为鉴，方能维护国家的长治久安。

二、靖难之役

1398年，朱元璋驾崩，建文帝朱允炆登上帝位。朱元璋似乎也感觉到了藩王们对自己孙子皇位的威胁，于是临终前颁布遗诏，“诸王各于本国哭临，不必赴京，中外官军戍守官员，毋得擅离信地，许遣人至京”[②]，朱元璋不许藩王在他死后去京城，只准派人来吊唁，这既是为了预防藩王进京后北方空虚而让蒙古乘虚而入，也是在防止藩王带兵入京，发生政变。建文帝朱允炆是朱元璋的皇太孙，太子朱标死后，太祖曾有立燕王朱棣为太子的想法，但大臣刘三吾等人表示反

① 《奉天靖难记》。

② 《国榷》卷十。

对，认为“若立燕王，至置秦、晋于何地？且皇长孙四海归心，皇上无忧矣”！刘三吾等人认为，如果立四子燕王为太子，那么二子秦王和三子晋王的地位就很难处理了，为了维持稳定，明太祖只好下定决心立朱允炆为继承人。在中国古代传统社会，主要出现过三种皇位继承制，第一种是兄终弟及，主要出现在较早的时期，如商代，后世如宋朝；第二种是父死子继中的择贤而立，如康熙立雍正为太子；第三种也是最为重要和普遍的就是嫡长子继承制，这是从西周的宗法制发展而来。明太祖实行的便是严格的嫡长子继承制，在嫡长子死后，便由嫡长孙继承皇位。

建文帝继位后，改变了太祖时重武轻文的风气，重用黄子澄、齐泰、方孝孺等文臣，朱允炆成长于深宫之内，并无执掌政权和带兵打仗的实际经历，他饱读诗书，更愿意与文人亲近。由于明太祖加强集权，废除宰相，很多事情都压在皇帝一人身上，有着丰富经验和旺盛精力的朱元璋尚能应付，但到了朱允炆时，他就有点力不从心，于是不得不倚仗文臣辅政。建文帝即位后，即开始考虑削藩的事情。1398年，户部侍郎卓敬向建文帝上密奏，请求“裁抑宗藩，疏入，不报，于是燕、周、齐、湘、代、岷诸王颇相煽动，有流言闻于朝”[1]。卓敬请求削藩的密奏走漏了消息，被藩王知道后，藩王蠢蠢欲动，大有造反之势。其实在朱元璋死的时候，燕王曾率兵南下，建文帝拿出朱元璋的遗嘱，才阻止他入南京，这份遗嘱既使得藩王们很不满意，而燕王的南下行动也让建文帝下定决心削藩。削藩行动从燕王的亲弟弟周王开始，周王封地在开封，对其下手可以起到杀鸡儆猴的作用，于是，建文帝派大将李景隆以北上巡边的名义，突然将其逮捕，并迁往云南蒙化。随即又对代王、湘王、齐王、岷王下手，废除了这些藩王。建文帝一年之内连削五藩，看似成果颇丰，但都未切中要害，隔靴搔痒，力量最大的北方诸藩一个也没有受到影响，而此时朝内也传出了不同的声音，不少大臣反对削藩，认为这破坏了手足之情，言官

① 《明史纪事本末》卷十五。

郁新就提出削藩会把藩王逼上谋反之路，希望建文帝立即停止削藩。相比之下，卓敬的建议更有可行性与有效性，他提出："燕王智虑绝伦，雄才大略，酷类高帝，北平形胜地，士马精强，金、元年由兴。今宜徙封南昌，万一有变，亦易控制。"[①]将燕王朱棣迁往南昌，本是一个很好的解决方案，但建文帝对燕王发动叛乱的可能性认识不够，他对燕王还抱有幻想，抑或认为即使燕王发动叛乱也能够平叛，所以并没有对燕王采取行动。此外，建文帝没有对朱棣采取削藩也和朱棣的成功伪装有关，朱棣虽怀称帝的野心，但隐藏极深，如蓝玉曾在北征时缴获一匹名马，想要送给朱棣，朱棣非但没有接受，还斥责蓝玉，并让他把马直接交给朝廷。朱棣还在北平装疯卖傻，造成自己胸无大志的假象。建文帝的和缓削藩政策与错误判断，使燕王有了足够的时间来准备军队和器械，1399年，坐镇北平的燕王朱棣正式起兵，轰轰烈烈的"靖难之役"拉开了序幕。

在燕王起兵之前，建文帝已经采取了一些行动，他把燕王的军队调离了燕京，同时在北平南边的临清和北边的山海关练兵，并命自己的心腹大将谢贵为北平都指挥使，张昺为北平布政使，以监视朱棣。1399年7月，建文帝发现燕王谋反，于是派张昺和谢贵包围了燕王府，索要府内朝廷要逮捕的官员，燕王设计将张昺和谢贵骗进府内，将他们两人击杀，北平城内顿时群龙无首，朱棣乘机夺取了北平城。朱棣起兵后，为了使自己名正言顺，他把军队称为靖难之师，因此此次战争也被称为"靖难之役"。西汉时汉武帝削藩，实行大臣晁错提出的推恩令与附益之法，吴王刘濞以"请诛晁错，以清君侧"为名义反叛，朱棣也借鉴了这样的策略，打出了"请诛齐泰、黄子澄，以清君侧"的口号，而实际上却是要夺取皇位。朱棣占据北平后，势力与建文帝相比，仍悬殊分明。朱棣首先与北面怀来宋忠的部队展开战斗，大败宋忠，并以秋风扫落叶之势在北边四处出击，兼并州县，建文帝只好起用老将耿炳文为大将军，开始北伐，但在这时，建文帝

① 《明史》卷一百四十一《卓敬传》。

又表现出了优柔寡断的一面，他下诏："今尔将士与燕王对垒，务体此意，毋使朕有杀叔父之名。"[①]这样一条禁止杀燕王的命令，使得燕王多次逃脱围捕，也体现出建文帝的柔仁之心与经验不足。老将耿炳文率领的30万大军并没能起到围剿作用，反而被燕王大败，只能固守真定，于是建文帝转而选用李景隆为大将，替代耿炳文，但李景隆过于年轻，并无实战经验，不堪大任，也被燕王打败。燕王朱棣虽然在局部战争中取胜，但南方军队在山东、河北等地建立起了坚固的防御，燕王在进攻这些地方时没能取得进展，战争陷入了僵局。

打破战争僵局的是南京皇宫里的一群宦官。建文帝对宫里的宦官要求很严，而燕王则对宦官很宽松，于是一群南京的宦官逃到了北平，这些宦官了解宫中的情况，他们向燕王报告说建文帝的军队主要驻扎在北方，南京城防空虚，建议燕王率兵南下，直取南京。他的谋士道衍也说："毋下城邑，疾趋京师，京师单弱，势必举。"[②]于是燕王决定直捣南京，决一死战。燕王的部队达到南方后，首先进军扬州，扬州不战而降，随后长江沿线城镇相继投降。1402年6月12日，燕王发动了对南京的总攻，金川门的守将李景隆和谷王朱橞打开城门，燕军顺利入城，朱棣取代朱允炆，登上了皇位。朱棣以北方一隅之地，与数倍于己方的南军打成平手，并率军奇袭南京夺取政权，这既与朱棣的雄才大略有关，也与建文帝的优柔寡断、战略失误有关，但无论如何，明朝的历史从此被改变，进入了明成祖朱棣的时代。

燕王朱棣攻入南京时，南京皇宫发生了大火，没能够找到建文帝，建文帝的下落也就成了一个谜。朱棣为了使自己的帝位具有合法性，对外宣称朱允炆被大火烧死，已经发现了他的遗体，但是，他自己也不相信这样的说法，他派遣官员胡濙以寻找张三丰为借口，向南暗寻建文帝的下落，又派郑和下西洋，顺道探寻建文帝的踪迹。到万历朝，神宗朱翊钧也不相信建文帝是自焚而死，他曾向内阁首辅大臣

---

① 《明通鉴》卷十二。

② 《明史》卷一百三十四《姚广孝传》。

张居正询问建文帝当时是否逃逸，张居正回答说："先朝故老相传，言建文当靖难师入城，即削发披缁从间道走出，无人知晓。至正统间，忽于云南邮壁上题诗一首，有'沦落江湖数十载'之句。"[1]从张居正的回答可以看出，当时很多人都相信建文帝是出逃了，而且很可能逃到云南。而《致身录》中记载建文帝是从明太祖提前修建的通道中逃出的，朱元璋预感建文即位会引起叔叔们的不满，于是提前给建文安排退路，这也是合乎情理的。因此，建文帝应该是从南京逃出，并往南方而去，至于是到了云南还是南洋，则并不能确定。

从明太祖定都南京，到靖难之役朱棣迁都北京，南京降为留都，南京作为都城前后共53年。"江南佳丽地，金陵帝王州"[2]，虎踞龙盘的南京，首次作为全国的都城，并修建了全国规模最大的城墙，建造了规模庞大的宫殿，以及壮观宏伟的孝陵，为南京留下了丰富的物质和文化遗产。1421年，明朝的国都正式由南京迁往北京，但北京城的营建活动在这之前便已大规模地展开，并且是集全国之力建设的。南京作为都城的历史就此结束，而北京开始了长达500多年的首都历程。

---

① 《明神宗实录》。

② 谢朓：《入朝曲》。

第二节　迁都北京及都城营建

“靖难之役”后，明成祖虽然选择继续定都南京，但这显然不是长久之计，早在明初建都时，成祖的父亲明太祖就已经清楚地认识到南京的弊端，即偏安南方，难以全力对抗北方劲敌蒙古。朱棣常年驻军北平，对北平的重要性认识深刻，且他经营北平多年，在北平有着深厚的基础，而南京遗留了大量的前朝遗老，自己又是冒险偷袭成功的，南京所在的江浙地区，仍有很多怀念和支持建文帝的文士，南京的统治基础并不牢固。永乐元年（1403年），礼部尚书李至刚等人上奏：“自昔帝王，或起布衣，平定天下；或由外藩，入承大统，其于肇迹之地，皆有升崇。切见北平布政司实皇上承运兴之地，宜遵太祖高皇帝中都之制，立为京师。”[1]李至刚认为自古以来当上皇帝的都会把自己崛起的地方提升行政级别，他建议明成祖也效仿太祖立凤阳为中都那样，把北平立为国都。朱棣很快采纳了这一建议，不久就把北平改为北京，立为行在，也就是陪都，迁都北京的进程就此开始了。

一、迁都北京的讨论

现在北京西北郊的天寿山麓，在总面积40平方千米的范围内，分布着从明成祖到明思宗共13位皇帝的陵墓，这就是明十三陵。13座陵墓中，前12座陵墓建于明朝，最后一座思陵建于清顺治年间，整个陵区的修建历时200多年。从规制上来看，13座陵墓大同小异，只是在个别地方进行了修补。1955年，在当时的中国科学院院长郭沫若、北京市副市长吴晗等人的请求下，开始了对定陵的试发掘，这次发掘，出土了考古文物3000多件，对我们了解明代的玄宫制度和殉葬品有很大的帮助，但由于当时科技水平较低，以及后来的破坏，很多出土文物都没能得到很好的保护。

---

① 《明太宗实录》卷一六，永乐元年正月辛卯条。

明十三陵里首先修建的是明成祖朱棣和皇后徐氏的合葬陵——长陵。长陵是明十三陵里规模最大的陵墓，永乐二十二年（1424年），朱棣死在远征蒙古的途中，他的遗体被运回北京后，才葬进了长陵。明成祖选择将陵墓修建在北京是希望自己的子孙能够永远定都北京，不要再南迁，之所以有这样的考虑是因为朱棣在迁都北京时遇到了很大的阻力，而后来的事实证明，他这样的考虑不是没有道理，在他死后，他的儿子明仁宗就想把首都迁回南京，只是最后并没来得及执行。

朱棣称帝后虽然定都南京，但他并不喜欢南京，于是将太子朱高炽留在南京监国，自己却跑到北平，将北平称为行在，[①]并在北京建立了与南京类似的六部。永乐元年（1403年），朱棣接受了礼部尚书李至刚等人的建议，将北平改称北京，北平府改为顺天府，并设立北京留守行后军督府、行部、国子监，[②]通过这样一系列的措施，提高了北京的政治地位，而把北平府改为顺天府，则是效仿明太祖时把集庆改为应天的成例，表明自己获得皇位是顺应了天命。他还把顺天府的府尹升为正三品，高于其他知府的正四品，这样就使得北京的地位高于其他府而仅次于南京。同时，明成祖还规定，“凡有重事并四夷来朝，俱达行在所”[③]，也就是说重要的事情以及外面的藩国来朝会，都要去北京，这无疑是提高了北京的地位，也说明当时的明成祖已经将统治重心放在了北京。

明成祖把北平改为北京并没有引起大臣们的反对，于是他开始想要提出更进一步的要求，永乐元年（1403年）五月，朱棣提出：“北京，朕旧封国，有国社国稷，今既为北京，而社稷之礼未有定制，其议以闻。”[④]也就是说，朱棣想要在北京设置社稷坛，社稷坛是古代祭祀土地神和谷神的坛庙，在农业社会里，社稷坛设置于皇宫之右，与

---

① 《明史》卷四十《地理志一》。

② 《明太宗实录》卷一七，永乐元年二月庚戌。

③ 《明太宗实录》卷八二，永乐六年八月己卯。

④ 《明太宗实录》卷二十上。

太庙相对，形成“左祖右社”的格局，朱棣想在北京设置社稷坛，其实是想尽快将南京的一些首都功能转移到北京。朱棣将他的这一问题交给廷议，但这次大臣们却提出了反对的声音，礼部和太常寺认为：“考古典之制，别无两京并立太社太稷之礼。”[①]礼部和太常寺虽然否定了明成祖的提议，但是这些大臣也不敢得罪明成祖，于是又提出折中的方案，即将原来他当燕王时留下的国社、国稷继续保留，在明成祖巡守时可以在国社、国稷内设立太社、太稷。明太祖对这样的方案并不满意，他“命依在京山川坛祠祭署例，设北京社稷坛祠祭署”[②]，朱棣最终还是在北京设置了常规的社稷坛，通过这次事件，明成祖探知了大臣们的意见，在接下来的行动中，他开始采取更为灵活的政策，一步步地实现自己迁都的目标。

朱棣看到从礼制等方面提升北京地位的困难后，他开始转而着手北京城的营建，永乐四年（1406年）八月，朱棣的心腹淇国公邱福上奏“请建北京宫殿，以备巡幸”[③]，这样一则上奏，正中朱棣下怀，给朱棣营建北京提供了机会，这项奏议也当即获得准许，北京城的营建就这样开始了。1420年，明成祖正式下诏迁都北京。但是，迁都不久后，北京城就发生了一件大事，永乐十九年（1421年）四月，新修成的奉天、华盖、谨身三大殿因雷击起火，被烧为灰烬。中国古代以木结构建筑为主，被火焚毁的事例时有发生，况且此次为雷击所致，非人力所能控制，本不足为奇，但由于古代君王十分相信天人感应、天人合一学说，这样的重大灾难被认为是君王执政失误所带来的。针对这件事情，明成祖下诏让大臣们讨论三大殿被雷击焚毁的原因，这给了原来那些反对迁都，但不敢直面提出的大臣们发泄的机会，最先站出来的是吏部主事萧仪，他提出了迁都北京的不便之处，将雷击与迁都联系起来，朱元璋对此十分愤怒，对萧仪处以极刑。但是，这次讨论还是转变成了是否应该迁都的辩论。年轻的科道官们认为，“轻

① 《明太宗实录》卷二十上。
② 《明太宗实录》卷二十上。
③ 《明太宗实录》卷五十七。

去金陵，有伤国体”，并认为营建北京耗费工时和金钱太多，这些科道官虽然大都刚通过科举取得职位，品秩不高，但由于他们是言官的身份，因此可以直接规劝皇帝，政治地位十分突出；与言官不同的部院大臣们由于是朱棣起兵时就跟随的心腹，自己的家乡也大都在北方，因此大多同意迁都。朱棣虽很讨厌这些言官，但也不能像对萧仪那样都杀了，于是明成祖就让言官和部院大臣在午门外跪着辩论，当时正好下雨，双方辩论了一天未分胜负，于是第二天又来辩论，朱棣希望通过这样的方式让那些科道官们认可迁都的决定。通过这次辩论，言官们认识到了朱棣迁都的决心，迁都北京最终被确定下来了。在此之后，朱棣的儿子明仁宗朱高炽虽然在即位后想迁回南京，但由于明仁宗在位不到一年，他的回迁计划还未来得及实施，就突然去世，朱棣的孙子明宣宗朱瞻基即位，他选择留在北京，明英宗朱祁镇时，重修了奉天、华盖、谨身三大殿并下诏定都北京，北京最终确定为明朝的国都。

二、北京城的营建

北京城的营建早在徐达攻占北京时就已经开始，洪武元年（1368年），徐达率军攻打北京，在进占北京后，立即将元故宫保护起来，“封故宫殿门，令指挥张焕以兵千人守之”[1]。徐达完整地保存了元朝的故宫，为后来燕王府的营建提供了便利。为了加强北京城的防御，徐达开始了对城墙的修建，他加固原有的城墙，在原来土城的外侧用砖再砌了一层，以包裹原来的城墙；同时他把原来北边的城墙进行了改建，废弃了原有的北城墙，在南面五里的地方另筑新城墙，这样就可以减少原来的四个城门，但他又在北面新开了安定门和德胜门，城门数量由原来的十一个减少为九个，城墙的周长也缩小了三分之一，从“周围六十里”减少为“周围四十里”。[2]朱元璋分封后，在元故宫

① 《明太祖实录》卷三十四。
② 《洪武北平图经志书》，转引自《日下旧闻考》卷三八。

的基础上修建燕王府，燕王府大部分沿用了元大内的建筑，只是根据王制改变了建筑的外表和宫殿的名称。

明初北京城最重要的营建是永乐时期的建造，永乐初迁都北京之事虽然一波三折，困难重重，但北京城的营建并没有受到影响，在邱福上奏之后，北京城的营建工程逐步开始。由于北京城修建的规格将远远大于普通行宫，而要达到京师的规制，于是朱棣只能暗地里进行营建的工程，因此，在批准邱福的提议后，明成祖并没有马上开启北京城的营建，而是派出几路人马，从搜集材料开始。木质结构的宫殿最需要的就是木材，南方有着大量的优质木材，但必须进入深山之后才能将这些木材运到北京。朱棣将工部尚书宋礼派往四川，吏部右侍郎师逵被派往湖北、湖南，户部左侍郎古朴被派往江西，右副都御史刘观被派往浙江，右佥都御史史仲成被派往山西，命令他们“督军民采木”[①]。朱棣将这些官员派往南方各省采集木材，然后运往北京。同时命令泰宁侯陈珪、北京行部侍郎张思恭负责监督军队、民众和工匠烧造砖块和瓦片，又让工部征召全国的各类工匠到京城待命，各地的军队和服徭役的民丁也到北京集合，准备服役。营建工程开始逐步展开。由于营建北京工程庞大，宫殿、坛庙、衙署等建筑都需要耗费大量的建材，因此采办与烧造等工作都十分艰巨，给百姓带来了很大的负担。当时明代大木采伐的劳役十分繁重，对一些木材生长地区的环境造成了较大影响。比如在正德年间工部侍郎赵璜奉命督办乾清、坤宁二宫修建工程的时候，他曾上奏说：“宫殿栋梁，俱用楠木。时三省近山，屡经采伐，无大楠矣，惟远山有之。”[②]到正德元年（1506年），六科等部纷纷上奏说：“频年以来，征敛无已。土地所产者既疲于额外之供，所不产者复困于赔纳之苦。湖广、四川杉楠大木宜停取。凡非土产者宜勿浪派，他工料亦宜以荒旱暂停。”对此，工部回复称：“近年工役繁兴，民力甚困，今后凡不急之工，俱不许奏

① 《明太宗实录》卷五十七。

② 赵璜：《归闲述梦》，见《四库全书存目丛书》史部127册，第617页。

扰修理。其非得已者听本部酌量派办。湖川木植已到水次者，可以渐解京。余大木及尚在山中未出者，俱暂停止。”[①]这种大木采伐工役才稍缓进行了。嘉靖年间龚辉至四川督办采木，木商称：“先年采木唇齿之下，今次采木俱在深山旷野，悬崖绝涧，人迹罕到之处。”经过勘察之后，龚辉亦言：“正德以来即奉采取，相近水次木植砍伐罄尽。今次采运，俱在深山穷谷、人迹不到之处，吊崖悬桥，艰难万倍。”[②]嘉靖后期《洪雅县志》记载：“往岁木材多边水次，今近者数十里，远者百里。山多危峰穷谷，古所谓不毛之地。夫近则易为力，远则难为功。”[③]可见，伴随着明代北京宫殿营建工程的开展，对于木材的消耗过重，对于当地则是近乎灭绝式的征纳。而伴随着明代对川广等地的皇木采伐，森林植被受到巨大破坏。

今天北京的崇文门和朝阳门外，有两个明代存储木材的地方，这就是神木厂和大木厂。神木厂主要用于放置从南方各省运来的木材，如浙江省的木材由富春江入大运河，江西省的木材通过赣江入长江，湖北的木材通过汉水入长江，湖南的木材通过湘江入长江，四川的木材通过岷江和嘉陵江入长江，这些木材到长江下游后再通过京杭大运河北上，到天津入北运河，之后经惠通河到北京张家湾，再走陆路转运到神木厂。神木厂的木材数量很多，且都质量优良，在营建完北京城后，仍留下了不少没有使用的木材。大木厂主要接收来自山西的木材，这些木材从山西的桑乾河经永定河运到北京。这两个木材厂存储充足，满足了北京城营建的需要。

源源不断的木材运入北京，虽然给北京城供应了足够的木材，但却给采木工人和当地百姓带来了巨大的负担，并造成了大量人力和物力的浪费。如在木材的采办过程中，师逵奉命前往湖广，他到湖广以后，就立即签派数十万的百姓进入山林，从事伐木和运输，由于古代

---

① 《明武宗实录》卷十一，正德元年三月丙午。

② 龚辉：《星变陈言疏》，见黄训辑《皇明名臣经济录》卷四十八《工部·营缮》。

③ 毛起：《赠东明府奖劝序》，见［嘉靖］《洪雅县志》卷五《艺文志》，上海古籍出版社《天一阁藏明代方志选刊》本。

没有大型的机械设备，木材大多需要先通过人工运输到江边，然后利用江水转运，为了保持木材的完整性，需要整根木材运输，所耗费的人力物力十分巨大。当时的吏部主事萧仪曾作伐木谣词：“永乐四年秋起夫，只今三载将何如。无贫无富总趋役，三丁两丁皆走途。山田虽荒尚供赋，仓无余粟机无布。前月山中去未回，县缴仓忙更催去。去年拖木入闽关，后平山里正天寒。夫丁已随瘴毒殁，存者始惜形神单。”这些贫苦的丁户被赶到深山中去采伐树木，同时也需要缴纳田赋，给他们增加了很大的负担，深山中瘴气流行，很多人都感染瘴气而死。采木的山林往往都是人迹罕至的深山穷谷，这种地方蛇虎杂居，天气无常，且容易感染瘴疠，采木时艰险万分，《明史》中记载说，“入山一千，出山五百，哀可知矣”[①]，这些都表明了采木的艰苦与危险。

石料的运输与木材采伐相比，其难度有过之而无不及。中国古代的建筑为木质建筑，本不需要太多的石料，但北京城的营建为了符合规格，最后使用的石料不仅数量多，而且对石料的体积、材质要求也很高。如乾清宫前阶梯的石料长度在7米以上，殿前御道的石板有的重达万斤，在人力时代，要开凿和运输这样的石料，着实需要耗费不少的资源。好在这些大型石材可以在北京西面的房山县大石窝和门头沟开采，虽然只能走陆路运输，但距离较短，可以通过杠杆原理撬动石料，然后用人力运到北京城。大石料之外，砖石一般在山东临清及苏州等地烧造，其中临清窑烧造城砖、副砖、券砖、斧刃砖、线砖、平身砖、望板砖、方砖，尺寸分为二尺、尺七、尺五、尺二四样，凡八号；苏州窑烧造二尺、尺七细科方砖。

营建北京的物资储备在不断进行着，但由于战事频仍、皇后徐氏去世等原因，北京城的营建工程并没有实质性的进展，转而开始提前在北京营建皇陵，也就是后来的长陵。长陵从永乐七年（1409年）开始营建，到永乐十一年（1413年）地宫完成，徐皇后于该年从南京迁

① 《明史》卷二百二十六《吕坤传》。

葬长陵，到永乐十四年（1416年），享殿建成，长陵就此完工，先后共七年的时间。在这期间，明成祖虽数次巡狩北京，但都没有重启北京城的建设。永乐十四年长陵建成后，北京城的建设才正式提上日程。

为了营建北京城，首先需要拆除燕王府，也就是元大内的旧址，为了皇帝能在北京视朝，于是就在太液池西边建设西宫，作为“视朝之所”[①]，第二年，西宫建成，朱棣从南京返回北京。西宫有奉天殿、后殿、凉殿、暖殿等，又有仁寿、景福宫等，共有屋1630余间。燕王府也就是元大内的拆除工程从永乐十五年（1417年）六月开始，到十一月建成了乾清宫，该年也开始了郊庙的建设，北京城的营建正在如火如荼地展开。永乐十八年（1420年），北京城的建设完工，营建过程历时三年半，北京城的“庙社、郊祀、坛场、宫殿、门阙，规制悉如南京，而高敞壮丽过之”[②]。除了皇城和祭祀坛庙外，朱棣还在皇城东南建了皇太孙宫，东安门外建了十王的王邸。

永乐十九年（1421年）正月初一，明成祖在新皇宫的奉天殿接受朝贺，自此正式迁都北京，升北京为京师，并去掉行在之称，六部官印也去掉行在二字，改原来的京师为南京，并在南京的官印上加上“南京”二字，至此，两京制度建立。

永乐时期北京城的营建时间虽然只有三年半，但工程极为浩大，每年动用的军民数百万之多，“工作之夫，动以百万，终岁供役”[③]。如果再加上前期准备建筑材料时花费的人力物力，则更是耗费无数。为了便于运输，明成祖首先疏通了运河，派工部尚书宋礼疏通运河的北段会通河，派工部侍郎张信治理黄河，派陈瑄疏通大运河的南段，这些工程也耗费了不少的资源，但运河疏通后，无论是为营建北京的建筑材料，还是漕粮北运，以及后来的民船，都提供了很大的便利。永乐时期北京城的营建，奠定了后来北京城的基本格局，这是北京城市史上的重要事件。

---

① 《明太宗实录》卷一百七十九。

② 《明太宗实录》卷二百三十二。

③ 《明史》卷一百六十四《邹缉传》。

三、永乐后北京城的继续营建与明代北京城市空间结构

永乐十九年（1421年），在宫殿建成的90多天后，宫中失火，奉天、华盖、谨身三大殿全部被烧毁，次年，乾清宫等又发生火灾，由于三大殿被焚毁，朱棣不得不以奉天门为正朝。永乐时修建的主要是宫城，诸如“月城楼铺之制多未备”[①]，也就是说像城墙之类的建筑在永乐时并没有认真修建，这项工作直到英宗朱祁镇时才完成。正统元年（1436年），英宗命令太监阮安、都督同知沈清、少保工部尚书吴中率领军队和夫役数万人，修建北京城内的九座城门，三年之后完工。从正统二年（1437年）开始施工，共计建造和修缮了九座城门的正楼和月城楼、门外牌楼、城四隅的角楼，同时加固了城墙，加深了城壕。这次城墙的修缮，主要是为了防备蒙古的进攻，正统十四年（1449年）“土木堡之变”中英宗被瓦剌俘获，蒙古军队挟英宗进攻北京，兵部尚书于谦率军22万，列阵北京九门，成功抵御了蒙古军队的进攻，把蒙古军队赶出了居庸关。这一时期，还把先前沿用元朝名称的5个城门更改了名称，丽正门改为正阳门，文明门改为崇文门，顺承门改为宣武门，齐化门改为朝阳门，平则门改为阜成门。英宗时的另一项营建工程就是重建奉天、华盖、谨身三大殿和乾清、坤宁二宫。这些宫殿建成后，英宗重新下诏宣告北京取消行在称号，定为京师，南京的衙门的印章仍要增加“南京”二字。之后，英宗又下令按照南京之制，在大明门以北和承天门以南依次修建官署，分别建成了宗人府、吏部、户部、兵部、工部、鸿胪寺、钦天监、太医院和翰林院等建筑，这些工程建成后，改变了以往北京城内官署分散林立的局面，基本建成了北京的内城，通过这些活动，北京的京师地位最终确立。

英宗之后，明世宗嘉靖皇帝也进行了北京城的建设。鉴于“土木堡之变”时北京面临的巨大压力，当时便有官员提出要建筑外城，但由于当时进行的工程过多而没有实现，到嘉靖二十一年（1542年），

---

① 《明英宗实录》卷二十三。

掌都察院事毛伯温又建议修筑外城，嘉靖皇帝认为“筑城系利国利民大事，难以惜费，即择日兴工”。嘉靖皇帝本希望立即开始筑城工作，但是由于后来刑科给事中刘养直提出“庙工方兴，木材未备，畿辅民困荒歉，府库财竭于输边。若并力筑城，恐官民俱匮”[①]。由于修建庙宇的工程尚未完工，经费又都给了边防，修建外城的工作又不得不停工了。但不久之后就爆发了“庚戌之变”，鞑靼首领俺答率军长驱直入，到达通州，兵临北京城下，大肆骚扰劫掠。此时的北京城，城外的百姓已经数倍于城内，“庚戌之变”严重破坏了北京的经济。嘉靖三十二年（1553年），兵科给事中朱伯辰再次上奏，希望修筑外城，经过多次勘探和规划，受限于财力问题，大学士严嵩提出南面“民物繁阜，所宜卫护”[②]，最终只是修建了南面的外城，总计28里，而其他三面外城则没有接续修建，这就造成了北京城的“凸”字形结构，而且以后都没有再改变。

除了南面的外城外，嘉靖时还重建了三大殿。嘉靖三十六年（1557年），宫内发生火灾，奉天门，奉天、华盖、谨身三大殿以及一些其他的建筑被烧毁，这次火灾的情况比永乐十九年（1421年）那次更加严重，重建工作在火灾后就开始，直到嘉靖四十一年（1562年）才完成。在这之后，嘉靖皇帝更改了这些建筑的名称，把奉天门改为皇极门，奉天殿改为皇极殿，谨身殿改为建极殿，文楼改为文昭阁，武楼改为武成阁，以及一些宫门也改了名称。实际上，由于皇宫为木质建筑，无论是由于人们不小心还是雷击等自然因素都极易引发火灾，与建筑的名字并没有关系。

万历时期，皇宫内发生了两次火灾，第一次是万历二十四年（1596年），坤宁宫和乾清宫被烧为灰烬；第二次是在次年，归极门起火，蔓延到文昭、武成二阁，以及皇极、中极、建极三殿，二宫三殿全被焚毁，这是以往所没有发生过的。由于当时财政紧张，重建工作

---

① 《明世宗实录》卷二百六十四，嘉靖二十一年七月戊午。

② 《明世宗实录》卷三百九十六，嘉靖三十二年四月丙戌。

迟迟没有展开，直到明熹宗天启六年（1626年）九月，皇极殿才建成，而另外两殿在天启七年（1627年）完工。万历、天启时重建的三大殿，由于财力有限，材料不足，三大殿较永乐时的规模要小，当时是按照以前殿的形式减小了建筑的体量，由于高台依然沿用，这就导致了新建大殿与建筑高台的不协调，这时已到了明中晚期，能建起这三座大殿已很不容易，其他如大光明殿、广寒殿等在毁坏后则再也没有重建。永乐以后北京城大规模地营建大致就是这三次，主要是围绕宫城中被烧毁的大殿的重修和城墙的修建这两个主题，其中宫城的重建耗费的资源最多，明成祖以后，皇木的收集工作仍在继续，如万历年间，工部给事中王德万和御史况上进统计："一县计木夫之死约近千人，合省不下十万。"又如嘉靖时为了重建三大殿，仅在四川就采伐巨木15712根。北京城的历次营建，不仅耗费了大量的国家财政，也给普通百姓带来了沉重的负担，还破坏了营建材料采集地的生态环境。

四、明代北京城市空间结构

经过历代的营建与修缮，逐渐确定了北京城的城市空间结构。北京城的城市布局，继承了汉族王朝都城的规制，在元代大都的基础上做了一些改进。首先，把宫城的位置往南移，北面的玄武门比元代的厚载门南移了大约400米，南面的午门比元代的崇天门南移了大约300米，而且在宫城四周新开挖了城壕，并利用拆除元大内的废料和开挖城壕的泥土堆筑出了一座土山，这座山在明前期被称为"大内之镇山"，万历时命名为"万岁山"，到清代顺治时又改为"景山"，又相传朱棣建造宫殿时，曾在这里堆放过煤，所以这座山又俗称"煤山"。其次，重建了新的钟楼和鼓楼，原来的钟鼓楼不在中轴线上，朱棣营建北京时把钟鼓楼建在了北京中轴线的北端，成为中轴线的终点。最后，北京城南面的城墙向南推移，这是宫城向南移带来的连锁反应，宫城南移后，皇城也南移，为了扩大皇城与京城之间的距离，于是京城的南面城墙向南移动了大约800米，新纳入城内的土地修建为东、西长安街。永乐时对元大都的改建，基本奠定了后来北京城的格局，此后只是进行了一些扩建，原有的布局一直保留下来。

北京城共分为宫城、皇城、内城和外城，其中外城是南面的新城墙包围的地方，并没有囊括整个北京城。永乐十八年（1420年）修建完成的皇城基本格局，在明代史籍中记载得非常详细："中朝曰奉天殿，通为屋八千三百,五十楹。奉天殿左曰中左门，右曰中右门。丹墀东曰文楼，西曰武楼，南曰奉天门，上帝朝御也。左曰东角门，右曰西角门，东庑曰左顺门，西庑曰右顺门，又南，曰午门。中三门，翼以两观，观各有楼，左曰左掖门，右曰右掖门，午门左稍南，曰阙左门，曰神厨门，内为太庙；右稍南，曰阙右门，曰社左门，内为大社稷。又南，曰端门，东曰庙街门，西曰社街门，又南，曰承天门，又折而东曰长安左门，折而西曰长安右门。其后曰东安门、西安门、北安门；正南曰大明门，建极殿左曰后左门，右曰后右门，后曰乾清宫，为正；后曰交泰殿，又后曰坤宁宫，为中宫；所居东曰仁寿宫，西曰清宁宫，以奉太后；又东曰文华殿，西曰武英殿，西北曰宝善门；武英殿东北曰思善门，后曰仁智殿。中宫受朝贺所也。文华殿东南曰东华门，武英殿西南曰西华门，宫后门曰玄武门，皇城内、宫城外凡十有二门，曰东上门，曰东上北门，曰东上南门，东中门，西上门，西上北门，西上南门，西中门，北上门，北上东门，北上西门，北中门，复于皇城东南建皇太孙宫，东安门外东南建十王街，通为屋八千三百五十楹，正统六年重建三殿。"上述为明代北京城中轴线的完整建筑格局和分布。永乐以后，各项宫殿营建工程基本以修补和更名为主。嘉靖十五年（1536年）"以清宁宫建慈庆宫，以仁寿宫大善殿建宁宫……三十七年重建奉天门更名曰大朝门。四十一年九月甲申，更名奉天殿，曰皇极、华盖殿，曰中极、谨身殿，曰建极、文楼，曰文昭阁、武楼，曰武成阁、左顺门，曰会极、右顺门，曰归极，奉天门，曰皇极，东角门曰弘政，西角门曰宣治"[①]。

① ［明］郭正域:《皇明典礼志》卷十九。

宫城又称紫禁城，“自午门至玄武门，具宫城门”[①]，宫城的范围是南至午门，北至玄武门，东至东华门，西至西华门。《明史》中记载，“宫城周六里一十六步，亦曰紫禁城”[②]，也就是说明代宫城的周长大约为3千米，根据现在的测量，紫禁城占地72万多平方米。至于为什么叫紫禁城，是根据中国古代的星象学，紫微星垣位于中天，是天帝的居所，叫紫宫，人间的皇帝也要与天帝对应，所以叫紫禁城。宫城分为外朝和内廷，外朝是皇帝处理政务和举行朝会的地方，主要有皇极殿、中极殿和建极殿三大殿，这三个殿在清代被改名为太和殿、中和殿和保和殿。外朝三大殿之北便是内廷，中间有乾清门相通，内廷是皇帝生活起居的地方，也是后妃、太子和太监、宫女们居住的地方。内廷中皇帝居住在乾清宫，但明朝中后期的几位皇帝也不住在那儿，如明武宗和明世宗。乾清宫之北是交泰殿，再往北就是坤宁宫，坤宁宫是皇后居住的地方。坤宁宫之北就是御花园，明代称为宫后苑，这些便是宫城内的主要建筑。宫城内的养心殿、慈宁宫等我们耳熟能详的建筑是属于乾清宫和坤宁宫的东六宫和西六宫，这些宫殿分布在乾清宫和坤宁宫周边。宫城的建筑合乎礼制，布局十分严谨，建筑也极为规范。

皇城是皇城城墙以内、宫城以外的区域，“大明门、承天门、长安左右门、东安门、西安门、北安门”，“以上六门，俱皇城门”[③]。明代的皇城并不是规则的长方形，在西南方缺了一角，可能这是为了保护金代的古刹庆寿寺。根据现在的测量，皇城的周长大约为9000米，皇城内主要是宗庙、衙门、内廷等服务机构，以及仓库和防卫等建筑。皇城的正门即是承天门，清代改名为天安门，承天门前有“T”字形的宫廷广场，这里虽是城墙之外，但明朝时这里是一个封闭的广场，南面开大明门，因此也属于皇城。每日文武官员都从承天门的长安左门和长安右门进出，普通百姓禁止入内，承天门外有金水河流过，上有五座汉白玉石桥，叫金水桥。皇城内有祭祀祖先的太庙，祭

①③ [明]《大明会典》卷一百八十一《宫殿门楼规制》。

② 《明史》卷四十《地理志》。

祀天地的社稷坛，皇家档案馆皇史宬，以及供皇帝游玩的皇家园林。

皇城之外是北京的内城，又称为“京城”“大城”，内城的东西两段沿用了元朝的城墙，南北两端则分别是洪武时期大将军徐达和永乐时期皇帝朱棣修建，城墙为夯土所筑，后来用城砖包砌，内城的城墙周长约为24里，城墙西北缺一角，根据现在遥感观测，这里有城墙的旧址，可能是因为地基不稳，城墙坍塌，后来被废弃，但明朝时这被附会为与女娲补天时，“天缺西北，地陷东南”相关。明代北京内城城防固若金汤，虽被蒙古军攻打多次，但都能够守御。北京内城是普通百姓居住和生活的地方，也有一些政府机构被放置在了内城，如太学。北京的内城共有九座城门，分别是正阳门、崇文门、朝阳门、东直门、安定门、德胜门、西直门、阜成门、宣武门，其中正阳门的规格最高，形制也最为壮观，崇文门、宣武门次之，东直门、西直门再次之，德胜门、安定门、朝阳门、阜成门的规格最低。明代北京内城的街道坊巷大多是承袭了元朝的旧制，在建造前由政府规划，分为中城、东城、西城和北城，所以虽街道纵横交错，但井然有序。

与内城相比，外城的街道布局要混乱得多，外城为北京的南城，前已提到，是嘉靖时为了防范蒙古入侵，保护城南的居民与工商业而修筑的城墙。外城城墙周长28里，呈东西宽、南北窄的长方形，共有七座城门，无论是城墙还是城楼，外城的规模都要比内城低很多，现在古代外城的城楼都已无存，只有永定门后来重建了。

明成祖朱棣夺取帝位之后，选择回到自己为燕王时的大本营，迁都北京，这一行动改变了当时国内政治和经济的格局，首都远离江南富庶之地，大量的财富不得不通过运河源源不断地输往北方；永乐北京城的营建，奠定了北京城市的基本布局，也开创了天子守边的局面。明朝的中枢直面北方蒙古军的攻击，虽然蒙古兵多次临城下，但总算是守住了北京城。此后，虽然有过明仁宗时想将都城迁回南京，但北京作为京师还是一直延续下来。北京的紫禁城至今仍是世界第一大宫殿，这是明清两代给我们遗留下来的宝贵财富。

第三节　明代北京中轴线的形成

明代北京城的营建有一个很重要的特色，这就是围绕中轴线展开建筑布局。这条中轴线北起钟鼓楼，南至永定门，全长7800米，著名的建筑学家梁思成先生曾对这条中轴线做出高度评价，认为这是世界最长，也最伟大的中轴线，并认为北京独有的壮美秩序就由这条中轴线的建立而产生，它是北京城市建设的脊梁。明代北京城的中轴线，是北京城空间秩序的基础，在很长的时间里一直影响着北京城的城市建设。

明代北京的城市布局十分严谨，特别是皇城和宫城，都是围绕这条中轴线来规划与布局的。在先秦的文献中，就已经表现出对中心和对称的追求，《周礼·考工记》中记载“左祖右社，前朝后市”，《吕氏春秋·慎势》中说“择天下之中而立国，择国之中而立宫”，根据这些传统的建筑规划原则，北京城最终形成为东西对称、南北延伸的城市格局。

一、明代中轴线的变迁

先秦杂家的代表著作《吕氏春秋》中提出：“王者择天下之中而立国，择国之中而立宫，择宫之中而立庙。”也就是说，皇帝的宫殿要在都城中央，在宫殿中间应该设立宗庙。

明代北京城的营建是在元大都的基础上进行的，根据考古发掘，发现景山附近有元代的南北大街，这表明元大都城市的中轴线和现代北京旧城北部的中轴线是重合的，也可以说明明代北京城中轴线是以元大都中轴线为基准而设计和修订的。元大都的设计者是忽必烈的谋士、汉族士大夫刘秉忠，刘秉忠熟读汉文化经典，他按照《周礼》的规制，设计元大都的布局，由于之前的金中都经过半个世纪的毁坏，已成为一片废墟，元大都的建设没有旧城的制约，所以元大都的城市规制是较为符合《周礼》的。西方的传教士曾这样评价元大都，

“其形甚方”，“街道甚直，此端可见彼端，盖其布置，使此门可见彼门也”①。

举世闻名的元大都从至元四年（1267年）正月正式动工，到至元二十年（1283年）城内工程基本完工，历时16年之久，建造出了一座雄伟壮丽、举世无双的都城。这座城市的营建遵循着儒家的传统学说，有着一条明显的中轴线，这条中轴线从城南丽正门向北延伸，经千步廊穿过皇城正门灵星门，过周桥到宫城正门崇天门，再过大明门、大明殿、延春门、延春阁、厚载门、御园、厚载红门，再过万宁桥，直到中心阁。②元大都的主体建筑都分布在这条南北走向的中轴线上。元大都虽然选定了中轴线，并将元大内准确地放在了中轴线上，但在宫城的选择时，忽必烈看中了城北大片水域，这片水域在元代被称为太液池，这样就在宫城内出现了两个中心，一个是在中轴线上的元大内，一个是中轴线以西，以太液池水域中的琼华岛为中心的皇家建筑群。在宫城内，以琼华岛为中心，东面元大内是皇帝处理政务的地方，西南面隆福宫是皇后、太子的宫殿，西北面兴圣宫是皇室活动的场所，这就分散了宫城内的建筑，使得宫城并没有严格的中轴线。

明代北京城的营建，在城市布局方面较元代更为严格，与元大都相比，朱棣时将北面中轴线向东移动了150米，使明北京城的宫城回到了主中轴线上，皇城与宫城的中轴线合而为一，这是明代北京中轴线的一个重要变化。明代的燕王府和后来的皇城沿用了元大内的旧址，是明代北京中轴线上最早的建筑，到永乐十八年（1420年）朱棣营建工程完工，在中轴线上形成了皇城和宫城的完整建筑格局，此外《明一统志》记载，“皇城在京城之中，复于皇城东南建皇太孙宫，东安门外建十王邸，通为屋八千三百五十楹”。嘉庆时将中轴线南伸是明代北京中轴线形成的另一个重要变化。嘉靖时面临蒙古强大的军

① 《马可·波罗行纪》，河北人民出版社1999年版，第318页；《鄂多立克东游记》，中华书局1981年版，第73页。

② 李建平：《魅力北京中轴线》，文化艺术出版社2012年版，第45页。

事压力，不得不修建外城，但由于资金不足，最后确定修建南门外的部分城墙，并使北京形成了“凸”字形的结构。南门外的外城修好之后，也就使得中轴线向南延伸到了永定门。

明代北京城坐北朝南、中轴对立的城市规制，充分体现了皇权集中的思想，也形成了北京城严谨的布局风格。

二、中轴线的建设过程

中国历史上都城建设，从三国时期邺城、北魏时期的洛阳以来，就一直把中轴线作为都城设计追求的目标，特别是曹魏的邺城，结束了汉代以前以宫殿或宗庙为中心的都城布局，开创了以中轴线为中心的封闭式城市布局。唐宋时期，中轴线的规划更为明显，在皇宫前修建宽大的广场以及笔直的大街，更是让都城显得气势非凡。明代北京城中轴线的营建，在前代发展的基础上，建造出了更加规整、更加气魄雄伟的中轴线，这也成了这座千年古都的中枢脊梁，成为现代北京城独特的风景线。

北京中轴线的建设最早可以追溯到金中都的修建，金中都是在辽南京城的基础上，参照北宋汴京（今开封）的规制扩建的，一条通向皇宫的御路与宫城构成了城市的中轴线，经过考古发掘发现，这条中轴线长度大约为4000米。金中都之后便是元大都，元大都的中轴线从城南的丽正门向北一直到中心阁，元大都的中轴线并不是严格的南北走向，没有和太阳照射下的子午线完全吻合，而是向东北方向偏离，学者们认为，这与元代的两都巡幸制度有关。元代崛起于蒙古草原，在入主中原之前，都城建立在当时的开平，也就是现在的内蒙古自治区锡林郭勒盟，虽然后来忽必烈定都大都，但却仍保留了开平都城，并采取了巡幸的制度，冬天前往较为温暖的大都，夏天则回到较为凉爽的开平，所以忽必烈在设计大都时有意让中轴线向开平方向倾斜。有专家通过测绘和实地考察发现，如果将元大都的中轴线向北延伸270千米，则恰好会到达开平古城，这是巧合还是当时的设计者有意为之，则还需要更多的研究。

明代北京城的修建是在元大都基础上进行的，从最早的徐达将北面城墙拆掉南移，到明成祖朱棣营建北京，再到嘉靖时修建南面外城，虽然城市布局有了很大的变化，但中轴线一直得到保留。明代中轴线的修建主要表现在以下几个方面：第一，将中轴线北端的中心阁改为鼓楼，并在鼓楼以北约180米处建钟楼，这两处建筑成了中轴线新的北端。钟鼓楼是礼制中的重要建筑，《大明会典》中记载，“凡遇圣节正旦、冬至及颁诏大礼，先期本监官面奏，设定时鼓于文楼”，正旦节就是春节，冬至也是古代重要的节日之一，唐宋以后逐渐形成冬至要到郊外举行祭天大典，称为“冬至祭天”，此外，诸如皇帝举行大朝仪、皇太子亲王朝仪和亲王公主婚礼等活动也需要通过钟鼓楼击鼓敲钟这一程序。明代钟鼓楼的建立，不仅延续了以往报时的功能，还赋予了这两个建筑更多的内涵，成为集合礼仪、祭祀与报时功能的重要建筑。明代钟鼓楼的建筑规制较高，台基高大，面积宽广，体现出了至高无上的皇权。“九五开间”的楼阁，东西向的对称，均开创了中国古代钟鼓楼规制之最。

第二，将祖庙和社稷坛安排在了皇城内、紫禁城前，并在皇城外修造“T”形广场和千步廊，在宫城以南的轴线两侧建天坛和先农坛，通过这些祭祀建筑的修建，把中轴线继续往南延伸，体现了左右对称的格局。元代时祖庙和社稷坛建设在大都的东西两面，相隔较远，而明代则将这两个祭祀建筑建在了紫禁城前面，左右对称，使得北京的中轴线更加明显；嘉靖时把天坛和先农坛设置在中轴线两侧，则让城南的对称性更加明显。

第三，把全城的中心点从元代的鼓楼移到万岁山，紫禁城既成了南北中轴线的中点，也成了整个北京城的中心。根据文献记载，景山在辽代以前只是永定河边的一个土丘，名为青山，到元代时，景山被纳入了宫殿建筑群中，在山上修建了亭台楼阁，成为元代皇帝举行宴会的活动场所之一。永乐时修建北京城，把拆除元代建筑的废料，以及开挖护城河的泥土，一起堆在了这座山上，这座山在明代称为万岁山。从中国传统文化中的五行学说来看，北京是一座“藏风得水，五行不缺”的城市，在五行中，东为木，南为火，西为金，北为水，中为土，而对应北京城来看，城东为神木，城西是大钟，城南是燕墩，城北是昆明湖，而城中则是景山。神木即是神木厂，是储存木材的地方；燕墩是在永定门外，象征着古代的烽火台；大钟是指大钟寺的古钟；北面的水则是指颐和园昆明湖的水，或是镇水兽铜牛；中间的土则是由景山来象征，因为景山是用泥土堆起来的，景山也就成了北京城的镇山。此外，传统的观点认为建筑要背山面水，景山的修建，也就成了紫禁城宫殿的“倚山”。在明代，每到重阳节，皇帝都要亲自登上万岁山，登高远眺，祈求长寿，景山的祭祀与礼仪功能也在不断得到增强。

1644年，李自成占领北京，但很快又败给了吴三桂和清朝的联军，不得不退出北京，在离开北京之前，李自成放火焚烧了一些宫殿和建筑，清朝在入关后面对残破的北京城，基本上接受了原有的布局，对皇城进行了一些修缮，对北京城的中轴线也进行了完善与丰富。北京城的中轴线建设，从元代确立之后，明代进行了很多的调整与完善，到嘉靖时基本成形，之后未有明显的变化。中轴线是北京城市的脊梁，是城市布局的主要标准，也是中华传统文化的重要表现形式。

三、中轴线建筑及特征

无论是从行走在北京的这条中轴线上，还是从空中鸟瞰这条中轴线，我们都能很明显地发现，在这条线上分布着许多重要的建筑，从最南边的永定门，到最北边的钟鼓楼，沿线既有御路、街道、河流、桥梁，也有城门、城楼、宫殿，还有以轴线对称的方式组合分布的建筑，如太庙与社稷坛、天坛与先农坛等。这些建筑各有特色，深入了解这些建筑的功用与特征，才能更好地理解北京中轴线的文化内涵。

永定门是明代北京城中轴线的最南端，这座城门修建于嘉靖四十三年（1564年），是外城的南面城门，与内城的正阳门遥相呼应，由城楼、箭楼和瓮城组成。外城只是包住了内城的南面一面，有南、东、西三面城墙，外城城楼的规制皆低于内城的城楼，只有永定门城楼是重檐歇山顶，这也说明了南面城楼的重要性。

继续往北走，则到了内城的正阳门，也就是俗称的前门、大前门，这座城门建于永乐十七年（1419年），明代初期，这座城门沿用了元代的名称——丽正门，到明正统时才改名正阳门，正阳门前共有三座桥，城楼为三重檐歇山顶，面阔九间，进深五间，是规格最高的城门之一，也表现出了这座城门作为内城南城门的地位之高。

进入内城之后，便是大明门，这座门是仿照南京的洪武门修建。大明门修建时，大学士解缙撰写了门联："日月光天德，山河壮帝居"，这副门联歌颂出了明朝一统江山、定都北京是顺应天意，也表现出皇帝居住之地的高贵，深受永乐皇帝喜爱。

继续往前为承天门，前有外金水河，上有五座桥梁，正中为御路桥，是专门供皇帝行走的，这座桥在正中轴线。御路桥两边为王公桥，最外侧的两座桥称为品级桥，分别是给王公贵族和三品以上官员行走的，而三品以下的官员则只能走太庙和社稷坛外的两座公生桥。承天门是皇城的正门，其设计者是明代的建筑设计师蒯祥，建成之后在正中高悬"承天之门"的匾额，寓有"承天启运"与"受命于天"之意。承天门造型威严庄重，气势宏大，是我国古代城门中的杰出代表作。其在明代曾两次被毁，第一次是天顺元年（1457年）时遭雷击起火被焚毁，第二次是明末李自成的农民起义军攻占京城时被毁。金水桥前后还各有一对华表，华表是从尧舜时期的"诽谤木"发展而来，本是为了让君王听取民众的意见，但到后来发展为了帝王所在宫殿的标志，华表上各有一只神兽"犼"，一只代表"望君出"，是希望深居宫中的皇帝能够到外面走一走，了解民间疾苦，另一只代表"望君归"，是希望在外游山玩水的皇帝赶快回来处理朝政。承天门是皇城中的重要建筑，隔离着普通百姓与王公贵族，明代在门前还修建了"T"形广场，广场东、西、南三面都修建了城墙，使广场封闭起来。

继续往北则是宫城的核心——三大殿。明朝初期三大殿分别叫奉天殿、华盖殿和谨身殿。奉天殿是举行国家重大活动的主要场所，《万历野获编》记载，“奉天殿者，太祖所建，以奉天殿先，凡节候朔望荐新以及忌日，俱于大内瞻拜祭告，百官皆不得预列，循至列圣，追祔先朝帝后”。也就是说，每年的重大节日的庆祝，重要仪式的举行和重要庆祝活动都是在奉天殿进行，奉天殿面阔九间，进深五间，重檐庑殿顶，是紫禁城内，乃至全国之中最尊贵、最高大、规格最高的建筑。奉天殿在嘉靖年间改名皇极殿，文献记载：“朝殿，太祖名之，成祖因之……上复以为不雅，取《洪范》字义，改奉天殿曰皇极殿，门曰皇极门。”因为在这之前，奉天殿曾多次被大火焚毁，嘉靖皇帝认为改名可以避免火灾，所以才把奉天殿改了名字，皇极殿在清代被改为了太和殿，并一直沿用至今。

奉天殿后面就是华盖殿和谨身殿，华盖殿和谨身殿也是举行重大活动的场所，不过其政治规格要略逊于奉天殿，华盖殿在嘉靖时改名为中极殿，这里是皇帝出席大典前休息的地方，有时皇帝也会在此殿召见大臣。谨身殿在明代主要是大典前皇帝在此更衣，册立皇后、皇太子时在此殿接受祝贺，在嘉靖时改名为建极殿。三大殿虽然在同一条中轴线上，但建筑风格不一，奉天殿为庑殿顶，华盖殿为方形的四角攒光顶，谨身殿为歇山顶，屋顶的变化，给庄严肃穆的故宫带来了美感和活力。三大殿本为皇帝处理朝政的场所，但明代中后期曾出现过几位长期不理朝政的皇帝，如嘉靖皇帝就因尊崇道教，在西宫长期修炼，就曾几十年都不到三大殿上朝。

谨身殿之后就到了乾清门，整个宫城为前朝后寝结构，并以乾清门为分界线，往南是处理朝政的三大殿，往北是皇帝和后妃生活起居的寝宫。与前三殿对应，后宫中也修建了后三宫，分别是乾清宫、交泰殿和坤宁宫，在《周易》中，乾为天，代表男人，也就是皇宫中的皇帝；坤为地，代表女人，也就是宫中的皇后。到嘉靖时，为了表示宫中皇帝和皇后的和谐，又根据《易经》中的“天地交泰”，在两宫之中建立了交泰殿，含有“天地交合，康泰美满”之意。乾清宫面阔九间，重檐庑殿顶；坤宁宫坐北朝南，面阔九间，进深三间，有东西暖阁，始建于永乐十八年（1420年），曾在正德九年（1514年）和万历二十四年（1596年）两次毁于火灾，李自成农民军攻进北京时，崇祯皇帝的皇后周氏就是在坤宁宫内自缢身亡。

后三宫之后便到了紫禁城的北门——玄武门。玄武门建于永乐十八年（1420年），玄武是古代四神之一，代表北方之意。玄武门外就是明初堆筑起来的景山，景山在明代被称为“煤山”或“万岁山”，有关煤山名称的来源，史书记载：“久向故老询问，咸云土渣堆筑而成。”这可以说明，这一地方在元代时就是堆积宫中取暖烧剩煤渣的地方，明初景山的修建既是为了堆放拆除元朝旧建筑时留下的废料，放置开挖紫禁城护城河留下的泥土，也是为了建立一座压制前朝的镇山，并给紫禁城提供倚山。北京中轴线北面的建筑主要有地安门和钟鼓楼。地安门是皇城的北门，明代时称为北安门。明代北京中轴线的最北端是钟楼和鼓楼。

除了坐落在中轴线上的建筑外，还有不少建筑是通过中轴线左右对称，来增强城市布局的规整性，但反过来又让中轴线更加凸显出来。在《周礼·考工记》中就记载了“左祖右社”的城市布局，“左祖右社”又可以称为“左庙右社”，体现了中国礼制思想中崇敬祖先、提倡孝道，重视农业的思想。所谓“左祖”，是指在宫殿左前方设祖庙，祖庙是帝王祭祀祖先的地方，因为是天子的祖庙，也称太庙；所谓“右社”，是在宫殿右前方设社稷坛，社为土地，稷为粮食，社稷坛是帝王祭祀土地神、粮食神的地方。明代北京城市规划中的很多地方都是依据周朝王城的规制布局来建造的，因此这样的对称布局在北京还有很多。从永定门进入北京内城，所能看到的左右对称的建筑布局可谓比比皆是，祭祀坛庙有天坛与先农坛，太庙与社稷坛，日坛与月坛；宫殿有文华殿与武英殿，东六宫与西六宫；城门有崇文门与宣武门，东华门与西华门等。这些建筑与分布在中轴线上的建筑，一起构成了北京建筑的主体部分。

从永定门到钟鼓楼，这条从明代建成并一直延续至今的中轴线，现在还向北延伸到了奥林匹克公园。在传统社会里之所以如此强调中轴线，是为了表现君权受命于天和以皇权为核心的等级观念。北京的宫殿建筑采用严格的中轴对称的布局方式，中轴线上的建筑高大华丽，轴线两侧的建筑低小简单，这种明显的反差体现了皇权的至高无上，中轴线纵长深远更显示了帝王宫殿的尊严华贵。《中国建筑史》指出："世界各国唯独我国对此（中轴线）最强调，成就也最突出。"在历史的发展中，中轴对称已经成为中国古代建筑的重要规划方式，中轴线也使古建筑群具有了秩序，使古建筑更加规整。

第四节 明代北京中轴线的特征

明代北京城的中轴线上配置了体量巨大的各种建筑，那些象征着国家权力、国家祭祀和国家礼仪的建筑，或被建造在中轴线上，或是以轴线对称的形式被放置在中轴线两侧，这就使得中轴线成了国家政治、祭祀和礼仪的轴线。在这条轴线上的建筑，依据建筑的功能、性质和重要性，有差别、有秩序地安排它们应处的位置，形成既错落有致，又和谐统一的艺术效果，不同建筑形态不一，结构各异，也给庄严的北京城增添了几分意趣。贯穿南北的中轴线把京城分为了东西两个部分，把皇城、宫城、内城和外城有机地联系起来，总之，中轴线对规划统领全城建筑布局起到了至关重要的作用。然而，在强调中轴线作用的同时，我们也应该看到中轴线自身的文化内涵，明代北京中轴线自身也承载着皇家的政治、祭祀、宗教和休闲文化。

一、皇家政治文化

北京作为国家的首都，其建筑布局最重要的是要表现出至高无上的皇权，要成为国家礼仪的典范。《左传・正义》记载：“天子之城方九里，诸侯礼当降杀，则知公七里，侯、伯五里，子、男三里。”早在周代的时候，就已经规定了每个级别的城市规模，这一规则也一直得到了延续。北京是明代全国等级最高的城市，共有三层完整的城墙，南面还有第四层城墙，把紫禁城放在了最核心的内部，既是为了保护皇帝的安全，也是为了彰显出皇权的神秘与尊贵。

从中轴线上建筑的取名来看，也充分展示了北京中轴线的政治文化内涵。永定门是中轴线的最南端，也是外城的南大门，之所以取名永定，不仅是为了与南门外的永定河相对应，更是想表达明朝统治者希望天下安定，江山永固的愿望。往北走就到了正阳门，正阳门是内城的南大门，正阳门是所有城门中规格最高的城门，“正阳”雄浑大气，表现出明朝的阳刚之气。此外，诸如天安门、地安门、大明门、玄武门等城门的称呼，无不表现出明朝祈求安定的愿望。

中轴线上的皇家政治文化最主要表现在中轴线建筑的作用上。自汉武帝时董仲舒提出君权神授、天人感应学说之后，中国历史上的皇权与神权就不断走向统一。到明清时期，皇权也是神权，神权也是皇权，两者已经合而为一。因此，皇帝的诏令开头必为“奉天承运，皇帝诏曰”。史书记载：“国朝圣节、正旦、冬至，大朝会则奉天殿，古之正朝也。常日则奉天门，即古之外朝也。而内朝独缺，然非缺也，华盖、谨身、武英等殿，岂非内朝之遗制乎？”也就是说，平时遇到重大的庆典节日，都是在奉天殿举行，奉天殿和奉天门是古制中的外朝，华盖殿、谨身殿、武英殿等则是古制中的内朝。在三大殿，“不时引见群臣，凡谢恩辞见之类，皆得上殿陈奏。虚心而问之，和颜色而道之，如此，人人得以自尽。陛下虽深居九重，而天下之事，灿然毕陈于前，外朝所以正上下之分，内朝所以通远近之情”。在三大殿内，皇帝接受臣子们的建议，这样就可以让每个人得以抒发自己的见解，皇帝也可以了解天下之事，这段话的最后一句，说明了外朝和内朝的不同，但事实上，明朝中后期出现了几位荒废朝政的皇帝，三大殿的作用被极大地削弱了。

在三大殿之外，外朝还有文华殿与武英殿。文华殿与武英殿在建制上是三大殿的配殿，所以主要建筑都为单檐歇山顶，建筑规格也较低，处于从属地位。在中国古代有“前朱雀、后玄武、左青龙、右白虎”的说法，对应紫禁城内的建筑而言，则午门代表朱雀，玄武门代表玄武，文华殿代表青龙，武英殿代表白虎。在明代，文华殿是太子读书的地方，史书记载，“（文华殿）太子读书大本堂，选民间之俊秀及公卿之嫡子入堂中伴读，谓之龙门秀才”。嘉靖以后，除了供太子读书外，每年春秋两季，皇帝还要在这里邀请朝臣讲述儒家经典。到清代乾隆时期，在文华殿创建了文渊阁，藏《四库全书》和《古今图书集成》，更是增添了文华殿的文化底蕴。武英殿与文华殿对称，在明朝，文华殿与武英殿并没有明显的文、武功能之分，更多的时间这里也在从事文化活动，但李自成攻进北京后，未选择入驻三大殿，而是在武英殿处理政事，在撤离之前也是在武英殿仓促称帝登基，这又给武英殿增加了军事方面的色彩。

北京的中轴线，充分展示出了传统社会的皇权思想，皇城安排在了全城的中心，也是在南北中轴线的中心地带，体现出皇宫的主导地位；围绕紫禁城布局的“左祖右社”“面朝后市”是为了表现至高无上的皇权尊严；按中轴线对称铺开的道路，以经纬交叉的形式遍布京城，居中的皇宫，成为交通最为发达的地方。北京的中轴线是皇权至上这种传统思想最好的体现。

二、皇家祭祀文化

中轴线两侧对称分布着众多皇家祭祀建筑。史料记载：“永乐十九年春正月甲子朔，上以北京郊社，宗庙及宫殿成，是日，早躬诣太庙，奉安五庙太皇、太后神主。命皇太子诣天地坛，奉安昊天上帝、厚土皇地祇神主。皇太孙诣社稷坛，奉安太社太稷神主。黔国公沐晟诣山川坛，奉安山川诸神主。礼毕，上御奉天殿，受朝贺，大宴文武群臣及四夷朝使。”从这条记载可以看出这些祭祀坛庙的重要性与等级，明成祖朱棣在迁都后第一年最先做的事情就是祭祀，也说明了传统社会皇帝对祭祀是十分重视的。

在这些祭祀坛庙中，太庙和社稷坛是规制较高的祭祀建筑，太庙是宗族和血脉的代表，社稷是国家和江山的象征，因此这两个建筑也是中国古代城市规划中最为讲究的左右对称建筑。太庙即祖庙，是皇帝祭奠先祖的家庙。《论语》中记载：“子入太庙，每事问。”孔子对周礼是十分熟悉的，但他来到祭祀周公的太庙里，却每件事情都要问别人，这说明了他对周礼的恭敬态度，也说明孔子对太庙的尊敬与虔诚。在中国古代，十分重视对祖先的祭祀，据文献记载，古代宗庙，是每庙一主，也就是每个庙供奉一位祖先，唐夏有五庙，商有七庙，周亦有七庙，汉代则不仅在京城立庙，各个郡国也同时立庙，于是有167所宗庙，这和后来天子宗庙只能有太庙一处的制度，是很不相同的。

太庙的祭祀是最为隆重的，可以分为大祀、中祀和群祀。大祀为皇帝亲自祭拜，等级最高；中祀一部分是皇帝祭拜，大部分则是皇帝派遣官员前去祭拜；群祀就是官员代替皇上去祭祀。太庙始建于明永乐十八年（1420年），嘉靖、万历年间屡次重建，在清代顺治、乾隆年间又多次修缮和改建。太庙的建筑主体为坐北朝南，有三重围墙，前后共三门。主体建筑有前殿、中殿和后殿三大殿，以及两旁的东西配殿。前殿为祭典之地，每至年末举行祭礼时，即将中殿供奉的神主木牌移至此处，现在殿额有满汉文对照的“太庙”木牌，殿内原供奉着木制金漆的神座，帝座雕龙，后座雕凤。座前陈放有贡品、香案和铜炉，两侧的配殿设皇族和功臣的牌位。中殿又称寝宫，是供奉皇帝祖先牌位的地方，黄琉璃瓦，单檐庑殿顶，面阔九间，进深四间，中殿内正室供奉太祖，其余各祖分供于各夹室，除了祭祀皇帝外，皇后也在这里得到了祭祀，在明代，仅供奉原配的皇后，到清代则继配的皇后也在祭祀之列。除了皇帝、皇后外，“东庑侑享诸王十五人，西庑侑享功臣十七人”，也就是说，还有15位亲王和17位功臣也在中殿获得了祭祀。后殿又名祧庙，是存放祭祀用品的地方。不过，明代太庙的祭祀，似乎并不符合古制，文献记载：“宗庙之制，象人君之居，前制庙以象朝，后制寝庙以藏主，列昭穆。寝有衣冠、几杖，象生之具。汉蔡邕《独断》，所言如此，盖古制也。今太庙，主藏于寝，而岁时于庙，止设衣冠以祀。不知国初儒者之议何据。”[①]宗庙本应修建的像皇帝生前居住的地方一样，前庙要像朝廷，后庙要像寝宫，这才是古制，但明代的太庙，皇帝被供奉在了寝宫，一年只有一次放在前庙，而且只是设置了衣冠以供祭祀，这使得明朝中后期的人都感到困惑，不明白明初的儒者是依据什么来这样设计太庙的。

社稷坛位于中轴线核心部位的右侧，天安门城楼西侧，也就是现在东城区的中山公园内。社稷坛古即有之，传说社神是句龙，稷神是弃，他们是中华民族尝试种植各种农作物的祖先，所以社稷坛也是祭

---

① ［明］何孟春：《余冬序录》卷三《外篇》。

祀土地神和五谷神的场所，现在国内仅存这一座社稷坛。社稷坛所在的位置为元代的万寿兴国寺，明初辟为皇家祭祀社稷之处，每逢夏至、冬至，皇帝都要来这里祭祀社稷神。社稷坛占地面积约16万平方米，平面呈不规则的长方形，南北略长，分内外两部分，其主体建筑包括祭坛、拜殿、戟门、神库、神厨以及宰牲亭等。祭坛位于内坛正中，其中央按照阴阳五行方位铺有五色土，分别是中黄、东青、南红、西白和北黑，象征完整的中国领土。拜殿位于社稷坛北，这里是为皇帝到此祭祀时临时休息，或是遇雨时临时祭拜之处。1925年孙中山先生病逝于北京，曾将灵柩停放此处，拜殿自此改名为中山堂。神库和神厨位于坛西南，坐西朝东，神库在南，神厨在北，两处形制及规模相同。宰牲亭位于内坛西门外南侧，也是在神厨的南侧，是宰杀祭祀用的牲畜的场所。

如果将视线转到中轴线的最南端，还能发现一组重要的祭祀建筑，就是天坛和先农坛。漫步于永定门内大街，我们可以很明显地看到，天坛西坛墙上的两座门，与先农坛东坛墙上的两座门遥相呼应，这既是进入北京后的第一组对称建筑群，也是十分重要的皇家祭祀场所。在明朝初年，天与地原是合并在一起祭祀的，直到嘉靖九年（1530年）才改为天地分祭，在天坛建圜丘坛，专门祭天，另外在北郊建方泽坛祭地。天坛主建筑位于紫禁城的东南方，始建于永乐十八年（1420年），是明清两朝皇帝冬至日时祭皇天上帝和正月上辛日行祈谷礼的地方。天坛的建筑布局呈“回”字形，主要建筑有圜丘坛、皇穹宇和祈谷坛，祈谷坛的祈年殿是天坛最主要的建筑。天坛建筑以圆和方为主，方中有圆，圆中有方，表达了中国传统文化中的天地方圆思想。天坛的另一个建筑特色是把声音艺术与建筑艺术完美地结合。皇穹宇的回音壁，圜丘坛中间的圆心石，都是巧妙地运用了声学原理，从而造成了“人间私语天闻如雷”的效果。先农坛与天坛相对，又名山川坛，是明清两朝皇帝祭祀先农、山川、神祇、太岁诸神的场所。每年开春，皇帝都会亲自率领文武百官行籍田礼于先农坛。籍田礼也就是皇帝亲自耕种。虽然这只是皇帝的简单行为，但却表现出中国古代社会对农业的重视。500多年历史的先农坛也述说了中华民族历史悠久的农耕文化。

北京中轴线上另一组重要的祭祀建筑是日坛和月坛。日坛在北京朝阳门外，表示日出东方；月坛在北京阜成门外，表示月落西方。日坛祭坛向西，月坛祭坛向东，两组建筑都面朝紫禁城，中轴对称，成为紫禁城外重要的点缀。日坛又称朝日坛，明嘉靖九年（1530年）始建，但日坛正式作为祭祀太阳的场所是在隆庆元年（1567年），此前一直是在天坛的圜丘外祭祀太阳。《天府广记》记载："祭（大明之神）用太牢，玉礼三献，乐七奏，舞八佾，甲、丙、戊、庚、壬年，皇帝亲祭。"天坛的祭祀在每年的春分日，每十年中有五年皇帝会亲自前往祭祀，其余的年份则由文官祭祀。月坛又称夕月坛，始建于明嘉靖九年（1530年），是皇帝祭祀夜明神和天上诸星神的场所。与朝日坛不同，当皇帝不亲自到夕月坛祭祀时，则是派大臣前来祭祀。清代劳之辨有诗云："尚白总依商帝色，位西仍避太阳尊。"[①]说明朝日坛的地位是要高于夕月坛的。

孔庙原称国子监孔庙，是皇帝举行国家祭孔祭典之处。整体建筑坐北朝南，占地面积约有2万平方米。院内主要建筑有先师门、大成门、大成殿、崇圣祠等。孔庙的中心建筑是大成殿，面阔九间，进深三间。历代帝王庙位于西城区阜成门内大街，是中国目前所存唯一一处祭祀历代帝王的皇家坛庙。明太祖朱元璋建国之后，曾在南京建造历代帝王庙，供奉三皇五帝及部分开国君主17人，东西配殿则供奉历代贤臣32人。永乐迁都之后，每逢祭祀则多有不便。至嘉靖九年（1530年）着手在原保安寺旧址另建新庙，于次年建成。

《左传》记载："国之大事，在祀与戎。"自商周以来，君王们便把祭祀作为了国家最重要的事情。西汉武帝时期，董仲舒提出君权神授、天人感应学说，并成了官方采纳的学说之后，君权与神权、君主的现实政治与灾异天象就结合起来了，祭祀活动也得到了很大的扩

---

① ［清］劳之辨：《夕月坛陪祀诗》。

展。在多神信仰的中国，不仅皇家的祭祀礼仪形式多样，祭祀建筑相互呼应、设计巧妙，民间祭祀的神灵也是数不胜数，祭祀活动丰富多彩。明清时期的北京城内，有着许许多多的祭坛，大多数重要的祭坛都分布在中轴线的两侧，以对称的形式整齐地排列着。祭祀活动是北京城内最重要的活动之一，各类规格的祭祀建筑和场所分布在中轴线两侧，既让这些祭坛显得整齐与庄严，也给北京中轴线增添了浓厚的祭祀文化色彩。

三、皇家宗教文化

宗教是人类社会发展到一定历史阶段出现的一种文化现象。东方和西方在宗教的表现形式上有很大的区别，主要体现为“东方看庙、西方看教”，也就是说在东方最多的是庙堂，而西方最引人注目的是教堂。在每一座城市，或多或少都有一些宗教建筑，以满足人们的需求。北京城历经元明清三代的发展，形成了辉煌灿烂的宗教文化。

元明易代，北京中轴线上的宗教建筑也有了很大的变化。明代在中轴线上最突出的是道教文化，主要的建筑是钦安殿和火德真君庙。钦安殿始建于永乐年间，是随紫禁城一起规划修建的。由此可见明初统治者对钦安殿的重视。钦安殿位于御花园正中偏北的高台上，整个建筑坐北朝南，面阔五间，进深三间，供奉玄武大帝。钦安殿是在官方认可的神殿中，唯一建在中轴线上的殿堂。明朝信奉玄武大帝，与明成祖朱棣个人经历有关。明初朱棣被封为燕王，驻扎在北方的燕京，而玄武是代表北方的神灵，朱棣认为自己成功夺取天下，是获得了北方之神——玄武大帝的保护，并认为自己是玄武大帝飞升500岁之后的再生之身，于是宫中对玄武大帝的信奉十分兴盛。在北京修建道教建筑的同时，朱棣在即位后，也在南方的武当山大肆修建道观，并赐名武当山为“太岳太和山”，当时的武当号称有“九宫、八观、三十六庵堂、七十二岩庙”，规模十分宏大。明嘉靖时，道教信仰再次受到皇帝的重视，嘉靖皇帝还特别在钦安殿垣墙正门上题写了“天之一门”。明代北京中轴线旁边有一处宗教建筑——火德真君庙，即是俗称的火神庙，位于中轴线北端。火神庙最早建于唐朝贞观年间，北京的火神庙在万历三十三年（1605年）重修，庙里供奉着真武大帝。火神庙坐北朝南，三进院落，山门东向。由于北京建筑多为木结构，且京城建筑十分密集，一旦发生火灾，将会造成极大的损失，于是火神信仰十分盛行。嘉靖、万历年间，金銮殿和乾清宫接连发生火灾，火神庙由此受到重视。在万历年间，火德真君庙成为皇家道观，其等级和规制都得到很大的提升，改用了黄、蓝的琉璃瓦，并每月给火神庙发放50两白银，请庙里的道士们为皇宫祈福。

到清代，皇家信仰佛教，于是在中轴线上展现的就是佛教文化。主要建筑为景山上的五座佛堂，现已经被改建为山亭。从历史的发展可以看出，皇家信仰的宗教，也会在北京的中轴线上得到体现，这表明了中轴线上宗教建筑的重要性，也反映了皇家信仰的变迁过程。

四、皇家休闲文化

明清的皇城既是皇帝和大臣处理全国政务的地方，也是皇帝和后妃们生活起居的地方。中国历史上的历代帝王，大多奢侈享受，明清两朝虽然更多的政务是皇帝亲自处理，但在皇城内还是修建了不少的皇家休闲娱乐场所，这些休闲娱乐场所也成为北京城的重要组成部分。

景山作为明代帝后日常休闲生活的场所，其规制和建筑均可谓明代皇家休闲文化的典型代表。从堪舆学角度来说，依山面水是建筑布局最佳的选择。在元代，宫城北面就是皇家的苑囿，没有山可依，当时宫城西面为琼华岛，虽然被称为万岁山，但却没能起到靠山的作用。明朝营建紫禁城时，更加注重靠山的建设，为了给皇城营造背山面水的布局，在紫禁城北堆积出一座土山，并在宫城前开挖出金水河，遂造成宫城“依山面水”的之势。到清朝，万岁山改名为景山，并在景山上建造了大量的建筑。乾隆十六年（1751年），在景山上建造了五座山亭，从西至东分别是观妙亭、周赏亭、万春亭、富览亭和辑芳亭，这些山亭建筑造型优美，富有皇家气魄，让景山的建筑规划更加合理，成为一个人工建造的建筑杰作。

同样，西苑也是皇家休闲的重要场所。西苑位于西华门外，是明清时期皇城内最大的园林。它的历史可以追溯到辽代在这里建立的“瑶屿行宫”。元代这里为皇城的禁苑，称为上苑，元至正八年（1348年），上苑内的山被赐名为万岁山，水被赐名为太液池。到明代，在元代禁苑的基础上进行了扩建，明初对广寒殿、清暑殿和琼华岛上的一些建筑进行了修葺。天顺年间开辟了南海，并在琼华岛和太液池沿岸增添了许多新建筑，从而形成了北海、中海和南海的三海布局。杨荣的《琼岛春云诗》描绘了春天琼华岛的景色：“山岛依微近紫清，春光淡荡暖云生。乍惊树杪和烟湿，轻拂花枝过雨晴。每日氤氲浮玉殿，有时缥缈护金茎。从龙处处施甘泽，四海讴歌乐治平。”西苑作为皇家园林，其园林艺术继承了中国的传统造园技艺并有所发展和创新，园中有园，园内外借景等布局手法都有巧妙的运用，体现了中国园林的艺术水平。

与前文提到的三种文化不同，以景山和西苑为代表的皇家休闲文化，体现出中轴线上建筑的另一种形质。文献记载：“宫阙之制，紫金城固正中，而外垣则东狭西阔，西圆东方，留都则已先为之，而北都取法焉，不以方整为规……西苑在禁苑西，内有太液池，池内有琼华岛，岛上有广寒殿，乔松高桧，俨然蓬莱，绿荷开时，金碧辉蘸。”[①]京城内的园林景观，没有其他建筑的庄严肃穆，多了几分玩赏的意趣，让北京的建筑形式更加丰富。

纵观明清时期的北京皇城，作为核心部分的紫禁城变化不大，基本保留了“三殿两宫”的主体格局，以及外朝东西两殿及内廷东西六宫的配置。综上，明代北京城市中轴线在建设和布局上主要有以下特点：其一，城市以元大都城为基点向南扩展，突出皇帝面南而王的都城建筑布局特征。如紫禁城、皇城向南拓展，带动了整个城市向

① ［明］王士性：《广志绎》卷二《两都》。

南拓展，嘉靖年间将城市中轴线向南延伸到永定门，并把天坛、先农坛位列中轴线的起点之两侧，从而强化了中轴线建筑左右对称的布局特征。其二，利用修建紫禁城挖护城河的泥土以及拆除元朝宫城的渣土，从而在紫禁城后面堆积成万岁山，增加了这条线的制高点。其三，将“左祖右社”对称安排在皇城内，再次强调了“左右对称、中轴横贯”的皇城格局。明代北京中轴线包容了北京地区多层次的文化特征和人文活动，涵盖了北京的皇家政治文化、宗教文化、祭祀文化、商业文化和皇家及市民休闲文化等。这些丰富多彩、层次递进的传统文化经由中轴线而延展，充实着本地的文化内涵。

第五节　明代北京中轴线的文化内涵

20世纪50年代，林徽因在《新观察》杂志撰文时如此评价故宫："故宫建筑本身是这个博物院中最重要的历史文物。它综合形体上的壮丽、工程上的完美和布局上的庄严秩序，成为世界上一组最优异、最辉煌的建筑纪念物，它有无比的历史和艺术价值。"单士元曾说："故宫是一部中国通史，它不只是皇宫，从建筑布局、空间组合，到匾额楹联里，都能体现中国5000年的社会发展史、文明史、文化，其收藏文物是传统。"侯仁之先生也讲过："较之华盛顿城市规划的东西轴线，北京城的中轴线有它的特殊含义。中轴线的南北向确实有深厚的历史文化渊源，是受自然环境的影响加上人工的创造而发展起来的，在意识形态上形成这么一个思想。紫禁城在这条中轴线上，应视为城市规划发展进程上的一座里程碑。从城市规划结构上讲，它是中国历史上皇权统治时期最后、最完整、宝藏最丰富的一个建筑群。"

尽管城市中轴线一仍元旧，但对中轴线及其轴线上的建筑，则进行了幅度较大的"规制悉如南京"的改造。明清北京城，较元代北京——大都城中轴线的变化，归纳起来突出表现在以下几个方面：

宫城轴线上朝寝宫殿的改建。元时宫城内，轴线上的宫殿建筑主要有前朝大明殿和后寝延春阁南北两组。明王朝迁都北京营建宫室，志在"更作"，元大内前朝大明殿与后寝延春阁及中间"工"字形柱廊，其基址尽管可资利用前朝大殿、后寝延春阁等，但由于明代宫城位置南移，事实上却难以利用。至于明代宫城内以轴线为分界线的东西六宫，元时则根本不存在。同时，元时那种朝夜相间、内外无别的格局，也很难适应汉族传统文化和永乐皇帝"敬天法祖"的要求，因此在营建明代宫城之前，元大内轴线上的宫殿建筑群体，几乎无保留地全部被拆除。

从永乐四年（1406年）到永乐十八年（1420年），经过十多年的苦心经营，明北京紫禁城（宫城）基本落成。其宫殿布局，沿南北轴线排列，以贯穿奉天殿宝座正中的子午线为紫禁城的中轴线，并向两旁展开，左右对称。其轴线上的宫殿建筑，主要分前朝与内廷两个部分。前朝奉天殿、华盖殿、谨身殿，因系皇帝与大臣举行各种重大朝仪盛典之场所，故建筑气势恢宏，庭院宽敞壮丽；内廷以乾清宫、交泰殿、坤宁宫为主体，因系皇帝处理日常政务和帝后、妃嫔、皇子、公主居住、游乐之所，其建筑布局和风格，严谨、深邃而富有生活气息。内廷正北，紫禁城轴线的煞尾部分为御花园，园内主要建筑有钦安殿、延晖阁、御景亭等，园内古柏参天，山石嶙峋，清幽秀丽的氛围与巍峨壮观的宫殿，相映成趣，别具风采。

宫城北"镇山"的出现。按照中国营建皇宫的传统，总是把依山面水作为理想的选择。元宫城北是皇家苑囿，无山可依。当时皇城之内宫城之西的琼华岛，虽称万岁山，但从地理位置上却无法成全"依山面水"的规制。明王朝营建紫禁城时，为了实现宫城"依山面水"的布局，把当时修筑紫禁城周围护城河挖出的泥土及当时拆除元大内宫殿的渣土，于紫禁城北堆积成山，加上宫城南开挖的内外两道金水河，遂造成宫城"依山面水"之势。这座新堆积成的土山，五峰并峙，奇峰突起，其中央主峰恰好位于北京内城东西两垣之间，成为全城对角线的中心点和中轴线的制高点。由于主峰正好压在元大内延春阁大殿的基址之上，寓有压胜前朝，确保江山万年之意，又称大内之镇山。

明清两代对皇宫北御园的悉心经营，遂使景山与北京城中轴线上的各类气势磅礴、富有皇家气魄的诸多宫阙坛庙建筑，遥相呼应，高下错落。站在主峰之巅的万春亭上，向南鸟瞰，紫禁城殿宇嵯峨，琉璃瓦殿顶熠熠生辉，天安门、正阳门以及坐落在正阳门外大街东西两侧的天坛、山川坛（今称先农坛）的雄姿，亦可尽收眼底。向北望，视线越过地安门、万宁桥，标志都城北面轴线终点的鼓楼和钟楼，历历在目。无论是从衬托紫禁城的气势，还是加强中轴线在城市规划、布局中的地位和作用，这座人工堆积而成的万岁山，都可称得上是最成功的杰作。

中轴线两侧的坛庙建筑，进一步加强了中轴线建筑的内容和风采。在中国古代封建社会里，历代君王，都以天子自命，标榜君权神授，因此，凡祭天祀神的礼仪便非己莫属。明成祖朱棣迁都北京后，也依南京都城遗制，在宫城前东西两侧建太庙和社稷坛；在正阳门外轴线东西两侧，建天地坛和山川坛。太庙是明清两代皇家的祖庙，创建于永乐十八年（1420年），明嘉靖、万历和清顺治、乾隆年间曾多次重修。每逢大祭，如登极、亲政、大婚、册立、奉安梓宫及传统祭祀节日等，都在这里举行隆重、肃穆的敬天法祖仪式。社稷坛在阙之右，与太庙东西相对，是明清两代帝王祭祀社（土地神）、稷（五谷神），祈祷丰年的场所。所谓社稷坛，是指用汉白玉砌成的方形三层石台，坛上铺着由全国各地纳贡而来的五色土，按中黄、东青、南红、西白、北黑五个方位填实，以表示“普天之下，莫非王土”的意思。石台中央的方形石柱称为“社柱石”或“江山石”，表示皇帝“江山永固”。祀社稷原是古代的一种祭神仪式，其目的是为了祈祷丰收，后来封建帝王自命于天，把社稷看成国家的象征，每年春秋仲月特来致祭，如遇出征、班师、献俘等也于此举行仪式。元大都城的“左祖右社”，分别建在齐化门与平则门内，距大内较远，且宫前的御道过短。明朝规划北京宫殿时，把“左祖右社”布置在宫殿的左右两侧，既方便了帝王的祭祀活动，更加贴近“左祖右社”的礼制，又使宫前出现了漫长深邃的空间，并利用这个空间，在大明门内，采用宋元都城的遗制，安排了千步廊，从而取得尽善尽美的艺术效果。天地坛，永乐十八年（1420年）建于北京南郊（当时因尚未建南外城，正阳门以南即属郊外），合祭皇天后土。世宗嘉靖九年（1530年），恢复四郊分祭。在北郊建方泽坛祭地（皇地祇），东郊建朝日坛祭日（大明之神），西郊建夕月坛祭月（夜明之神），天地坛遂成为祭天祈谷之所，嘉靖十三年（1534年），正式改名为天坛。天坛内主要建筑有祈年殿、皇乾殿、圜丘坛、斋宫、神库、宰牲亭等。与天坛东西相对的是山川坛，建筑年代同天地坛。这是依据明洪武定制，在北京南郊外建立的一座祭祀太岁、风、云、雷、雨、四季月将、岳、镇、海、渎、京畿山川、天下名山大川和京都城隍诸神的场所。由于多神共处一地不符合礼制，明世宗组织阁僚礼制大辩论后，对明初洪武所定的有关礼制进行了改革，并用建筑规制把辩论的结果肯定下来。于是，嘉靖十年（1531年）七月，在山川坛内垣墙之南，出现了天神和地祇两座祭坛。至此在同一外垣墙之内，太岁、神祇、先农各有祭所的整体布局被确定下来。

北京中轴线有“北京脊梁”的美称，其总长度为7800米，从最南端的永定门开始，向北依次为永定门、先农坛、天坛、天桥、五牌楼、正阳门、大清门、天安门、社稷坛、太庙、端门、紫禁城、景山、地安门、钟鼓楼。这条中轴线，将外城、内城、皇城、紫禁城串联起来，形成一条规格严整、设计精密、气魄雄厚的中轴线，有着丰富的历史文化内涵。中轴线是一条赋予了特殊意义的轴线，主要包括两层含义：其一，中轴线的布局是以轴线上的建筑物为地理坐标；其二，利用横、纵主干道将这些建筑物串联起来，使之成为一个有机的整体。

北京城传统中轴线及其文物景观是经千百年都城设计规划的实践而后形成的。金中都城的规划“制度如汴”；元大都城的设计，本依《周礼·考工记》；明初国都南京，参考了宋元都城的规制。永乐时营建北京，“制度悉如南京”；清代定鼎北京，则一仍明代北京旧制，几无变化。因此，就目前北京城传统中轴线而论，可以说乃是最能体现封建社会都城设计特色的杰作。这条中轴线及其文物景观，近半个世纪以来，在保护方面，既有值得称赞的举措，也有令人遗憾的败笔。如轴线上的故宫、景山、钟楼、鼓楼，以及轴线两侧的太庙、社稷坛、天坛等，都得到了较好的保护和利用，在突出北京古都风貌，体现北京城市规划特色，都发挥了重要的作用。但同时也应看到，即使如轴线这样重要的文物景观，在保护利用方面，也有许多缺憾，值得认真地总结和反思。

总之，中轴线作为北京城市规划最主要的依据，是皇家思想与文化的外在表现，中轴线的南北走向有着深厚的历史文化渊源，是受自然环境的影响加上人工的创造发展起来的。无论是政治性建筑、祭祀坛庙、宗教庙宇，还是休闲娱乐的场所，它们的地理方位、建筑结构、规格等级都能反映出传统时代皇权统治下北京的城市文化格局。

第五章

鼎盛京师

顺治元年（1644年），清军入关，定都北京，明亡清兴。这不仅是封建社会发展史上王朝更替的大事，对于北京中轴线的发展也是一件大事。首先，清朝定都北京，延续了北京作为封建王朝都城的命运，这是北京中轴线在清代取得进一步发展的先决条件。其次，清承明制。明朝灭亡，清朝建立，中国社会依然在封建政治制度的轨道上行驶，不仅明代以来的宫室制度得以延续，而且政治礼制也得以进一步发展。最后，满族特色的影响。由于清朝是满族建立的，以至于北京中轴线的建设发展，乃至礼制文化都在不同程度上打上了满族文化的色彩。

第一节　清军入关与政治中心地位的继承

明朝末年，政权日益腐败，加之天灾人祸，各地起事不断，然天下大事，分久必合，合久必分，当时中国再现统一趋势。1583年，清太祖努尔哈赤以13副遗甲起兵，到1644年清朝入关，共61年。一个边地小族，人口不过二三十万，与明朝人口相比，对比如此悬殊，却能一胜再胜，最终取代明朝。

一、满洲崛起

万历十一年（1583年）五月，努尔哈赤以祖、父遗甲13副，兵不满百，攻打图伦城的尼堪外兰。从此，满洲走向了强盛之路。历史有其必然性的趋势，但最初的契机往往是偶然的。满洲兴起就是这样，东北地区原本最强大的不是努尔哈赤的建州女真，而是王杲。

明末，作为建州诸部中势力最强的王杲，与明朝的冲突不断。万历二年（1574年），王杲以明绝贡市，部众坐困，遂大举犯辽、沈，为明军所败。王杲投奔海西女真哈达部王台。结果被王台绑缚后献给明廷，被处死。王杲死后，其子阿台为报父仇，返回古勒寨（今辽宁新宾满族自治县上夹河镇古楼村）。万历十一年（1583年）二月，辽东总兵李成梁以"阿台未擒，终为祸本"，督兵攻打古勒寨。当时，建州女真苏克苏浒河部图伦城的城主尼堪外兰，受到明朝的扶植，辽东总兵李成梁也一直利用他，企图通过他加强对建州女真各部的统治。尼堪外兰也想借助明朝的力量，扩充自己的势力。于是，为讨好李成梁，尼堪外兰决定引明军至古勒寨，攻打阿台。

原来，阿台之妻是觉昌安（努尔哈赤之祖父）的孙女。觉昌安见古勒寨被围日久，想救出孙女免遭兵火，就同他的儿子塔克世（努尔哈赤之父）赶到了古勒寨。到了以后，觉昌安让塔克世留在外面等候，独自一人进入寨中。时间过了很久，还是没有看到觉昌安出来，塔克世感觉不妙，就进入寨中。这时明军攻破古勒寨，觉昌安和塔克世都被困在寨中。阿台部下尽遭屠戮。努尔哈赤的祖父觉昌安和父亲塔克世，也在尼堪外兰的唆使下被明军杀死。努尔哈赤听到噩耗后悲痛欲绝，责问明边官："祖、父无罪，何故杀之？"明官辩称误杀，将其祖、父遗体归还，并下敕书20道，令努尔哈赤承袭祖职，任努尔哈赤为建州左卫都指挥。

毫无疑问，杀害努尔哈赤祖、父的凶手就是明军。但由于当时努尔哈赤的力量弱小，根本不足以与明朝对抗。而明朝一面安抚努尔哈赤，一面又扶植尼堪外兰。努尔哈赤对明朝扶植尼堪外兰极为不满，但此时又没有力量与明朝对抗，便借祖、父被杀之愤，把矛头首先对准了尼堪外兰。努尔哈赤曾经向明军提出要求，说自己的祖、父是由于尼堪外兰的教唆才遭遇劫难的，希望明军抓住尼堪外兰，交给自己处置。但这个要求遭到了明军的拒绝。悲愤之下，努尔哈赤最终决定起兵报仇。

为了对付尼堪外兰，努尔哈赤首先把那些对尼堪外兰不满的人拉拢到自己的身边。尼堪外兰得知消息后，携妻子逃离。努尔哈赤攻克图伦城后凯旋。努尔哈赤时年25岁。

努尔哈赤初起时，只是建州女真中一支弱小的力量。在建州内外，有许多强大的敌人。但他运用正确的策略，征剿并用，采取各个击破的方法，仅用短短几年的时间，就把周围各部统一起来。

努尔哈赤死后，皇太极继汗位，采取一系列措施加强、巩固统治，为进军中原奠定了基础。崇祯九年（1636年），皇太极去汗号称皇帝，定国号大清。中国历史上最后一个封建王朝——清朝，正式建立。此后，皇太极集中主要精力开始了与明朝的攻战，严重消耗了明朝的军事力量。

正当胜利指日可待之际，皇太极去世，不满六岁的福临继位，是为顺治帝。皇帝虽然小，但辅政的多尔衮并没有乱政，而是抓住时机，率领清军，兵锋直指山海关。

二、李自成起义军抢先进入北京城

当时有能力取代明朝，统一中国的势力绝非仅有清军，如火如荼的李自成农民军同样强大，而且抢在清军之前，于顺治元年（1644年）三月十九日攻入北京，逼得崇祯皇帝吊死在煤山（今北京景山公园）。

李自成于1644年正月初一在西安称王，以西安为西京，正式宣布建国，国号“大顺”，年号“永昌”。二月，李自成率农民军以狂风暴雨之势，东渡黄河，占领太原，然后分兵两路直捣北京。一路由刘宗敏等率领，经固关、真定、保定北上；一路由李自成统率，经大同、宣化入关。

农历三月初，起义军一路逼近京师，惊恐之下，“京城九门锁钥益严”。三月初九，崇祯帝命司礼监掌印太监王承恩担任京城内外提督军门。大敌当前，明朝廷竟然组织不起有力的军事防御。初十，崇祯皇帝甚至亲自动员臣下捐款，结果应者寥寥，谁都不肯出钱出力，最终只募捐了20多万两银子，杯水车薪，根本无济于事。

十三日，崇祯帝又令京城各门增加守卫兵卒，兵饷少得可怜，每人只给钱百余。当天，起义军至居庸关。养兵千日，用兵一时。然而，驻守在当地的明朝将领唐通、杜勋却缴械投敌。居庸关失守，北京的门户也就彻底洞开。此时的皇帝仍然信任太监，又起用旧司礼太监曹化淳，督守广安门。十五日这天，天气大变，狂风大作，以至于正阳门武安侯庙左旗杆在大风中被劈为两截，横于道上。

十六日，起义军扰掠昌平明朝皇帝陵，焚享殿，伐松柏。紧接着，自西山脚下安营扎寨，一直到沙河，连绵十余里。起义军首先进攻的是阜成门，“终夜焚掠，火光烛天”。十七日，进攻西直门，炮轰震天，人心惶恐，炮弹如雨飞入城中，西直门塌其一角，而守城太监在还击中放铁器大炮，由于火炮老旧，结果炮炸，烧死数人。无人可用的崇祯帝令各监局掌印以下大小太监全部充当城哨，这才保证每处城墙垛口有一人守卫。由于城内缺少供应，守城的太监和士兵们只能拿着钱到城外买东西吃，再加上兵饷微薄，倍加艰辛。当时，地安门附近的一户百姓自愿捐银300两。又有一位常年居住在广安门的60余岁老人，将其一生积蓄的400金也全部捐出充作军饷。受到感动的崇祯帝将这二人授为锦衣千户。

三月十八日一大早，崇祯帝命人取数千支箭，送到紫禁城内，准备殊死一搏，然而大势已去。李自成农民军攻阜成门，守将贺珍战死。据说当天“阴惨，日色无光，已而大风，骤雨冰电，迅雷交作，人心愁惨”[①]。

十八日晚，漏下三更，崇祯帝携太监王承恩之手，来到其住宅，脱掉自己的衣服，换上了王承恩的大帽衣靴，手持三眼枪，在数百名太监的跟随下，准备从朝阳门、崇文门突围。无果后，又走正阳门，企图夺门而出。结果守城士兵怀疑他们是奸细，弓矢下射，守门太监甚至对着崇祯帝一行施放火炮。惊恐之余的崇祯帝连忙返回宫中，又与太监王承恩把各自衣服换过来，登上万寿山，至巾帽局，自缢。当夜五鼓，农民军攻正阳门未克。

三月十九日黎明，人喊马嘶，城中人声鼎沸。德胜门、朝阳门、阜成门、宣武门、正阳门在一片惊慌失措中被打开，守城的士兵也在仓皇中丢盔弃甲。李自成率军由德胜门入城。太监王德化率宫内人员300名迎于门外，李自成命王德化等人照旧掌印，曹化淳等人则引导李自成从西长安门入大内。在承天门（今天安门）下，李自成连发3箭，射中承天门后，才浩浩荡荡进入宫内。四月十五日，李自成颁诏天下，论功行赏。二十日，改大明门为大顺门。[②]

大顺军入北京之初，李自成尚能约束士兵，不得掠人财物，欺凌妇女。京城秩序尚好，店铺营业如常，曾有两个士兵抢掠缎铺，立即被严惩于棋盘街。“民间大喜，安堵如故。”但是这种纪律执行没几天就变了。农民军开始掳掠明官，四处抄家。李自成在北京设立了由刘宗敏、李过主持的“比饷镇抚司”，专门负责镇压京城旧明官绅和

---

① 《甲申传信录》卷二。

② 以上见《甲申传信录》卷六。

追赃助饷的工作。

每位官员上缴的银两数按照官员的级别各有等差，中堂10万，部院、京堂、锦衣分别是7万、5万、3万，道科、吏部是5万、3万，翰林1万～3万不等，部属以下官员则各以千计。

为了逼迫这些官员交出钱财，刘宗敏制作了5000具夹棍，“木皆生棱，用钉相连，以夹人无不骨碎”。城中恐怖气氛日甚一日，人心惶惶，“凡拷夹百官，大抵家资万金者，过逼二三万，数稍不满，再行严比，夹打炮烙，备极惨毒，不死不休”。谈迁《枣林杂俎》称因此而死者有1600余人。毛奇龄《后鉴录》记载追赃结果，“共拷索银七千万，侯家十三，阉人十四，宫眷十二，估商十一，余宫中内努，金银器具，以及鼎耳门环，细丝装嵌，剔剥殆遍，不及十万”。

追赃助饷客观上打击了民众平日敢恨而不敢言的官绅，对大顺农民起义军的发展起过重大作用。但这项政策未能随着形势的变化而做出相应的调整，结果在政治上树敌过多，甚至连一般的士人也都不放过。《明季北略》记载：“自廿三至廿六日，满街遍捉士大夫，拘系行路之人，如汤鸡在锅。”由于追赃拷掠的扩大化，大大减少了农民军可以联合的对象，不仅把人数众多的汉族地主推给了当时的主要敌人——清军，而且也助长了起义军将领们借“赃”自肥，自毁长城。

更严重的是农民军领导阶层的享乐腐化。《甲申传信录》卷八记载：李自成进入京城后，即点裁缝、戏子。宫人有窦氏者，甚宠之，号曰：窦妃。李自成如此，其他人也没闲着。刘宗敏抢夺了吴三桂的爱妾陈圆圆。赵士锦《甲申纪事》说：“是日，予在宗敏宅前，见一少妇美而艳，数十女人随之而入，系国公家媳妇也。”《甲申传信录》《明季北略》等书也都记载刘宗敏“拥妓欢笑，饮酒为乐”；李过“耽乐已久，殊无斗志”。

天作孽，犹可违；自作孽，不可活。四月十四日，西长安街出现告示：“明朝天数未尽，人思效忠，定于本月二十日立东宫为皇帝，改元义兴元年。”由于农民军的倒行逆施，人们甚至开始怀念起明政权的时代了。

三、山海关之战

尽管李自成抢先一步进入北京，但他并没有笑到最后。四月，多尔衮率领清军，联合明将吴三桂，在山海关与李自成农民军展开血肉激战。最后，李自成战败，清军入关，开始了对全中国的统治。这场重要的战役就是山海关之战。而决定这场战役的关键因素就是驻守山海关的宁远总兵吴三桂。

早在李自成进攻北京、明朝廷摇摇欲坠的时候，崇祯皇帝就匆忙加封吴三桂为平西伯，并命令他勤王，急速回京救驾。吴三桂率领5万军队进京，途中听说北京已经陷落，便退回山海关，另做打算。李自成进入北京后，为防止吴三桂倒向清军，决定纳降吴军，于是封侯吴氏父子。清军当时也很重视吴三桂的这支军队，曾多次派人致书招降。考虑到自己在京家小财产的安全，吴三桂当即接受了李自成的招抚。李自成所派唐通接管山海关后，吴三桂便率部进京朝见李自成。抵达玉田时，他得知农民军在北京“将吴总兵父吴襄夹打要银”以及刘宗敏夺其爱妾陈圆圆的消息。吴三桂大怒，立即回头，率兵返回山海关，大败唐通守军，重新夺回了山海关。李自成得知吴三桂降而复叛的消息后，便率刘宗敏、李过等6万人马，前去攻打山海关。吴三桂降而复叛，置自己于腹背受敌的窘境。于是他一方面派人出关向清军求援；另一方面又派人西去，向农民军诈降，以争取时间，等待清军来助。此时双方力量的对比，开始向清军倾斜。

再说清军在决定进攻北京时，并没有一定要拿下山海关，而是准备从西经蓟州、密云等地绕道扑向北京。四月十五日清晨，大军进至翁后（今辽宁阜新境内），才行军5里，突然停止前进，众将士都感到很纳闷，随军的朝鲜世子李指使翻译官徐世贤探听消息，听范文程神秘地告诉他，山海关总兵吴三桂遣使二人要求清军前往山海关共同剿杀李自成。

多尔衮打开吴三桂来信后，大感意外。他为李自成攻克北京，逼死崇祯帝及后妃自缢不由得暗暗吃惊，而对曾一再招降而不降的吴三桂如今自找上门来，又是一阵惊喜。但他细细推敲吴三桂的信仍无降意，感到困惑不解。多尔衮思前想后，没有轻信吴三桂千恳万恳的话语，却是更多地想到了此中有诈，又不便说明。尽管多尔衮对吴三桂疑心重重，但他凭其敏锐的目光，仍然看到了某种希望，信中所言未必都是假话。况且又有人质在手，谅吴三桂也不致大胆轻举妄动。他入关心切，决定冒险一试，不按吴三桂所约走喜峰口，而是改变行军路线，转向山海关。为加强清军的攻击力量，以防不测，又火速调遣红衣大炮运往山海关。

多尔衮一方面派学士詹霸、来衮赴锦州召汉军带红衣炮向山海关进发，同时，又派其妻弟拜然与郭云龙去山海关探听虚实。这时候，李自成的大队人马已经来到山海关下。于是，吴三桂又派人来见多尔衮，递交了吴三桂的第二封信。在这封信里，吴三桂没有提任何条件，而是紧急要求清军入关。多尔衮见此书信，终于下定决心，立即昼夜兼程，进发山海关。

入夜时分，大风刮得很猛，尘土蔽天，夜色如漆，伸手不见五指。到半夜时，路经宁远城又飞驰而过。拂晓，至沙河所城外，此处距山海关100里左右。多尔衮传令驻兵小歇。这已是二十一日，天刚亮，又急行军40里，稍作短暂休息，然后，继续疾驰，傍晚夜幕低垂时，已抵山海关外15里的地方，此时已隐约可闻关内炮火轰鸣、喊杀阵阵。决定清朝和李自成农民军双方命运的山海关之战开始了。

在正面战场，李自成对山海关实行三面围抄，吴三桂调动全部精锐，全力抵抗，而屯驻于欢喜岭的清军却以逸待劳，等待时机。四月二十二日，据守北翼城的吴军向李自成投降，吴三桂感到危亡在即，于是携众到欢喜岭，声泪俱下地跪请清军出兵。多尔衮见时机成熟，遂指挥清军从南水门、北水门破阵冲击，大顺军溃败如山倒，尸横无数，血流成河。

四月二十六日，李自成兵败回京，二十九日，仓皇之中的李自成在紫禁城举行即位仪式。二十九日卯刻，“焚宫殿、各门城楼，惟正阳金楼独在”[1]。

顺治元年（1644年）五月初二，清军自通州进入京城。一些投降过农民军的明官如王鳌永、沈惟炳、骆养性等也与各官一起在午门设立崇祯牌位，行礼哭临，准备恭迎吴三桂以及大清义师，以为他们奉还了崇祯太子，中兴大明。最终，他们迎来了多尔衮率领的清军。多尔衮率领清军进入朝阳门，老幼焚香跪迎，内监以原明朝皇帝使用的卤簿御辇陈皇城外，跪迎路左，请求多尔衮乘辇。多尔衮曰：“予法周公辅冲主，不当乘辇。”众叩头曰：“周公曾负扆摄国事，今宜乘辇。”多尔衮曰：“予来定天下，不可不从众意。”令将卤簿向宫门陈设，王仪仗前列，奏乐，拜天地三跪九叩头礼，复望阙，行三跪九叩头礼，接着乘辇入武英殿升座。数月前还身为明朝臣僚的文武百官拜伏新主山呼万岁，“城上白标骤遍，紫禁悉布毡庐”。自此，在历经大顺农民军政权统治数月后，北京又迎来了新的政权力量。

四、清迁都北京与顺治大典

自五月初二多尔衮率军进入北京，至九月十九日顺治帝迁都北京，短短四个多月的时间里，多尔衮为稳定北京局势，以及完成清政权的顺利迁都采取了一系列的措施，并最终实现了清政权从地方到一统全国的转变。

第一，维护前明官员的权益，复任前明官员职位。

对于入城之初的清政权而言，利用明朝既有且尚能发挥作用的行政官僚体系，以维护秩序，不失为尽快稳住政权的有效途径。与数月之前农民军进城后大肆搜刮掳掠的行径不同，多尔衮则尽可能地通过维护原有统治阶层的权益以获取支持。七月初十，锦衣卫官舍李谏善按照明朝惯例要求“自置庄田”，多尔衮就特地予以明确：“故明勋戚赡田已业俱准照旧，乃朝廷特恩，不许官吏侵渔，土豪占种。各勋卫官舍，亦须加意仰体，毋得生事扰民。”八月，定在京文武官员俸

① 见《甲申传信录》卷六。

禄等福利待遇，延续明朝之旧。九月初六，多尔衮又面向城堡营卫、文武各官及军民人等传达安抚政策："予闻尔等遭兹寇难，坐卧靡宁，爰整大军扫除祸乱，拯民水火之中，以安天下，非好兵而乐战也。尔等但备办粮草，赍送军前，此外秋毫不扰。城市村庄人民各照常安居贸易，毋得惊惶。凡文武官员、军民人等不论原属流贼，或为流贼逼勒投降者，若能归服我朝，仍准录用。倘抗拒不服，置之重法，妻子为奴。开诚投顺者，加升一级，恩及子孙。有能擒献贼渠将佐者，论功优升，永同带砺。"一句话，改朝而不换代，旧皇帝虽然换成新皇帝，但既有的权力格局和社会秩序依然得以延续，这对于人数并不占据优势的满洲统治集团而言，可以迅速获得前明势力的支持。

五月初六，多尔衮"令在京内阁六部都察院等衙门官员，俱以原官同满官一体办事"。五月十四日，又"以书征故明大学士冯铨，铨闻命即至，王赐以所服衣帽并鞍马银币。"五月十七日，以故明巡抚宣府都察院右佥都御史李鉴仍为原官。七月，以故明户部侍郎党崇雅、通政使司通政使王公弼俱为原官。元年七月十一日，吏部侍郎沈惟炳，启请征聘逸贤，以收人望，摄政和硕睿亲王从之。

第二，礼葬崇祯帝，善待前明宗室。

清军进入北京城两天后的五月初四，多尔衮即谕前明的官员、耆老、兵民曰："流贼李自成原系故明百姓，纠集丑类，逼陷京城，弑主暴尸，括取诸王公主、驸马、官民财货，酷刑肆虐，诚天人共愤，法不容诛者。我虽敌国，深用悯伤，今令官民人等为崇祯帝服丧三日，以展舆情。"这道为清军辩护的谕令，将清军塑造成为明朝复仇的仁义之师，从而赢得前明官民的心理认可。"五月二十二日，以礼葬明崇祯帝后及妃袁氏、两公主并天启后张氏、万历妃刘氏，仍造陵墓如制。"为崇祯帝发葬，则为他顺利招抚前明宗室起了积极作用，此举也是表明清廷关于前明王室投诚之政策——"其朱氏诸王有来归者，亦当照旧恩养，不加改削"有效性的重要方式。

第三，关注民生，果断解决旗民冲突。

民为天下之本，而普通民众最为关心的是切身利益。顺治元年

（1644年）六月十七日，多尔衮谕礼部曰："古来定天下者"，"以泽及穷民为首务，我国家求贤之心，众已共晓，而京城内流贼蹂躏之后，必有鳏寡孤独、谋生无计及乞丐街市者，着一一察出，给与钱粮恩养。"八月二十九日，多尔衮指示户部："凡鳏寡孤独、一切困穷无告者，许其赴部陈告，量给赡养。"为纾缓民困，又停止明季加派。

为稳定官员百姓，多尔衮一进城便首先强调要严明军纪。清军进入北京城之初，旗民冲突便骤然爆发，对此，多尔衮则及时采取了措施予以平息。顺治元年五月初六，正黄旗尼雅翰牛录下三人屠民家犬，犬主拒之，被射，讼其事。多尔衮对待这起案件也毫无偏袒，下令斩射者，余各鞭一百、贯耳鼻。顺治元年五月十七日，设防守燕京内外城门官兵，严禁士卒抢夺。六月二十七日，禁军民侵扰圣贤祠庙。六月二十九日，"以擅于昌平州牧放驼马故"，将牛录章京李都、黄得功、王奎革职。同日，牛录章京郭纪元因强奸民妇被弃市。

短短数月之间，多尔衮的诸多举措，都以稳定在北京的清政权为目标，继而为迎接顺治帝移驾北京做准备。七月二十八日，太常寺向多尔衮请示仲秋祭社稷一事时，多尔衮明确回答："俟圣驾至京，南郊礼成后奏行。"

十月初一，顺治帝大典，宣布清朝正式迁都北京。清朝实现了从地方到全国一统的转变，北京自元、明以来的全国政治中心地位也迎来了新的发展阶段。

顺治元年五月十二日，都察院参政祖可法、张存仁就向进城不久的多尔衮上言："盖京师为天下之根本，兆民所瞻望而取则者也，京师理则天下不烦挞伐，而近悦远来、率从恐从矣。"

五月二十四日，多尔衮谕兵部曰："我国建都燕京，天下军民之罹难者，如在水火之中，可即传檄救之。"后来，在敕谕中又反复提及"底定中原""建都燕京"。

六月十一日，摄政和硕睿亲王多尔衮与诸王贝勒大臣正式定议建都燕京，并派遣辅国公吞齐喀、和托、固山额真何洛会等人返回盛京（即沈阳）筹备护送顺治帝迁都北京。奏言曰："仰荷天眷，及皇上洪福，已克燕京。臣再三思维，燕京势踞形胜，乃自古兴王之地，有明建都之所。令既蒙天畀，皇上迁都于此，以定天下，则宅中图治，宇内朝宗，无不通达，可以慰天下仰望之心，可以锡四方和恒之福。伏祈皇上熟虑俯纳焉。”迁都北京，已成为清军下一步“以定天下、宅中图治”的当务之急。

对于迁都，满洲王公贵族的意见并不一致。多尔衮认为，皇太极生前多次说，“若得北京，当即徙都，以图进取”，而且现在人心未定，不能放弃北京东还。多尔衮的同母兄八王阿济格就主张将诸王留下来镇守北京，而大兵或者退守沈阳，或者退保山海关，以保无虞。此外，当时由于到处是战火，漕运不通，北京一带“公私储积，荡然无余，刍粮俱乏，人马饥馁”，一片残破景象，而这时的关外，则是“禾稼颇登”，一片社会稳定的景象。两相对比之下，长年四处征战的八旗官兵“皆安土重迁”，对于立即移居北京多有怨言和抵触情绪。

以往，清军总是在一番劫掠后撤兵东返。这一次，人们也传言清兵不过是又一次成功的袭掠，而无长居久安之意。结果，北京城内谣言四起，人心惶惶，担心东返将大肆抢掠而还。对此，多尔衮极为重视，立即进行辟谣，宣示长治久安之策。六月十八日，多尔衮谕京城内外军民曰：“我朝剿寇定乱，建都燕京。深念民为邦本，凡可以计安民生者，无不与大小诸臣，实心举行。乃人民经乱离之后，惊疑未定，传布讹言，最可骇异。闻有讹传七八月间东迁者，我国家不恃兵力，惟务德化，统驭万方，自今伊始。燕京乃定鼎之地，何故不建都于此，而又欲东移。今大小各官及将士等，移取家属，计日可到，尔民人岂无确闻。恐有奸徒，故意鼓煽，并流贼奸细，造言摇惑。故特遍行晓示，务使知我国家安邦抚民至意。”一句话，清政府这次迁都是认真的。

尽管众议纷纷，但迁都大举依旧在筹备之中。六月中旬时，连朝鲜人都已知道“沈中已令将领军兵等搬移北京”，行期或定于七月，或定于九月。但由于道路遥远，迁移人多，沿途“站驿皆空，饥馑亦甚”，行具预备也很困难，因此需要时间准备。后来决定“八月望日移都北京，两宫亦将一时入往”。

正式迁都之前，举行了祭告。七月初八，以中原平定，迁都于燕，遣官祭告上帝、太庙、福陵。《告上帝文》曰：“荷天眷命，锡我以故明燕土，抚乂中邦，荡平寇乱。兹者俯徇群情，迁都定鼎，作京于燕，用绍皇天之休，永锡蒸民之庆，斋祓告虔，惟帝时佑之。”《告太庙文》曰：“至燕地为历代帝王都会，诸王朝臣请都其地，臣顺众志，迁都于燕，以抚天界之民，以建亿万年不拔之业。”七月初九，月祭大行皇帝，并告迁都。

为迎接顺治皇帝的到来，多尔衮对遭受农民军破坏的乾清宫等宫殿进行了简单修缮。从盛京到北京，路程遥远，为保证皇帝的安危，还加强了沿途的驻防。多尔衮又在北京为顺治皇帝准备了大典的仪仗。八月初四，礼部启请：车驾将临，应恭办卤簿仪仗等物，摄政和硕睿亲王令该衙门速行造办。

八月二十日，顺治皇帝自盛京启程，前往北京。这期间，北京再现谣言，说九月皇帝到京后，要进行三天的抢掠、屠杀。

九月初二，多尔衮又赶忙对京城内外军民发布诏谕：“予至此四月以来，无日不与诸臣竭尽心力，以图国治民安，但寇贼倡乱之后众心惊惧，六月间流言蜂起，随经颁示晓谕，民心乃宁。向传有八月屠民之语，今八月已终，毫未惊扰，则流言之不足信也，明矣。今闻讹传，九月内圣驾至京，东兵俱来放抢三日，尽杀老壮，止存孩赤等语。民乃国之本，尔等兵民老幼，既已诚心归服，复以何罪而戮之？尔等试思，今皇上携带将士家口，不下亿万与之俱来者，何故？为安燕京军民也。昨将东来各官内，命十余员为督抚司道正印等官者，何故？为统一天下也。已将盛京帑银取至百余万，后又挽运不绝者，何故？为供尔京城内外兵民之用也。且予不忍山陕百姓受贼残害，既已发兵进剿，犹恨不能速行平定，救民水火之中，岂有不爱京城军民而反行杀戮之理耶？此皆众所目击之事，余复何言。其无故妄布流言者，非近京土寇故意摇动民情，令其逃遁，以便乘机抢掠，则必有流贼奸细潜相煽惑，贻祸地方。应颁示通行晓谕，以安众心。”仍谕：

“各部严缉奸细及煽惑百姓者，倘有散布流言之人，知即出首，以便从重治罪。若见闻不首者，与散布流言之人一体治罪。”在这份面向京城全体居民的诏谕中，多尔衮用事实驳斥了六月份传言八月清军将屠民的谣传。又苦口婆心地解释，假如清军来北京屠城，是不可能携“将士家口，不下亿万”，与之俱来。此外，不仅不会抢掠，而且还为京城运来了帑银百万余两。多尔衮分析这些谣言都是那些希图制造混乱的“土寇”“流贼”所为，虽不无道理，但更多是出于团结大多数的考虑。

5天后，多尔衮又动员京城大小臣工进行辟谣。九月初七，多尔衮传集大学士冯铨、洪承畴、谢升及六部侍郎、都察院、詹事府、通政司、光禄寺、翰林院、五城御史、锦衣卫、鸿胪寺等衙门官，再次辟谣：“予闻小民在外讹传于八月屠民，又讹传圣驾至京杀万人祭纛，纵兵抢掠三日。如果于八月屠民，今八月已过，民间安堵如故。予曩者祭纛，何曾戮及一人耶？远近俱将归附，人民靡不保全，众所共见，而犹疑有抢掠之事耶？似此小民好为讹言。明祚所由式微，于兹可睹，尔诸臣有所知见，即当晓谕，遇有消息，可速启闻。况明祚沦亡，率由臣下不忠，交相纳贿所致。若居官黩货，不恤生民，耻孰甚焉，其切戒之。”多尔衮号召臣工如果碰到这样的言论，一定要勇敢站出来，予以驳斥，以安定民心。

多尔衮一面忙于辟谣；一面令工部、锦衣卫修治道途，设行殿于通州城外，设帷幄、御座于中，尚衣监备冠服，锦衣卫设卤簿仪仗，旗手卫设金鼓旗帜，教坊司设大乐，俱于行殿西候驾。十五日，顺治帝驻跸梁家店，多尔衮遣学士詹霸、吴达礼、护军参领劳翰、侍卫噶布喇、扈习塔等人，自北京迎驾，进献马匹、果品。十六日，到达蓟州。十七日，到达三河县。十八日，到达通州，先期抵达的多尔衮率诸王、贝勒、贝子、公文武群臣跪迎候驾，顺治帝至行殿，对天行三跪九叩头礼。多尔衮率诸王贝勒、文武各官，先诣皇太后前，行三跪九叩头礼，次诣顺治帝前，行三跪九叩头及抱见礼。

九月十九日，顺治帝自正阳门入宫。二十五日，多尔衮率诸王及满汉文武官员上表，请即帝位，定于十月初一举行大典。熟悉朝廷礼仪的大学士冯铨、谢升、洪承畴等奏请郊庙及社稷乐章，拟郊祀九奏，宗庙六奏，社稷七奏。

十月初一这天，顺治帝“以定鼎燕京，亲诣南郊，告祭天地，即皇帝位”，并颁布顺治二年时宪历。至此，北京城进入了作为清代政治、经济、文化中心的历史时代。

清朝定都北京，首先，继承了北京作为全国政治中心的地位，为建立全国政权奠定了基础；其次，清朝定都北京，也为北京中轴线在清代的发展铺垫了最重要的基础。

第二节 京城驻防与政治新局

清建都北京后，首先大力拉拢旧明官绅，建立满汉合作。其次是在很大程度上沿袭明代中央政治制度，沿用了明内城和紫禁城的建筑及其功能。为保证京城安全和安置大量随迁八旗兵丁，清政府又在北京实行八旗驻防和旗民分居政策，这种政治礼制特色也为清北京中轴线带来了直接的变化。

一、旗民分城居住

清军入关后，八旗也随之迁往北京和其他需要驻防的城市。为安置驻京八旗，清政府在北京实行了旗民分城居住的政策。清军一入北京，就开始圈占北京城内的房屋，“下令移城，以南、北二城与居民，而尽圈中、东、西三城为营地”[①]。其中南、北二城，中、东、西三城就是明代北京基本上按方位划分的五城，南城即外城。

顺治元年（1644年）六月初十，顺天府府丞兼管府尹事张若齐，上书提出五项要事，其中两项涉及分城居住之事：其一，“京城乃四方民人汇集之地，约有数百万。王曾命于东、西、中三城驻兵，南，北二城驻民。而北城房舍甚少，南城房舍又大半毁坏，故民人有五六口同居一间者，亦有近十口同居者，尚有无房露宿者，甚为可悯。故今请王准于南城旧房址处重建房舍，准民居住。再，倘东、西、中三城驻兵后，将余房分为民人居住，则民有归宿，国基稳固。伏祈皇上熟虑之”。其二，“自流贼攻破京城后，城内民人，无论贫富，皆被抢空，因饥饿而为贼者，乃古来即有。今闻南门商铺，财物被劫，东城数人被杀，街巷内扒晾衣服，民心惶恐，谣言纷起。先生曾为民分忧，分地而定，法律完善之极。惟有民居南城外，兵居城中，而北城地甚狭窄，偏于一隅。兵丁居于东、西、中城，而民人却居于各城交

① 张怡：《謏闻续笔》卷一。

界处。其间贸易事务无人管理，故有擅抬物价者，亦有行抢者”[1]。明代的北京城分为东、西、南、北、中五个城，其中北、东、西、中城约为后来内城范围，南城约为后来外城范围。上述满文资料中显示，清入关时分城的具体规定是八旗兵丁驻东、西、中城，民人住南、北城，但是由于北城房舍很少，故大部分民人迁移到南城。

对于清兵进京时北京城内的景观，当时游历北京的日本人记述：“在（北京）城内六里方圆当中，有很多第宅。临街的房子，一家挨着一家。……房屋的墙壁，都是用砖石砌的。在大的第宅旁边，也有一般的住宅，院子有五六间那么大，院墙都是用砖石砌灰抹缝的。做买卖的商号和日本的商号大致是一个样，老板住在里边。买卖的货物很多，看来是很富庶。”[2]可见，尽管遭受了明清战争的创伤，城内的商品买卖仍然进行。

很快清廷就下达移城令。顺治元年吏部尚书金之俊就遵旨移城。五月初九，迁至顺承门外宣北坊无主塌坏空房一所，随经巡视南城御史验明批照，修葺居住。至十月，北京官民有已经迁移者，有未迁移者。顺治帝即位诏中对兵民分城居住的初衷做了说明，同时还重申六月初十多尔衮谕旨中规定的对房屋被圈官民的优免政策。尽管这些迁出者有免税三年或者一年的特权，但是因为迁移、卜居而带来的生活困难，还是让汉官民中有一部分人不愿迁移，或者也有一部分人因为搬出后无房可居而行动迟缓，所以移城之令起初并不顺利。

自多尔衮进京后，满汉之间不断产生的冲突和摩擦就让统治者大伤脑筋。进京后的第二十天，就有牛录章京郭纪元强奸民妇，郭被弃市。又有来自正黄旗的三人准备强行屠杀民犬，犬主坚决抵抗，结果被其中一位旗人用箭射伤。案件上报到部后，摄政王多尔衮要求严惩这三名旗人，其中射伤民人者被斩，其余二人各鞭100，贯耳鼻。又下令规定强取民间一切细物者，鞭80，贯耳。与此同时，满洲人抢

① 中国第一历史档案馆编:《清初内国史院满文档案译编》中册，光明日报出版社1989年版，第37—38页。

② ［日］竹内藤:《鞑靼漂流记》。

夺良民财物、投充之人借势横行滋事的现象此起彼伏。所以，满汉之间的冲突，尤其旗民在混居过程中产生的冲突成了当时的一大社会问题。

顺治三年（1646年），朝廷再次颁布旗民分居令，规定以后投充满洲的汉人，可以随本主居住，未经投充的汉人则不得留居旗下，否则严厉治罪。并催促工部尽快修建住房，以满足民人迁居外城的需要。

入关后满、蒙旗人因气候水土不服，与汉人交相传染，患天花者与日俱增。顺治二年（1645年），京城出痘者很多。为防止传染，清廷颁旨："凡民间出痘者，即令驱逐城外四十里。"[①]天花传染可能也在一定程度上促使统治者采取了满汉隔离政策的决心。

顺治五年（1648年）八月，朝廷再次发布上谕："京城汉官、汉民，原与满洲共处。近闻争端日起，劫杀抢夺，而满汉人等彼此推诿，竟无已时。似此光景，何日清宁。此实参居杂处之所致也。朕反复思维，迁移虽劳一时，然满汉皆安，不相扰害，实为永便。除八旗投充汉人不令迁移外，凡汉官及商民人等，尽徙城南居住。其原房或拆去另盖，或贸卖取偿，各从其便。朕重念迁徙累民，着户、工二部详察房屋间数，每间给银四两。此银不可发与该管官员人等给散，令各亲身赴户部衙门当堂领取，务使迁徙之人得蒙实惠。其六部都察院、翰林院、顺天府，及各大小衙门书办、吏役人等，若系看守仓库、原住衙门内者勿动，另住者尽行搬移。寺院庙宇中居住僧道勿动，寺庙外居住者，尽行搬移。若俗人焚香往来，日间不禁，不许留宿过夜。……定限来岁岁终搬尽。"[②]

规定投充八旗的汉人、各寺庙中的僧道以及各部院看守仓库和居住衙门内的大小书办、吏役均可以居住内城，且汉民人等也可以白天出入内城。投充八旗的汉人，是为旗人的奴仆，入投充档册，列入八

---

① 《清世祖实录》卷一四。

② 《清世祖实录》卷四〇，顺治五年八月辛亥。

旗户籍目下，他们可以入内城与其主（旗人）同居，所以投充者实际上被视为旗人。焚香往来的俗人则包括去往内城烧香的民人和负贩货卖的商人。所以，虽然政策规定旗人住内城，民人住外城，但是内城仍然留有一定数量的汉人，旗民分治打破了原来内外城空间的连续性和开放性，但也给外城的民人留下一定的弹性空间。另外，清政府还规定迁居者原来在内城的房屋可以自由出售，“各从其便”，并且按照原有房屋的间数，每间补助四两银子。为了能让迁居者保证拿到实惠，政府规定这四两银子只能由迁居户亲自前往户部当堂领取，不得由管理人员间接下发。

顺治五年（1648年）十一月，清廷又考虑到迁居者另寻住处并不容易，情属可念，再次下发优惠政策，规定凡是迁居者土地准免一半的赋税，无土地者则准免一半的丁银。

这样，大多数汉人就被勒令在顺治六年（1649年）以前迁往南城。当时居住南城的魏象枢记录了这种搬迁的困苦：“我皇上因辇毂之下，满汉杂处，盗贼难稽，特谕商民人等尽徙南城。复蒙轸念迁移之苦，限以来岁，至宽也；劳以搬银，至厚也；原房任民拆卖，至便也。……但南城块土，地狭人稠，今且以五城之民居之，赁买者苦于无房，拆盖者苦于无地，嗟此穷民，一廛莫必，将寄妻孥于何处乎？臣愚谓有地不患无房，如城外闲地，堪民营盖者甚多，因系官物，莫敢问之，此民之不苦于迁徙，而反苦于居处也。……民间赁买房屋，原有定价。近闻鬻房之家，任意增加，高腾数倍，势必至罄家所有，不足以卜数椽之栖，则迁者更多一苦矣。”①

除搬迁辛苦之外，还发生了不少纠纷。金之俊所迁住的房屋（位于今广安门内街道）为原任光禄寺丞高琇之祖高太监所造，但在金之俊居住的十年时间里并无人索要讨还，直到顺治十年（1653年）高琇便控告金之俊占据了他的祖业，要求归还。据金之俊称，有一天硬闯大门，被拒绝后，遂大声嚷骂。金之俊无奈，便命家人将他请进家

① 《寒松堂全集》卷一《奏疏》。

门，寻问究竟，这才得知高琇是来要房子的。金之俊反问他为何此前十年时间了都不曾索要。高琇回答："卑亵微职，不敢冒渎，今蹇病日久，衣食弗充，故来讨取夫住房，岂论尊卑，取产何言贫富。"金之俊听他"言语颠错，状似病狂"，便劝他先回去。过了几天后，高琇又登门辱骂，大街小巷的邻居都为金之俊抱不平，并将高琇等人劝散。过了几天夜里，高琇甚至率家人闯进内宅，立逼退房，否则就死在这里。无奈之下，金之俊将此事告官，有司鉴于清初移居时这所房子是无主空房，而且十年之间无人声索，便驳回了高琇的要求。

自清军入北京始，直到顺治六年（1649年）年底，北京城形成了民人迁移至外城，旗人自东北搬至北京内城的人口流动现象。但旗民分居政策，对于北京城的影响，远不止人口迁移流动这一个方面。对于中轴线而言，其相关区域的建筑，民情风俗乃至礼制文化都发生了重大变化。清初，内城便禁止开办酒楼、戏院等场所，后来由于违禁者较多，内城才出现了戏院。嘉庆四年（1799年）时，虽然禁令一再重申，但"城内戏馆日渐增多，八旗子弟征逐歌场，消耗囊橐，习俗日流于浮荡"，从一个侧面也反映了内城娱乐生活在清后期的变化。

总的来说，在清代北京内城，尤其是清代初期的北京内城，旗人被禁止从事商业活动，又明令禁止戏院、茶馆、酒铺等娱乐活动的开展。再加上内城严格的宵禁制度和各佐领管辖下街道夜间"栅栏"开闭和"堆房"守卫制度，使得位于今北京城内城的中轴线区域与明代发生很大变化。在内城商业和娱乐活动受到限制的情况下，位于外城的中轴线区域，便成了商业中心和娱乐聚集地，尤其前三门地区、天桥地区以及宣南地区为突出代表。可见，清代分城居住的格局也直接影响了中轴线区域的文化结构。

二、京城八旗驻防与管理

女真人以射猎为业。努尔哈赤在统一女真各部的战争中，随着势力扩大，人口增多，于明万历二十九年（1601年）建立黄、白、红、蓝四旗。万历四十三年（1615年），在原有牛录制的基础上，创建了八旗制度，即在原有的四旗之外，增编镶黄、镶白、镶红、镶蓝四旗。旗帜除四整色旗外，黄、白、蓝均镶以红，红镶以白。此时所编设的八旗，即后来的满洲八旗。清太宗时又建立蒙古八旗和汉军八旗，旗制与满洲八旗同。八旗由皇帝、诸王、贝勒控制，至清末不变。清朝定都北京以后，为了加强中央政权的军事力量，除一部分留守关外，绝大部分八旗兵丁进关，并屯驻在北京附近，戍卫京师的八旗则按其方位驻守，称驻京八旗。

与元明时期以坊为单位的管理格局不同，清代京师内城，以八旗方位为行政区划。顺治元年（1644年）议准，北京内城分置八旗，拱卫皇城：以镶黄旗居安定门内，正黄旗居德胜门内，并在北方；正白旗居东直门内，镶白旗居朝阳门内，并在东方；正红旗居西直门内，镶红旗居阜成门内，并在西方；正蓝旗居崇文门内，镶蓝旗居宣武门内，并在南方。此后，历经顺治、康熙两朝，至雍正初年，内城八旗居址又进行过调整，形成了以满洲、蒙古、汉军为序，由内向外的布局。

以上只是大致方位。为了明确驻防责任和巡守的界限，雍正三年（1725年）六月，八旗都统、前锋统领、护军统领，共同拟定各旗管辖的明确区域，得到了雍正帝的批准。所拟定的八旗居址如下：

镶黄旗：西自药王庙大街、鼓楼大街、地安门大街，东至东直门以北城墙和东大市街北段（与府学胡同相交处以北），南自地安门以东皇城墙、宽街、府学胡同、东直门大街，北至安定门东、西两侧城墙。

正白旗：北与镶黄旗为界，南至翠花胡同、豹房胡同、朝阳门大街，西自东皇城根，东至东直门与朝阳门之间东城墙。

镶白旗：北自正白旗界，南至东长安街东段、观音寺胡同、贡院北部总部胡同东段；西自皇城根，东至大城根。

正蓝旗：北自镶白旗界，南至崇文门城墙，西自千步廊，东至大城根。

正黄旗：东自镶黄旗界，西至新街口大街南段和西直门北部城墙；北自大城根，南至皇城根。

正红旗：北自正黄旗界，南至阜成门大街、四牌楼、西马市街；东自皇城根，西至大城根。

镶红旗：北自正红旗界，南至卧佛寺街、刑部街、西长安街；东自皇城根，西至大城根。

镶蓝旗：北自镶红旗界，南至大城根。东自千步廊，西至大城根。

清代京师外城分为“五城”，“正阳门街居中，则为中城；街东则为南城、东城，街西则为北城、西城”[①]，五城由东至西纵向并列。

中轴线区域的防守，其中内城部分由八旗步军负责，外城部分由巡捕五营中的北营和南营负责，但都统于步军统领衙门。无论八旗步军，还是巡捕五营，都按照汛界驻守巡防。每汛内，设有一定数量的栅栏、堆拨房，并设有专门负责防火的火班。

内城营汛分为皇城和大城两部分。皇城，由满洲八旗划界驻守。每旗设步军校二人，负责各汛守卫。每汛设步军12名，每座栅栏设步军三名。另设一名军校，率步军120名，负责管理街道洒水、河道清理及维护等。大城内各处汛守，分旗划界防卫。其地界与八旗的居址基本一致。内城九门，另设官兵驻防。每门设城门领、城门吏和门千总各二人，均为满洲籍。又设门甲30名，门军40名。

在中轴线上，各门的防守是重中之重。顺治四年（1647年）九月，改京城16门守门指挥、千户、百户等官俱为千总。顺治五年（1648年）十月，添设看守外城7门汉军章京。清初，置九门军巡捕三营统于兵部职方司，以汉族官员掌其政令，康熙十三年（1674年）始设提督九门步军统领，以满族大臣总管其事。康熙三十年（1691年）二月，为统一事权，城外巡捕三营亦由步军统领管理，京城内外一体巡察。雍正五年（1727年）六月，作为外城的五城也仿照内城划定各自巡察区域，清查立界，以明确责任分工，避免推诿扯皮。雍正八年（1730年）二月，经护军统领青保奏请，大清门、天安门、端门

① 《钦定日下旧闻考》卷五五。

由下五旗护军轮派看守。

除了驻防和平日巡察之外，还建立了京城应急响应制度。

顺治十年（1653年）十一月，兵部尚书固山额真噶达浑上奏，希望仿照以前在沈阳时“遇有警急，则鸣鼓以集众”的办法，在京城也建立相应的应急办法，并提议设炮于煤山以为信。奏入，顺治帝便命议政王贝勒大臣就此提议进行讨论。最后，和硕郑亲王济尔哈朗等议定：在白塔山及九门应各设炮五座，一旦遇有紧急情况，先由白塔鸣炮，然后九门响应。各驻防旗听到炮声后，立即披甲待命。御前内大臣、侍卫等人则立即入直。不入直者，左翼在紫禁城东华门集合，右翼在西华门外集合。包衣、牛录、章京各率马步甲兵，在紫禁城北门外集合。护军统领、护军参领各率护军前锋、马步甲兵，两黄旗在皇城北门集合，两白旗在东门，两红旗在西门，两蓝旗在前金水桥集合。固山额真、梅勒章京率领骁骑马步弁兵，先在各旗适中之地集合。固山额真、护军统领、前锋统领则亲赴午门听令。如果固山额真无人，则梅勒章京前往。梅勒章京无人，则甲喇章京前往。护军统领无人，则护军参领前往。前锋统领无人，则前锋参领或前锋侍卫前来候旨。同时，步兵副尉各率章京步兵，守卫城墙。和硕亲王乃至固山贝子，各留随侍在本旗护军聚集之处。

可见，白塔鸣炮是京城应急响应的第一号令，然后驻防八旗和各王公大臣再群起响应。如此重要的大事绝不能随意为之，那到底什么指令下才能鸣炮呢？当时规定：“其白塔鸣炮，或奉上谕遣人，或部中遣人。持有金牌至，则举炮。金牌书‘鸣炮’字样，藏于禁中。如有急，不及报闻，则各于有急之处举炮。闻炮声，则各炮台俱举炮。其守白塔炮台，用汉军两翼。每翼章京各二人、拨什库各二人。每旗甲兵二人。”[①]顺治帝批准了议政王大臣会议所拟定的这一套应急体制，此后长期奉行不易。

作为中轴线区域皇帝安全的守卫，还需要提到御前侍卫。康熙时

① 《清世祖实录》卷七九。

特设御前大臣和御前侍卫、乾清门侍卫职务，没有固定的员额和等级限制，由皇帝亲自选授。这些人基本是满洲、蒙古王公勋戚子弟、宗室子弟及主皇帝所赏识的侍卫中擢其优者。御前侍卫、乾清门侍卫不归领侍卫内大臣管辖，均归御前大臣管理。御前大臣往往均由勋臣和军机大臣充任。自乾隆朝任命蒙古科尔沁贝子札尔丰阿兼任后，经常由满蒙亲贵王公兼任。

三、政治中枢的继承与改造

首先，清代继承了明代京师城池及其作为全国政治文化中心的城市功能，这是中轴线得以延续发展的重要条件。其基本格局是皇城居都城之中，紫禁城居皇城之中。中轴线从北到南，贯穿整个京师城池。

其次，清朝政治中枢的布局，依然围绕着中轴线进行。作为政治中枢象征的太和殿、乾清宫、保和殿等建筑依然得以沿用。构成中央权力机构的内阁、军机处、内务府、六部等衙门也都位于中轴线两侧。具体政治礼制如下：

内阁　官署坐落于紫禁城午门内东侧协和门外东南隅。顺治八年（1651年）正月，清廷将内三院（内国史院、内秘书院、内宏文院）衙署移至紫禁城内，这是紫禁城内设立内阁之始。这所院落大门原本面西，后来于阁东北开正门，面北与文华殿相对。其内，西为满本堂，也称满洲堂，东为汉本堂，皆黄瓦大屋。两堂之中，稍北垂花门，入门黄瓦大屋为大学士堂，此三屋皆南向。此处原为明朝内阁用房，但经清改建，“规制宏敞，较前明所云东阁五间白昼秉烛者，气象迥不同焉”[①]。与内阁有关的机构，都设在午门内、太和门外的东西两庑。东庑有钦奉上谕事件处及内阁诰敕房，前者雍正八年（1730年）设于隆宗门外，乾隆六年（1741年）移于此处。西庑有翻书房和起居注馆。

① 《钦定日下旧闻考》卷六二。

军机处 这是清代极其重要而独特的中央机构，它始设于雍正七年（1729年）六月，值庐始于乾清门外西偏，后来迁至门内，与南书房为邻。复于隆宗门西，供夜值臣食宿，直庐初仅板屋数间；乾隆二十一年（1756年），乾隆帝特命改建瓦屋。改建后的瓦屋成为军机处固定的办公房，位于隆宗门内之北，军机大臣入值于此。军机章京值房在隆宗门内之南，与军机大臣房相对，因而又有北屋、南屋之称。

属于军机处兼管的机构有方略馆和翻书房。方略馆在隆宗门外咸安宫东、武英殿垣后，始立于乾隆十四年（1749年），因纂修《平定金川方略》而设。总裁由军机大臣兼领，军机章京皆兼纂修。此后，方略馆即为常开之馆。所有军机处档案皆汇存方略馆库。馆中设宿舍三间，中一间为馆厅，东西屋为二人卧室。不仅军机章京值班者就餐住宿于此，军机大臣候朝，或用饭或休憩，也都在方略馆。

内务府 内务府是清代特有的宫廷服务机构，位于太和殿广场右翼门外之西、武英殿后正北，其旧址为明代的仁智殿，设立于清初。所辖广储司、上驷院也在紫禁城内。

广储司是掌管府藏及出纳总汇的机构。其衙署最初与总管内务府衙门在一处。雍正八年（1730年），移于尚衣监北筒子河路西，乾隆年间又迁至酒醋房之南墙门内，前后三重，廨舍17间。下设六库：银库，位于太和殿西侧，弘义阁；皮库，位于太和殿西南角楼房内及保和殿东配房；瓷库，位于中右门外迤西之西配房及武英殿前影壁后连房；缎库，位于太和殿东体仁阁及中右门外西配房；衣库，位于弘义阁南之西配房；茶库，位于右翼门内西配房，并太和门内西偏南向配房，中左门内东偏配房。

上驷院掌管御马政令。其旧署在东华门内三座门之西，乾隆年间改建于左翼门外。上驷院官署门西向，与左翼门相对。官署之南设马厩五间，专门喂养皇帝所用马匹，称为御马厩。另有仗马厩、花马厩，也在官署旁。

此外，还有坐落在中轴线千步廊两侧的六部等机构。清代朝廷官署，沿用明朝各官署旧址，主要分布在天安门前南北走向的东西宫墙外侧。坐落在东部从北至南的有宗人府、吏部、户部、礼部，并排往东的是兵部、工部、鸿胪寺、钦天监和太医院，再东有銮驾库、庶常馆，最东面为翰林院。坐落在西部从北至南的有銮仪卫、太常寺、都察院、刑部和大理寺。

此外，还有清朝专门设立的管理蒙、回、藏事务的理藩院，坐落在东长安街御河桥东路北。以上这些六部机构的布局，无一不是紧密围绕在中轴线的两侧。

清对明朝政治礼制的延续和发展，进一步推动了中轴线政治文化功能走向了封建社会的辉煌。顺治元年（1644年）五月，多尔衮入北京之后，立即下令在京内阁、六部、都察院等衙门官员，都以明朝时的原任官职同满官一体办事。就这样，明朝原有的主要中央机构、行政体系都被保留了下来。

除了中轴线上中央机构及其办公地点的延续外，作为中轴线软件层面的政治礼制，清政权出于稳定统治的需要，也基本上是清承明制。当然以满洲为主体的统治阶层为了维护自己的特性，随着中央政权的稳定，很多政治礼制也体现了满洲体制与明朝旧制的融合。

清初对明制的改造，其主导思想是“相机宜而窥时势”。一方面是明制的延续。顺治元年（1644年）六月，大学士冯铨、洪承畴向多尔衮启奏：“国家要务，莫大于用人行政。臣等备员内院，凡事皆当与闻。今各部题奏，俱未悉知，所票拟者，不过官民奏闻之事而已。夫内院不得与闻，况六科乎！傥有乖误，臣等凭何指陈，六科凭何摘参？按明时旧例，凡内外文武官民条奏，并各部院覆奏本章，皆下内阁票拟；已经批红者，仍由内阁分下六科，抄发各部院，所以防微杜渐，意至深远。以后用人行政要务，乞发内院拟票，奏请裁定。”这个建议，是希望多尔衮沿袭明朝的中枢决策体制，将清政权的内三院改造成明朝的内阁，对一切章奏的批复，都经由内院票拟，经皇帝首肯批红的意见，也由内院转发到相应部门，内院就如同明代内阁一样，成为决策的入口和出口。这个建议，当时得到了多尔衮的认可。[1]

六部直接向皇帝负责，是清初制度与明代制度相似之一例。明初朱元璋废中书省及丞相之制，即以六部直接听命皇帝，这与皇帝的专权立场和任事能力有关，但不久就出现皇帝与六部之间的决策咨询机构——内阁。入关初，六部的作用依然十分关键，由于各部尚书皆由满人担任，因此在皇帝（或摄政王）之下仍具有类似满洲议政王大臣会议的角色。多尔衮摄政时期决策体制上的冲突并非存在于议政王大臣会议与试图被改造为内阁的内院之间，而存在于六部决策体制与内院体制之间。

在顺治朝的中央权力中枢，关外时期建立的内三院体制权力日益增大，兼具内阁与翰林院的功能，反而体现了清初对明制的继承；而仿自明朝的六部由于是满洲官员主政，相反倒体现了对满洲旧制的坚持；而由于多尔衮及顺治帝对满洲王公贵族的压抑，议政王大臣会议的重要地位日益遭到削弱，至顺治帝亲政后期有所抬头，但也不再复现努尔哈赤后期与皇太极前期那样的至高地位。顺治十五年（1658年），顺治帝又仿明制，改内三院为内阁，同时设翰林院。

满洲传统与清承明制的问题，并不是始于顺治元年（1644年）五月初二进京之后，实际上，在此前的关外政权时期就已经开始了。只不过入关后，在逐渐建立全国政权的过程中，这两个问题所面临的时空维度发生了变化，进而也引发了新的问题和发展方向。

事关国家层面的祭祀制度，仪式也基本沿袭明代，但行礼官和祝词基本改用满官和满文。清代的卤簿制度亦沿袭明代。顺治三年（1646年）五月，定卤簿仪仗及诸贝勒、贝子、公等仪仗。定引导之制，御前卤簿：马五对，纛二十杆，旗二十执，枪十杆，撒袋五对，大刀十口，曲柄黄伞四，直柄黄伞八，红伞二，蓝伞二，白伞二，绣龙黄扇六，金黄素扇四，绣龙红扇六，彩凤红扇四，吾杖二对，豹尾枪四根，卧瓜二对，立瓜二对。摄政王、辅政王、和硕亲王、多罗郡

① 《清世祖实录》卷五，顺治元年六月戊午。

王、多罗贝勒、镇国公、辅国公等均有定制。

入关之初，战事孔亟，一些文官却穿着武将的铠甲，为便宜行事，只能袭用明朝文官冠服，因此有些明制（尤其是衣冠礼乐）的沿用属于不得已。顺治元年（1644年）七月己亥，山东巡按朱朗鑅启言："中外臣工，皆以衣冠礼乐，覃敷文教。顷闻东省新补监司三人，俱关东旧臣，若不加冠服以临民，恐人心惊骇，误以文德兴教之官疑为统兵征战之将。乞谕三臣，各制本品纱帽、圆领，临民理事。"摄政和硕睿亲王谕："目下急剿灭逆贼，兵务方殷，衣冠礼乐未遑制定。近简用各官，姑依明式，速制本品冠服，以便莅事。其寻常出入，仍遵国家旧例。"①可见，当时朝臣上朝议事时的服装也是各式各样，满臣穿满服，汉臣依然穿着明朝时的官服。

清明节享太庙，仿明制，令主祭官、分献官、礼部太常寺执事官先期斋戒一日，并着为例。顺治十三年（1656年）三月乙酉，礼部奏言："前此清明节。享太庙。惟主祭大臣、并执事官、各斋戒三日致祭。近查明朝清明节祀典、并不斋戒。嗣后应令主祭官、分献官、礼部太常寺执事官先期斋戒一日，并着为例。从之。"②

直到康熙五十三年（1714年）十月，升殿所奏中和乐章皆仍沿袭明代。康熙五十三年十月己丑，谕南书房翰林等："向来升殿所奏中和乐章，皆仍明代所撰句有短长，体制类词。后因文体不雅，命大学士陈廷敬等改撰其章法，皆以四字为句。而奏乐人未易声调，仍以长短句法凑合歌之，是虽文法易而声调未易也。今考察旧调，已得其宫商节奏甚为和平，必得歌章字句亦随词调，则章法明而宫调谐，此事所关最要。着南书房翰林同大学士等详考定议，务使章法与声调协和，归于允当。"③

又如科举（文、武）会试的恢复与举行。顺治二年（1645年）三月庚寅，礼部奏言："贡生廷试每年例在四月十五日，昨年以铨选乏

① 《清世祖实录》卷六。

② 《清世祖实录》卷九九。

③ 《清圣祖实录》卷二六〇。

人，先将到部贡生随便考试。今各省咨送恩拔岁贡生三百十四人，若拘四月定期，守候为艰。伏乞钦定日期，先行考试，命于三月十五日考试。吏、礼二部同翰林院，赴内院阅卷。”①

又比如在中轴线区域举行的武会试和殿试。顺治十二年（1655年），举行了第一次武举会试、殿试。试毕，将试卷送午门外东直房读卷官公阅。十月，顺治帝在景山亲试会试中式武举。但考试射箭的要求，改用了满洲惯例。顺治十七年（1660年）三月，武闱考试射箭，改用满洲例。原来考试马步箭，沿袭旧例，用比较高大的靶标较射，这样即使使用软弓小箭也比较容易射中。而使用满式弓矢者，反而不合适，也无法真正选拔骑射俱佳的武举人。鉴于此，清政府规定嗣后武举考试骑马射箭时，一律照满洲例射帽，步箭亦照满洲例，靶标全部改为较小的箭靶。这种武闱射箭考试的改变，也反映了满洲体制与明朝旧制的继承与融合。

一朝有一朝之制，国家信仰体系中，除了继承了天地、祖宗等祭祀外，还有满洲特有的信仰仪式。例如堂子，每年正月初一一般都要诣堂子行礼；其他重大活动也会在堂子祭祀，如元旦拜天、出征、凯旋等。初期堂子礼甚至比太庙行礼还重要。史载顺治二年（1645年）十月己卯朔，“上躬祀堂子”②。顺治十年（1653年）正月戊辰，“上诣堂子行礼。还宫。拜神毕”。顺治十一年（1654年）正月壬辰，上诣堂子行礼还入宫拜神毕朝皇太后于慈宁宫御太和殿诸王、文武群臣及外藩蒙古、上表、行庆贺礼是日赐宴。但顺治十三年（1656年）后，停堂子礼。顺治十三年十二月丁酉，礼部奏：“元旦请上诣堂子。”得旨：“既行拜神礼、何必又诣堂子。以后着永行停止。”

作为政治礼制的一个组成部分，中轴线区域还有一类特殊的人群，这就是太监。清朝鉴于明代宦官专权，对这一制度进行了大幅改革。

---

① 《清世祖实录》卷一五。

② 《清世祖实录》卷二一。

清朝入关之前，太祖、太宗不置宦官，“祖宗创业，未尝任用中官”。入关以后，顺治帝沿袭明代宦官制度，额定宫中内监人数千余名，归属内务府管理，以后太监陆续增加，最多时超过3000人。鉴于“明朝亡国，亦因委用宦寺”的教训，清朝严防宦官专权干政，顺治二年（1645年）规定此后内监人员一概不许参与朝政，亦不必排班伺候。顺治三年（1646年）四月己亥，罢织造太监。顺治九年（1652年）十月庚子，裁工部各监局太监130名及匠役、看守军役275名。顺治十年（1653年）进一步规定：太监若非奉皇帝之命差遣，不许擅出皇城；外官如有与太监交结者，一旦发觉一并处死。

顺治十二年（1655年）六月，立内十三衙门铁牌，规范宦官言行，世世遵守。“以后但有犯法干政、窃权纳贿、嘱托内外衙门、交结满汉官员、越分擅奏外事、上言官吏贤否者，即行凌迟处死，定不姑贷特立铁牌，世世遵守。”[①]工部按照皇帝旨意，于该年六月铸成三块大小一样的铁牌，将谕旨用满、汉阳文铸刻在上面，分别立于交泰殿、内务府、慎刑司三处，意在让后世子孙永远铭记历史上太监祸国的教训，使遏制太监势力，严禁太监干预朝政，成为一条不可动摇的祖制，世代遵守，以保大清江山永固。

尽管如此，顺治时期仍然发生了宦官干政现象。宦官吴良辅广招党类，恣意妄行，“内外各衙门事务，任意把持”，“权势震于中外，以窃威福”。吴良辅罪情重大，积恶已极，旋被处死。有鉴于此，康熙一即位便下令裁撤十三衙门。康熙十六年（1677年）五月，设立敬事房。敬事房又名宫殿监办事处，隶属内务府，掌管宫内太监事务，还要办理宫中其他事务，如承办往来文移及坐更、值日与巡防等事。

乾隆六年（1741年），告诫太监不得自称御前太监，擅自提高自己的身价。乾隆七年（1742年），规定凡宫内等处太监官职，最高品位只能是四品，不得加至三品、二品以至头品。从此，太监官职最高四品，遂成定制，永以为例，以后皇帝传为家法。

① 《清世祖实录》卷九一。

乾隆帝同时又禁止太监读书识字。此前，明代宦官制度规定，凡入选太监均须入内书堂由硕儒加以教习。顺治、康熙、雍正时期仍旧沿袭此制，规定太监入宫后，准其至内书院，由选派的教职讲授《千字文》和“四书”。乾隆帝执政后认为：“内监职在供给使令，但使教之略识字体，何必选派科目人员与讲文义。前明阉竖弄权，司礼秉笔，皆因若辈通文，便其私计，甚而选词臣课读，交结营求，此等弊政，急宜痛绝。”于是下令彻底废除这一旧制，目的在于从文化水平方面对宦官进行防范。

清代顺治朝至道光朝的200年间，在统治者不断采取压抑政策，实施有效的管理制度下，宦官势力受到严厉遏制，杜绝了宦官干政的途径。然而，宦官终究是封建君主专制政体的附属物，是皇帝和后妃的宠幸之人，容易恃宠骄恣，仗势欺人。清代宦官渐作威福，出在同治、光绪二朝，即慈禧太后垂帘听政时期。虽有一二著名宦官如安德海、李莲英等媚上欺下，威风张扬，但未形成气候，终不能干预国家大事。这不能不说是清代中轴线政治面貌的一大改观。

第三节　清前期中轴线的修缮与建设

“帝王统御天下，必先巩固皇居，壮万国之观瞻，严九重之警卫。”[1]清军入关后，多尔衮为迎接顺治帝迁都北京，对一些大殿进行了略微修缮。但紫禁城的真正恢复建设始于顺治，完成于康熙朝中叶。康熙三十六年（1697年）太和殿重新建成，可视为标志。康熙十九年（1680年），增减西苑（中南海）内建筑，其中，勤政殿的建成，开创了清代御苑听政的制度。

顺治、康熙两朝百废待兴，其中轴线区域的修缮与建设大致可分为以下三种类型：一是巩固皇居，即供皇帝后妃们居住使用；二是政治运作的宫殿，保证政治中枢的运行；三是配合祭祀礼仪的坛庙修缮与建设，以彰显皇帝之奉天承运及其君权神授的特质。

一、顺治朝的修缮与重建

顺治元年（1644年）五月初二，多尔衮率清军进入京师后，为了迎接顺治帝移驾北京，开始了对宫殿的修缮。这是清代建设中轴线的开始。清政权正式迁都北京后，中轴线区域宫殿的修缮陆续展开。立国之初，财政紧张，因此，这时的修缮对象主要是为了先保证朝政的正常运转。例如，午门两掖门外原有东西两廊，为六科朝臣上朝时所使用的朝房，各官按品级坐立，但被李自成农民军离开北京时焚毁，结果导致每遇朝参，各官坐立无所。一旦遇到刮风下大雨，群臣更是无处立足。于是，顺治二年（1645年）三月，御史赵开心就奏请工部就六科廊基址鳞次搭造，重新修建东西朝房，以供大臣上朝时使用。这个工程就是保证政治运转的当务之急。

又如清军进入北京后，为尽快稳定统治，需要笼络士大夫，构建统治联盟，因此需要尽快恢复科举考试，而举行考试的京城贡院在战

① 《清世祖实录》卷一〇二。

火中破坏严重。为应付需要，贡院在顺治二年也得以修缮。

在所有的修建中，以皇帝理政和起居所使用的宫殿最为紧要。顺治二年（1645年）五月，太和殿、中和殿和位育宫开工修缮。位育宫乃保和殿改建而成，供顺治帝居住使用，前后仅十余年，直到顺治十三年（1656年）正式移居乾清宫。同月，自顺治元年（1644年）七月开始兴修的乾清宫完工。乾清宫连廊长八丈六尺八寸、宽连廊四丈二尺六寸、山柱高三丈三尺。两傍大房二座，每座连廊五间，长五丈四尺、宽连廊三丈六尺、山柱高二丈三尺九寸。两傍房二座，每座连廊五间，长连廊五丈一尺、宽三丈六尺、山柱高二丈三尺六寸。四角小殿一座，每面三间宽三丈，四面皆同，高二丈五尺。两傍长房二座，每座十二间，长十四丈四尺、宽三丈二尺、山柱高二丈四尺四寸。后长房二十五间，长二十七丈五尺、宽二丈五尺、山柱高二丈一尺六寸。小楼五座，每座长一丈五寸、宽一丈二尺四寸。乾清宫门一座五间，长八丈二尺、宽连廊四丈三尺、山柱高三丈一尺。

顺治三年（1646年）十月，太和殿、中和殿、体仁阁以及太和等门工程竣工。太和殿连廊共十一间，长十八丈五尺、宽十丈一尺、高七丈五尺。中和殿连廊共五间，宽六丈五尺七寸，四面俱同，高四丈八尺。位育宫连廊共九间，长十四丈一尺、宽六丈六尺、高五丈八尺。左右配殿连廊各七间，长九丈二尺、宽五丈二尺、高三丈七尺五寸。体仁、弘义二阁，每阁连廊各九间，长十三丈七尺、宽五丈二尺、高五丈九尺五寸。太和门连廊共九间，长十四丈七尺、宽六丈三尺、高五丈四尺。协和门、雍和门、左翼门、右翼门每门俱五间，长八丈、宽三丈、高二丈九尺五寸。昭德门、贞度门、中左门、中右门每门连廊五间，长六丈二尺、宽四丈一尺、高三丈五尺。顺治三年十二月，位育宫完工，顺治帝移居此处。这一批建筑的完工，基本上恢复了遭受战火破坏的中轴线的格局和面貌。

顺治四年（1647年）正月，五凤楼（即午门）修建开工。午门的整体造型宛若展翅飞翔的凤鸟，所以又称五凤楼。十一月，五凤楼告成，正楼九间，计长一十八丈九尺、阔七丈七尺六寸，檐柱高一丈九尺五寸，中柱高七丈一尺。钟鼓楼两座，每座各三间，长三丈、阔四丈三尺八寸，檐柱高一丈二尺，中柱高二丈三尺。另外，还有角楼四座，每座三间。上门楼五间，城角楼一座。同年八月，又建射殿（即后来的箭亭）于左翼门外。雍正八年（1730年），改名为箭亭。箭亭是清代皇帝及其子孙练习骑马射箭的地方。箭亭名为亭，实质上是一座独立的大殿。其面阔五间，进深三间，黄琉璃瓦歇山顶，四面出廊。

顺治五年（1648年）四月，重修太庙动工。六月，太庙工成，奉安神位于正殿。

在多尔衮摄政期间，他以京城水苦，曾经想在神木厂（北京广渠门外通惠河二闸以南）建新城，结果因估价浩繁而作罢。顺治六年（1649年）五月癸亥，摄政王多尔衮以“京城水苦。人多疾病。欲于京东神木厂、创建新城移居。因估计浩繁。止之”[1]。

清初战事孔亟，兴修宫殿，完全是在财政紧张的情形下进行的。顺治六年五月癸未，户部等衙门疏言：“我朝敷政首重恤民。定鼎以来罢去横征与民休息。但今边疆未靖，师旅频兴，一岁所入，不足供一岁之出。今议开监生吏典承差等援纳。给内外僧道度牒。准徒杖等罪折赎。裁天津、凤阳、安徽巡抚、巡江御史天津饷道等官，以裕国家经费之用报可。”

多尔衮虽有另辟新城的想法，因经费紧张，也只好作罢，但他始终没有放弃另辟一地的想法。顺治七年（1650年）七月，多尔衮要求择边外一地建避暑胜地，所需钱粮由官民共襄。顺治七年七月乙卯，摄政王谕：“京城建都年久地污水咸，春、秋、冬三季犹可居止，至于夏月，溽暑难堪，但念京城乃历代都会之地，营建匪易，不可迁移。稽之辽、金、元，曾于边外上都等城，为夏日避暑之地，予思若仿前代造建大城，恐縻费钱粮，重累百姓，今拟止建小城一座，以便

① 《清世祖实录》卷四四。

往来避暑，庶几易于成工，不致苦民。”[①]

未料，多尔衮当年年底去世，而亲政的顺治帝一面对多尔衮早就有怨气；另一面受孝庄太后的影响，以施仁政为要，便很快叫停了在边外筑城这项工程。顺治八年（1651年）二月辛卯，谕户部：“边外筑城避暑，甚属无用。且加派钱粮，民尤苦累，此工程着即停止。”[②]

顺治八年（1651年），顺治亲政伊始，将内三院衙署移至紫禁城内。顺治帝亲政时14岁，少年天子，难以肩负起治理这么大一个国家的重任。指导他、辅佐他的责任，首先就落在孝庄太后身上。顺治帝在会议前后或遇到难题必请教母亲，重要奏折也要批呈母后阅览。对于需要皇太后辅佐皇帝掌理朝政一事，朝廷上下已形成共识。为了便于皇太后过问国事，特将内三院衙署移到紫禁城内。这时的内三院大学士有范文程、刚林、宁完我、冯铨、洪承畴等人。

顺治八年（1651年）五月，承天门楼上梁，并将承天门改名为天安门。六月，位于紫禁城后土山上、点缀中轴线西侧的一处重要建筑白塔建成（即北海白塔）。

顺治十年（1653年）六月，作为皇太后住处的慈宁宫竣工。竣工后第二天，皇太后便移居慈宁宫（后来孝庄太后一直居住于慈宁宫直到去世）。当天，宫门外陈设皇太后仪仗，固伦公主、和硕福金以下，多罗贝勒女多罗格格、辅国公妻、固山额真尚书以及精奇尼哈番等官妻以上，全部身穿朝服齐集于皇太后宫门东。皇太后礼服出宫，乘辇，在仪仗队的引导下，前往慈宁宫。

由此可见，自顺治元年（1644年）以来，位于中轴线区域的修建工程年年都有，这对于清初战火倥偬、饷银紧缺的时期，确实会进一步加剧财政紧张的局面。顺治八年（1651年）六月壬申，内翰林弘文院大学士李率泰条奏三事，其中第三条是“酌量营造工程次第”，但同时也主张裁减不必要的工程。顺治九年（1652年）四月丁未，户部

① 《清世祖实录》卷四九。

② 《清世祖实录》卷五三。

以钱粮不敷、遵旨会议："一、工部钱粮。除紧急营建外其余不急工程及修理寺庙等项，俱应停罢。二、户礼工部制造等库内监三百九十余名应留数员，余尽裁革。"

顺治十年(1653年)闰六月，北京遭受雨灾。当月，京城雨水甚大，"都城内外、积水成渠。房舍颓坏。薪桂米珠。小民艰于居食。妇子嗷嗷。甚者倾压致死"。尽管清统治者一再表示修建内廷建筑，并不扰掠民间，所用银两"特出内帑，无累百姓"。但趁着京城水灾的契机，都察院左都御史屠赖上奏，要求缓建各处工程："盖军民饥苦尚未休息边境盗贼、大兵征剿、尚未扫除，所需钱粮不赀，京中养给官兵未有余积。去岁南方亢旱，北地水涝。今年六月，大雨连绵，房舍倾颓，田禾淹没，民间疾苦、昭然可见。宜暂停乾清宫工，以此项钱粮给养军民，俟盗息民安，修造未为晚也。"顺治帝答复说："乾清宫乃朕所居处，工价物料，俱经备办，择吉兴工，已有前旨。"驳回了屠赖要求停建乾清宫的建议。

七月，和硕叔郑亲王召集诸王、贝勒、贝子、内大臣、固山额真、内院大学士、六部、都察院堂官会议，再次以今年雨涝异常，提请顺治帝暂停宫殿工程，以钱粮赈济军民。顺治帝这才同意。

顺治十二年(1655年)正月，居住在南苑的顺治帝再次提出修造乾清宫，经议政王大臣等会议，确定当年再次开工修造乾清宫，否则已经储备的木料，若长期经雨水浸淋，一旦糟朽，将来会靡费更多。当月，乾清、景仁、承乾、永寿四宫同时开工。这是顺治朝中轴线宫殿修建的第二次高潮。

顺治十二年三月，乾清宫、交泰殿、坤宁宫、乾清门、坤宁门竖柱。四月，乾清宫、交泰殿、坤宁宫、乾清门、坤宁门上梁。五月，乾清宫、乾清门、交泰殿、坤宁宫安装龙吻，工程即将收尾。安吻当天，文官四品以上、武官三品以上一起在正阳门迎接龙吻。同时，尚书郭科祭琉璃窑之神，侍郎额黑里祭正阳门之神，侍郎梁清标祭大清门之神，侍郎觉罗额尔德祭午门之神，尚书觉罗巴哈纳祭乾清门之神。文武官员护送龙吻至乾清门。仪式结束后，龙吻才正式开始安装。

六月，紫禁城、景山、瀛台定名。六月丁巳，谕礼工二部："从来帝王所都与夫宫禁近处。未有不因其形势、赐以嘉名者。今名紫禁城后山为景山，西华门外台为瀛台。"当年，乾清宫即将告成之时，为采买陈设器皿，京城还谣传顺治帝要采买江南女子。于是兵科右给事中季开生上奏顺治帝，要求停止采买。顺治帝称这是为置办乾清宫陈设器皿，非采买江南女子。八月，承乾宫、景仁宫、永寿宫竖柱上梁。

十一月，文武官到制造库迎交泰殿宝顶，同时祭各门之神。当天，四品以上文官和三品以上武官齐集，迎接交泰殿宝顶，分左右行，护送至乾清门。同时，派遣尚书卫周祚祭制造库之神，侍郎孙廷铨祭东安门之神，尚书胡世安祭东华门之神，侍郎额黑里祭乾清门之神，尚书觉罗郎球祭交泰殿司工之神。

顺治十三年（1656年）四月，乾清宫、坤宁宫以及景仁等宫殿告竣。闰五月，在乾清宫前，安设江山社稷神位。闰五月底，乾清宫、乾清门、坤宁宫、坤宁门、交泰殿以及景仁、永寿、承乾、翊坤、钟粹、储秀等宫完工。乾清、坤宁、景仁等宫殿告成后，顺治帝第二次册封皇后，还册封了董鄂妃为贤妃。

七月，顺治帝正式移居乾清宫。同时，以乾清宫成颁诏天下诏，解释了清初修建宫殿的考量。诏曰："帝王统御天下，必先巩固皇居，壮万国之观瞻，严九重之警卫，规模大备，振古如兹。朕自即位以来，思物力之艰难，罔敢过用，轸民生之疾苦，不忍重劳，暂改保和殿为位育宫已经十载。揆之典制，建宫终不容已，乃于顺治十年秋卜吉鸠工。今乾清坤宁宫告成，祗告天地、宗庙、社稷，于顺治十三年七月初六临御新宫，懋图治理。"[①]

事实上，乾清宫落成后，顺治帝并没有立即居住于此，而是携董鄂妃前往南苑长期居住。十三年十月乙未，上幸南苑。十一月丙午，

① 《清世祖实录》卷一〇二。

上自南苑还宫。十一月庚戌，冬至，祀天于圜丘上亲诣行礼。祭天礼结束后，第二天辛亥，就立即返回南苑。己巳，赐扈从诸臣宴于南苑。十二月戊寅，以册封内大臣鄂硕女董鄂氏为皇贵妃，遣内大臣公爱星阿告祭太庙。十二月戊子，上自南苑还宫。

紫禁城内宫殿等建筑修缮建设的同时，在顺治朝后期，事关祀典的各郊坛庙也逐步开始随着礼制的恢复而提到修复完善的日程上来。顺治十五年（1658年），顺治帝祈谷于上帝坛，对祭祀中的音乐演奏非常不满。回宫以后，谕令大学士额色黑、学士折库讷：“凡祭祀、仪物、音乐，必尽善尽美，始克展敬心。今观各处祭祀，太常寺所奏乐声容仪节，俱未谐和，乐音错乱。夫乐乃祭祀之大典，必声容仪节尽合歌章，始臻美善。其召太常寺官严饬之，此后须责令勤加肄业，毋致违忽。”

顺治十五年（1658年），刚刚完工不足两年的乾清宫出现建筑质量问题，“经雨辄漏，墙壁欹斜，地砖亦不平稳，阶石拆缝，甚不坚整”。为此，顺治帝惩罚了负责乾清宫工程的官员，工部尚书孙塔罚银百两，原任尚书卫周祚解任并罚俸一年。侍郎朱鼎延、李士焜、傅景星等人也都或罚俸，或革职。

二、康熙朝乾清宫、太和殿等建筑的修缮与重建

康熙时期延续了顺治时期对中轴线区域宫殿坛庙等国家礼制建筑的大规模修缮与重建。作为“中华统绪”的历代帝王庙始建于明代，清代统治者亦将此视为自己正统性的标志。康熙四年（1665年）三月，命工部修葺历代帝王庙。工部奏请更换文庙器物，理由是器物上面刻的都是明朝年号，应请改造。但朝廷的谕旨是：“坛庙旧用琴炉等件，俱不必换造，俟其损坏补造时，写本朝年号。”

关于康熙帝的居处，这时仍未稳定下来。顺治十三年（1656年）四月，乾清宫完工后，顺治帝从位育宫移居于此，但没有过两年又因工程质量问题，又再次移居保和殿（时称位育宫），康熙帝即位后亦居住于此处，时称清宁宫。

康熙八年（1669年）之前，康熙帝一直居清宁宫（保和殿）。康熙亲政后，太皇太后命将乾清宫、交泰殿修缮后，皇帝移居乾清宫。康熙八年正月二十六日，开工修缮太和殿，当天康熙帝从清宁宫移居武英殿。

这次修缮速度很快，十一月乾清宫、太和殿便已完工，康熙帝便遵太皇太后之命，又从武英殿移居乾清宫。但这次维修仍未能较好地解决问题，康熙十二年（1673年）三月甲戌，康熙帝又因修葺乾清宫，于次日移驻瀛台，暂留数日。三月戊寅，谕兵部尚书明珠曰："朕初因修葺宫殿，暂驻瀛台，今天时方旱，甚轸朕怀，虽修葺未竣，即日还宫修省。"看来，这次修葺只是一次小的修补，而非大动干戈。而一直在筹备修缮中的天坛、文华殿，因所用蓝黄砖瓦烧造年久，尚未完工。

屋漏偏逢连夜雨。康熙十八年（1679年）十二月，刚刚修葺使用了十年的太和殿遭受火灾。康熙帝召大学士等至懋勤殿，谕曰："殿廷告灾乃上天致警，敢不夙夜祗畏，修省厥愆。然其所关，止属朕躬临御之所，但得海宇清晏，置斯民于衽席之上，则朕今所居较诸前代茅茨土阶尚或过矣。岂至以露处为虑哉？朕自五龄即知读书，八龄践阼，统莅万方。太皇太后尝问朕何欲，朕敬对曰：臣无他欲，惟愿天下乂安，生民乐业，共享太平之福而已。当时左右实共闻之。自兹迄今，谨持此心，兢兢业业，恒如一日，可以质诸寤寐。倘有政治失宜，皆朕躬之咎，从不诿过臣下。惓惓之意，兹与尔等悉之。尔等可传谕九卿詹事科道等官，仍缮写谕旨，颁示各衙门。"又谕礼部："本月初三日太和殿灾，变出非常，朕心深切警惕，兹欲诏诰天下，尔部即择期具仪以闻。"①

十二月己卯，以太和殿灾，颁诏天下。诏曰："太和殿灾，朕心惶惧，莫究所由。固朕不德之所致欤？抑用人失当而致然欤？兹乃力图修省，挽回天意，爰稽典制，特布诏条，消咎征于已往，迓福

① 《清圣祖实录》卷八七。

祉于将来。”[①]康熙十九年（1680年）六月，康熙帝再次因修理乾清宫，移驻瀛台。而太和殿的重建工程直到康熙三十四年（1695年）才真正开始。

康熙三十四年（1695年）二月，以太和殿兴工，遣官告祭天地、太庙、社稷。康熙三十六年（1697年）七月，太和殿完工。据王士禛《居易录》记述，主持这次重建太和殿工程的是著名宫廷建筑师梁九。梁九从明末到清初，一直在紫禁城里任工匠。在没有现代设计工具条件下，全部太和殿的外形设计，内部结构，梁枋椽柱，斗拱飞檐多达万件，全凭梁九悉心筹划。他最常用的办法是制造模型小样，先用木条制出小型木殿模型。据王士禛《居易录》记载：“以寸准尺，以尺准丈，不逾数尺许，而四阿重室，规模悉具。”这种绝技，在当时是罕见的。

梁九这种技艺，是学自著名工匠冯巧，冯巧也长期主持宫廷建筑的修缮工作，具有丰富的经验。但是，他却不肯把技艺传人。尽管梁九在其门下学徒，而且虚心好学，但是，多少年来仍未得窥门径，不得其传。梁九非但无怨言，而且工作更加勤谨，学艺更加恭顺用心，终于感动了冯巧。“一日，梁九独侍，冯巧顾曰：子可教矣！于是，尽传其奥。巧死，九遂隶籍冬宫，代执营造之事。一技之必有师承，不妄授受如此。”[②]

康熙时期中轴线区域建成的另一重要建筑是文华殿。自明以来，文华殿是帝王举行经筵之所，不仅事关帝王好学勤政之本，而且是封建王朝崇儒重道的象征。因此，为尽快恢复经筵，早在顺治九年（1652年）时，就曾经准备兴修文华殿。顺治九年四月，礼部议覆科臣杨黄疏言：“春秋各举经筵一次，礼不容缺。今应于文华殿旧基，重新建殿。”顺治帝批准“文华殿着工部于次年遇暇修建，余悉如议行”。顺治十年（1653年）五月，顺治帝要求文华殿尽快动工，为经

① 《清圣祖实录》卷八七。
② 王士祯《居易录》卷上。

筵做准备。谕内三院曰："朕惟修己治人，大经大法，备载经史，欲与翰林诸臣明其义理，但内院尚非经筵日讲之地。著工部即将文华殿作速起造，以便讲求古训。"清初中轴线上宫殿的修建始终围绕着政治礼制的恢复与建设，文华殿的建设就是在当时尽管财力紧张的情势下进行的。顺治十一年（1654年）正月，都察院左都御史赵开心条奏六款："奏对宜亲，经筵宜御，遴才宜实，过误宜原，流徒之自赎宜开，法司之职掌宜重。"其中一条就是要求皇帝尽快举行经筵，而这也推动了顺治帝催促工程尽快开工。

由于顺治后期满汉的权力斗争，被视为汉官权势的经筵活动始终未能排上日程，文华殿的建设自然也一拖再拖。康熙帝亲政后，不仅勤奋好学，而且尊崇儒学，因此专供帝王经筵的文华殿又得以开工。康熙二十五年（1686年），文华殿终于落成，经筵大典终于初次在刚刚落成的文华殿举行。自顺治十年（1653年），顺治帝要求兴建文华殿，至此已过去了近35年的时间。二月，康熙帝谕曰："经筵大典于文华殿初次举行，先圣先师，道法相传，昭垂统绪，炳若日星。朕远承心学，稽古敏求，效法不已，渐近自然，然后施之政教，庶不与圣贤相悖。"①

康熙二十八年（1689年），为皇太后建新宁寿宫告成，皇太后移居。康熙二十九年（1690年）正月，康熙帝对宫内各项花费进行了规定和裁减。兹将当时查核的数据，与前明宫中每年所用银两及金花铺垫银两数目对比如下：明代宫内每年用金花银共96.94万余两，入清后此项已全部充作军饷。明代时光禄寺每年各项钱粮24万余两，康熙时每年只用三万余两。每年木柴2686万余觔，康熙时只用六七百万斤。每年用红螺等炭共计1280万余觔，康熙时只用百万余觔。明代宫内床帐、舆轿、花毯等项开支，每年共用银2.82万余两，康熙时已全部取消。另外，明朝时皇城内的宫、殿、楼、亭、门数，共计786座，以康熙朝时宫殿数目相比较，不及明代的十分之一。在

① 《清圣祖实录》卷一二四。

建筑材料上，明代各宫殿基址、墙垣都用临清砖，木料都用楠木，而康熙时皇宫内修造房屋，除非出于断不得已，非但宫殿基址未尝使用临清砖，其他一切墙垣也都只使用寻常砖料，所用木材也只是普通的松木而已。至于后宫人数，除慈宁宫、宁寿宫外，乾清宫妃嫔以下、洒扫宫女以上，合计只有134人。以上数据亦足见康熙时期中轴线区域后宫规模的大概情形。

康熙朝后期，中轴线区域的宫殿修缮工程趋于减少。一方面，因为多数建筑到此时已经基本修缮一遍，有的甚至一修再修，已进入稳定的维护使用时期；另一方面，康熙帝时常以节俭自省，甚至遇到天时亢旱或者水灾、蝗灾，便立即下令停止一切修葺工程。

第四节　清中期中轴线的完善与定型

雍正、乾隆时期是清代中轴线建设走向辉煌，并最后完善定型的时期。雍正一朝共13年时间，修建工程不多，比较重要的是景山寿皇殿的修缮。乾隆朝国库充盈，经济社会发展平稳，完成了一系列重大工程，从而奠定了中轴线的全盛面貌。

一、雍正时期中轴线的建设

雍正一朝共13年，不仅皇帝没有出巡之事，而且其间的工程建设也大幅缩减，即便是宫殿坛庙等处工程亦极少，大多只是日常的维护与常规修缮。

雍正即位伊始，最重要的工程是景山寿皇殿的修缮。这首先缘起于康熙帝的去世。康熙六十一年（1722年）十一月，康熙帝驾崩后，雍正帝便命修景山寿皇殿，以便在离皇宫的近处停放梓宫。雍正帝谕曰："朕受皇考深恩，如天罔极，忽升仙驭，攀恋无从，惟有朝夕瞻近梓宫，稍尽哀慕之忱。"而诸王大臣所商议的安奉之处，或在南海子，或在郑家庄，这两个地方都远隔郊外，离皇宫太远，不便于雍正帝时常亲临祭奠。

景山寿皇殿在清顺治十八年（1661年）顺治帝去世时，就曾经作为顺治帝梓宫停放之处。顺治帝停灵共计百日后，在寿皇殿前举行火化。此后顺治帝的骨灰继续停放在寿皇殿，直到康熙二年（1663年）四月，同孝献皇后董鄂氏及孝康皇后佟佳氏的骨灰自景山送往清东陵的孝陵安葬。此后，康熙帝将该殿作为检阅射箭之所。康熙帝去世之后，雍正帝便令重修寿皇殿，并将康熙皇帝的御容画像奉祀于该殿。后来，该殿及景山也做囚禁之所。雍正八年（1730年）五月，雍正帝借口诚亲王胤祉参加怡亲王胤祥丧事时"迟到早散，面无戚容，交宗人府议处"，后胤祉即被关押在景山至死。

雍正即位之初，修缮的另一处宫殿是养心殿。据雍正帝自称，他因不忍心前往刚刚去世的父皇长期使用的乾清宫居住，才命将养心殿略加修葺，以供自己在27个月的守孝期间居住。康熙六十一年（1722年）十二月，释服，行大祭礼。雍正帝正式移居养心殿，此后每日黎明，雍正帝便亲诣寿皇殿奠献，致敬尽哀。

雍正五年（1727年），雍正帝对坛庙修理事宜的分工负责方式以及钱粮如何使用做出明确规定。以往，先农坛地租银两，都用于修理先农坛墙垣之用。雍正帝将这项收入归为太常寺养廉银，不再作为工程修理费。另外，各处修理坛庙事宜，从前都是由工部负责修理，嗣后如有应行修理之处，或者由太常寺会同工部官员评估费用后，交由太常寺承担修理，或者直接交由太常寺估算工程预算后修理。其动用何处钱粮，以及奏销办法，经大学士会同太常寺商议。不久确定：此后各处坛庙应行修理之处，全由太常寺详查，会同工部堂司官做工程预算，最后交与太常寺修理。所用钱粮从工部支取，完工之后，缮写黄册，一体报销。

雍正八年（1730年）三月，雍正帝加强了对位于午门外康熙帝《御制台省箴》碑亭的保护。《御制台省箴》是康熙帝于康熙三十九年（1700年）为言官所书写的座右铭。汉文碑位于吏科直房廊下，对此，官员理宜“恭敬严肃，洒扫洁清，以昭俨恪之诚”。但每次朝会之期，各官齐集，往往围坐在碑亭之内，谈笑喧哗，箕踞傲慢。甚至有书吏奴仆“抱牍出入，无人禁止，甚为不敬”[①]。雍正帝要求六科人员轮班拨人护守，每日扫除洁净，虔谨启闭。假如有官吏人等擅自闯入，视为憩息之所，则由轮班衙门立即参奏。如果有科员不行查参，一经得知，将严惩不贷。

二、乾隆时期中轴线的建设与最终定型

乾隆时期，物阜民丰，经济社会稳定，国库雄厚，北京中轴线也开始进入了大规模的建设阶段。自乾隆四年（1739年）开始，紫禁

① 《清世宗实录》卷九二。

城、西苑（北海）、南苑几乎同时开工。50余年中，完成了一系列重大工程。就紫禁城而言，改建、新建的宫殿有重华宫、建福宫及花园、雨花阁、中正殿、寿安宫、慈宁宫及花园、宁寿宫、文渊阁、毓庆宫等。另外，就是天坛、先农坛、方泽坛以及景山等坛庙礼制建筑的修建。

重华宫 乾隆帝为皇子时，初居毓庆宫，雍正五年（1727年）大婚后，自毓庆宫迁居乾西二所。即位后，此地作为吉祥福地，升为重华宫，其后渐次将四五所构为建福宫、敬胜斋等处，作为政务之余的游憩之地，建置规模，颇为美备。

乾隆一朝重华宫频加修葺，还增设了观剧之所，每年元旦，乾隆帝都会来这里。乾隆帝《重华宫记》曰："少而居之，长而习之，四十余年之政，皆由是而出……盖宿学之所安，旧剑（指孝贤皇后）不能忘也，是以四十八年以来，元旦除夕，无不于此少坐。"乾隆帝晚年将重华宫重新布置，其中陈设大柜一对，里面全是结发妻子孝贤皇后的妆奁，东首顶柜则珍藏皇祖康熙帝所赐之物，西首顶柜之东是皇考雍正帝所赐物件，西面是皇太后所赐物件。两顶柜下摆放的则是乾隆作为皇子时的常用服物。这几乎是乾隆帝一生的博物馆。如此布置自己的藩邸旧居，不仅特为崇奉，而且"势必扃闭清严"。

对于将自己作为皇子时所居之地大加改建的做法，乾隆帝担心嗣后子孙也仿效自己，一是更张不断，而是担心长此以往，紫禁城内会别无空隙之地。为此，乾隆帝要求后代继承帝位的皇子不得效法自己。于是，在乾隆五十五年（1790年）特意下旨，作为一项制度予以规定。"临御五十五年以来，仰荷昊苍眷佑，寿臻八袠，五代同堂。是重华宫等处，实为兴祥所自，即归政以后，亦尚思年节重临，奉时行庆。世世子孙，惟当永远奉守，所有宫内陈设规制亦应仍循其旧，毋事更张。若皇子皇孙果能善体朕怀，谨守此训，几暇优游，年节行庆，传之奕祀，实为朕所深愿。至东五所内，为年少皇子皇孙公共所居，随侍内监等住屋亦在此内，率无隙地矣。若照重华宫之例，另行兴建，不特宫墙四围别无空隙之地可以廓展，且亦非朕垂示后昆之意，自不如一循此时旧制之为善也。”[1]为了让后世皇帝谨奉遵行，乾隆帝还命人将该谕旨交由尚书房保管。

天坛 乾隆重视礼制建设，对天坛进行了大规模扩建、改建及修缮，成为天坛历史上继嘉靖改制后又一重要时期。从明代直至清前期，皇帝斋戒时一直居住于斋宫无梁殿内，直至雍正九年（1731年），雍正在紫禁城内新建一斋宫，并将祭前斋宿改在紫禁城斋宫中进行。到了乾隆时期，为表达其祭天诚意，乾隆认为斋戒还应在南郊斋宫进行。当时，长期闲置的天坛斋宫已出现严重破损，乾隆七年（1742年）六月，乾隆帝命修南北郊斋宫。同年，降旨增建斋宫内建筑。六月十五日，工部侍郎三和将所绘天坛、地坛的斋宫图纸二张恭呈乾隆帝御览。乾隆帝看后谕令三和：天坛斋宫券殿、宫门、内外河道围廊应如何拆修，或另建殿宇斋宿，包括地坛斋宫殿宇应如何修整之处，要求他立即会同海望再详细勘察，并绘图呈览。不久，斋宫、寝宫建成。

斋宫为明初永乐年间建筑，是一座方形宫城，有围墙两重，御河两道，皇帝斋戒时，有兵丁侍卫在河廊守护，戒备森严。斋宫东向，正殿五间，崇基石栏，三出陛，正面13级，左右各15级，陛前设斋戒铜人、时辰牌石亭各一。此次修理斋宫，据《嘉庆会典事例》记载：“建正殿五间，左右配殿六间。内宫门一座，回廊六间。”[2]

乾隆十二年（1747年），又对损坏严重的天坛内外坛墙进行修缮，为整齐划一，将原土墙拆修。内外垣墙身两侧铲去浮土，上包城砖两进，下包城砖三进。内垣长一千二百八十六丈一尺五寸，高一丈一尺，外垣长一千九百八十七丈五尺，高一丈一尺五寸。修理后的坛墙坚固，大多保留至今。

乾隆十四年（1749年），因圜丘坛上陈设幄次以及祭品的空间过于狭窄，于是又扩建圜丘。按照康熙御制《律吕正义》古尺，上层直

---

① 《清高宗实录》卷一三四六。

② 《清会典事例》卷八六四。

径九丈，取九数；二层直径十五丈，取五数；三层直径二十一丈，取三七之数。上层为一九，二层为三五，三层为三七，合起来就是作为天数的一、三、五、七、九，而且九丈、十五丈、二十一丈相加，等于四十五丈，以符九五之义。

至于坛面砖数，明代原制是上层九重，二层七重，三层五重，上层砖数取阳数之极，自一九起，每圈递增至九九，二层和三层的围砖数没有太多规律，未免参差。经乾隆此次重修后，加宽后的坛面，不仅一层为九重，每一环是9块，共81块，而且二层、三层也都是用九重递加环砌，二层自90—162；三层自170—243。

四周栏板的个数也是用“天数”，共用360块，以应周天360° 。其中，上层栏杆每面18个，四面共72个；二层每面27个，四面共计108个；三层每面45个，四面共计180个。这样一来，每层栏板数亦与九数相合，总计360个。而且坛面及栏板、栏柱所有石材全部改为房山特产的艾叶青石，朴素浑坚，堪垂永久。

乾隆十五年（1750年），改建大享殿（即祈年殿）两庑。大享殿形制基本定型于明嘉靖时期，至此乾隆时期才进行了一系列的改建。乾隆十五年，下谕旨：“祈谷坛大享殿外三成台面，屡经修补，砖色不一，今改用金砖墁砌。既堪经久，于体制亦为宜称。”[①]根据乾隆皇帝御旨，此次重修，改祈年殿瓦色及坛面墁石，但因各坛门及祈谷坛门各座及随门围垣离坛稍远，仍照旧制盖覆绿瓦。同时，大享殿、东西两庑原为两重，前九间，后七间，此次重修时将后7间拆除。乾隆十八年（1753年）改造工程竣工，乾隆皇帝亲书匾额，匾左书满文，右为汉字，俱题“祈年殿”。

乾隆十七年（1752年），改建皇穹宇。皇穹宇在圜丘之北，基周十三丈七寸，高九尺，台面前檐镶砌青白石，周围接漫天青色琉璃砖一路。殿庑柱槛均青色琉璃，正殿供奉皇天上帝，配位列祖列宗；东房供奉大明、二十八宿、周天星辰等神；西庑供奉夜明、风云雷雨诸

---

① 《清会典李例》卷四一九。

神。围垣周长五十六丈六尺八寸，高一丈八寸，门三，均南向。乾隆朝改建将皇穹宇重檐式殿顶改作单檐式，地面用青石铺墁，围墙墙身及槛均用临清（今山东临清）城砖砌成。此城砖以“敲之有声，断之无孔”著称于世。皇穹宇围墙以此成为今举世闻名的“回音壁”。

乾隆十九年（1754年）在天坛西门外垣之南建门一座，称圜丘坛门，原来的西门称之为祈谷坛门，形成了南北两坛，规制严谨的格局。

乾隆三十五年（1770年），又增建天坛望灯杆。明代，望灯仅有一座，乾隆时增至三座。望灯高约九丈九，上悬大红灯笼，灯笼内有红烛，祭天大典时，周围漆黑一片，坛上烛光摇曳，望灯高悬，灯影烟云，充满神秘色彩。

先农坛 乾隆十八年（1753年），先农坛撤去旗纛庙，移建神仓；改木构建筑的观耕台为砖石琉璃建筑。此前，观耕台是一个木结构平台，而且往往是在每年进行耕祭礼仪时临时搭筑。先农坛多年以来未加崇饰，其周边空隙之地甚至有老百姓灌园种菜，“殊为亵渎”。乾隆帝认为应“多植松柏榆槐，俾成阴郁翠，庶足以昭虔妥灵”。因此，乾隆年间在对先农坛的建筑进行全面修缮的同时，还特别提倡在坛内植树，“先农坛及各坛宇俱于数年内次第修整完竣，内外坛间向日圃畦，今易植嘉树，与坛内苍松蔚为茂荫”。（《祭先农坛》诗序）可以说，乾隆年间的整修越发使先农坛变得松柏葱茏掩映。

乾隆十九年（1754年），乾隆帝御旨改由砖石砌筑，台座四面饰以谷穗图案的琉璃砖，其上加汉白玉石栏，台阶饰以莲花浮雕，象征吉祥如意。又改建斋宫，并更名庆成宫。与此同时，为增加坛内幽静、肃穆的气氛，又御旨遍植树木。自此，先农坛的整体格局一直相沿至今。

方泽坛（地坛） 乾隆七年（1742年），修建地坛斋宫。乾隆十四年（1749年），修整地坛，将皇祇室以及方泽坛围墙绿琉璃瓦顶改为黄瓦，方泽坛面黄琉璃砖改为白色墁石。至乾隆十七年（1752年）竣工，此次修建后的形制也一直保存至今。

景山　景山位于中轴线北段紫禁城外正北方，是明清时代封建帝王的御园。该处早在500年前的元代，就是皇家的禁苑，园中曾有一个称作青山的小土丘，明朝初期曾用作堆煤的场所，因此又称煤山。明永乐修建紫禁城时，又将开挖护城河的泥土及拆除元朝宫殿遗址的渣土，堆积在青山上，逐渐形成了一座由人工堆筑为主体的土山。永乐十八年（1420年）定名为万岁山，此后陆续修建了亭台、楼阁、殿宇，并在园内种植松柏、花草。清入关后，顺治十二年（1655年）万岁山改称景山。

景山四周为红色围墙，有东、西、南三扇门，东门又称山左里门，西门又称山右里门，南门称北上门，与紫禁城北门神武门相望。南门北边为景山门。进入景山门，在正北方的山脚下为绮望楼，楼后即景山的山峰，从东南西北开辟了山道，都可攀登到景山中峰。山上的五座山峰，各建有一座亭子，中峰上的亭子最大，是正方形黄琉璃瓦顶，名为万春亭；中峰左侧两座山峰上的亭子名为周赏亭、观妙亭；中峰右侧两座山峰上的亭子名为富览亭、辑芳亭。中峰左右山峰上的周赏亭、富览亭是八角形，绿琉璃瓦顶，次左次右山峰上的观妙亭、辑芳亭是圆形，蓝琉璃瓦顶。

乾隆时期在景山的最大工程是乾隆十四年（1749年）重修寿皇殿。乾隆十五年（1750年）竣工。移建后的寿皇殿，位于景山北部正中，遥对景山中峰。这样的移位与紫禁城的中轴线相重合，使这组宫殿的地位更加突出，而且较之前的寿皇殿规模扩大了许多。在寿皇殿院东南和西南角，用黄琉璃瓦砌筑成焚帛炉各一座。在寿皇殿两重围墙之间有井亭、神厨、神库等，都是祭祀时使用的建筑。这些附属建筑，都类似太庙的规制。寿皇殿改建完成后，乾隆皇帝曾先后将努尔哈赤、皇太极、顺治、康熙、雍正等帝后的遗像，由宫中移到寿皇殿供奉。这样，景山寿皇殿和宫内奉先殿、圆明园安佑宫便成了京城清廷供奉已故帝后遗容的三处重要地方。

除了实体建筑之外，乾隆时期对中轴线区域的礼制也进行了大力规范。中国祭天制度始自西周，延续千年，至清代继续发展完善。乾隆帝在康熙、雍正两朝文治武功的基础上，进一步完成了多民族国家的统一，其在位时期国运昌隆，“康乾盛世”达至鼎盛，乾隆帝对祭祀的各类仪制也进行了重新规范，加强了对祭祀乐舞生的训练和管理，对祭天器具外形材质进行规范等。乾隆对祭祀仪制的更定不仅成为中轴线区域礼制文化的高峰，而且最终延续至清末，在祭祀制度发展史上起了重要作用。

三、砖、木等建筑材料的采办

清代中轴线区域宫殿坛庙的建设工程，自清初顺治初年便连续不断，建设周期短的数月，长的则数年甚至十余年才完工。既有平时的修补维护，也有诸如乾清宫、太和殿等体量巨大的重建工程。而无论是大工程还是小作工，作为封建社会政治中枢的宫殿坛庙，在建筑工艺和材料上都有很高的要求。比如砖石、木材，由于北京本地无法满足供应，只得远赴外地，甚至遥远的西南地区采办。这些建筑工程所使用的材料繁多，此处仅简要介绍一下砖和木材等建筑材料的采办。

明代京师营建用砖大都由山东临清烧造，清初沿用此例。一般是派遣专门官员赴临清监督烧造，成品砖则分派漕船装载，沿大运河运往通州，再由五闸分小船拨运至京。此项不但花费很多，而且扰累民间。顺治年间，以此项为弊政，要求此后工程用砖尽可在京师烧造，而无须再用临清砖。顺治八年（1651年），顺治帝谕曰：“营造宫殿，京师烧砖尽可应用。若临清烧造，苦累小民，又费钱粮拨运，甚属无益。况漕船载运漕粮，远涉波涛，已称极苦，再令装载带运，益增苦累，朕心甚为不忍。临清烧造城砖，著永行停止，原差官彻回。”[①]康熙帝即位后，四大臣辅政之时，再次谕令停止临清砖差。但实际上，用临清砖始终并未真正停止，只是一些不太重要的工程用砖改由京师本地烧造而已。

不仅如此，乾隆时期一些坛庙宫殿的用砖还要到江苏烧造，即所

---

① 《清世祖实录》卷五二。

谓金砖。一般来说，对于金砖的烧造、领用、核销等项，朝廷均有明确的管理规定，但在乾隆五十九年（1794年）却发生了金砖浮冒开销的舞弊情形。

当年六月，总理事务大臣向乾隆帝奏报，请求动支银两，烧造金砖6000块。乾隆帝认为这其中一定有问题。一是奏报中称此前该厂尚存2000余块砖，当年又经工部行令烧造正砖6000块、副砖600块。这样新旧合算，共计8600余块砖。乾隆帝质疑，近年以来并无大的宫殿工程，10年以来有何处工程需用，才会只剩下2000余块砖。二是奏报中称见方二尺的砖都已用完。乾隆帝便反问，这用去的砖究竟"系何处用去"，要明白说明。三是即便是坛庙宫殿等处的日常粘补修理，按照规定，粘补修理时，换用新砖后，要将旧砖一并缴回。乾隆帝要求金简将何处用砖若干块，系何年月，所缴回的旧砖"究系若干""系存贮何处"等事项，要一一查明并详细汇报。四是行文江苏，烧造金砖数量，应当依据工程具体需用数目，酌量烧造。"岂有不问有无工程，每次拘泥成例，辄以六千余块为率，行令成造之理？"

乾隆帝据此断定，烧造金砖之事必有"滋糜费""浮冒开销"等弊端，要求福长安、金简以及大学士柏和等人仔细清查。结果，又查出了新问题，即绵恩等人在奏折中竟然对旧砖数量进行造假。绵恩在奏折内解释没有那么多旧金砖时，称因景运门、隆宗门两处地面，向系沙砖，改换金砖后，并没有换下旧砖可缴。乾隆帝根据自己的记忆反驳说："景运隆宗二门。系朕不时往来之处。曾忆门中系铺墁金砖！"况且，即便是替换沙砖这件事，"何以并未奏明"？金砖案最后以一部分人赔罚银两，一部分人"交部议处"而告终。由此案也可见，清廷对于烧造金砖的重视和管理。

除砖之外，修缮和建设中轴线区域宫殿的另一个重要材料就是木材，尤其是楠木和杉木。这些体量巨大的珍贵木材只能到南方采办。清初为应急之需，甚至号召官绅捐助。顺治二年（1645年）五月，故明文华殿中书舍人张朝聘就曾捐助木千株，以修建宫殿。

又如，康熙二十一年（1682年）八月大火之后的太和殿开始重建。修建体量庞大的太和殿，需要用到大量的楠木等木材，而京畿区域绝无产，只能到江南采办，于是康熙帝命五路人分别前往江南、西南各地采办稀少而珍贵的楠木。九月，以兴建太和殿，命刑部郎中洪尼喀往江南、江西，吏部郎中昆笃伦往浙江、福建，工部郎中龚爱往广东、广西，工部郎中图鼐往湖广，户部郎中齐穑往四川，分头采办楠木。十月，指示差往采办楠木郎中昆笃伦等："（四川）峨眉嘉定等处，必多产此木。……所有之处，必身到察采。凡房屋、衙门、寺庙、坟墓、毋得拆毁采取。"①

由于路途遥远，运输艰困，为兴建太和殿而采办的楠木，往往不能如期运至京师。康熙二十二年（1683年）五月，偏沅巡抚韩世琦因搜采楠木进展困难，请求展延限期。康熙二十四年（1685年）五月，湖广巡抚石琳、浙江巡抚赵士麟也先后奏报楠木、杉木不能如期运至北京，特请宽限。原本承担修建任务的工部并不答应，但康熙帝考虑到"采运楠木，从山至河，民力告竭，地方苦累"，各省所承担的楠木、杉木"若程限太迫，恐山路崎岖，转运艰难。地方虽有良吏，不能不苦累百姓"②。于是，只得宽限时日。十月，四川巡抚韩世琦题参酉阳土司运解楠木迟延，准备惩处承运楠木的土司。这些都说明当时采办楠木的困难和艰辛。

历经数年之后，鉴于西南地区所采楠木运输困难，康熙帝命停止采办四川所产楠木，而改用塞外所产松木。康熙二十五年（1686年）二月，康熙帝谕令："蜀中屡遭兵燹，百姓穷苦已极，朕甚悯之，岂宜重困？今塞外松木材大可用者甚多，若取充殿材，即数百年可支，何必楠木？着停止川省采运。"③康熙二十六年（1687年）四月，又谕工部："四川楠木多产于崇山悬岩，采取甚难，必致有累土司。且来京甚远，沿途地方亦恐滋扰，着传谕四川巡抚，免其解送。"④

---

① 《清圣祖实录》卷一〇五。

② 《清圣祖实录》卷一二一。

③ 《清圣祖实录》卷一二四。

④ 《清圣祖实录》卷一三〇。

实际上，正如康熙帝的这次改变，虽然此后楠木采办并未完全停止，但自其他地区采办木材也开始成为京城宫殿建筑木材的重要补充来源。例如，乾隆四十八年（1783年）六月体仁阁失火后，乾隆帝立即谕令“现在修建体仁阁工程关系紧要”。因此项工程需用大木较多，除了赴圆明园木厂以及工部木仓取用外，乾隆帝又命福康安采办楠木20余件，从四川起程运往北京。此外，又通过海运补充木植11.9万余件，于九月到京。可见，清代中轴线宫殿修建所使用的各种木材来自大江南北。

四、样式雷与清代中轴线

清代中轴线区域宫殿坛庙的修缮与建造，与一个建筑世家有着密切关系。这个建筑世家就是样式雷。关于样式雷，民间有一个有趣的传说。清康熙中叶，朝廷大兴土木，重修太和殿时，一切准备就绪，只等上梁典礼开始。按照清代制度，宫殿中建造重要殿宇，在安装大梁、安装合龙吻时，皇帝必须亲临行礼。

太和殿是皇宫里的三大殿（太和殿、中和殿、保和殿）之一，是皇宫的正殿。康熙帝要亲自参加上梁典礼。典礼开始后，大梁徐徐上升，终于升到应有高度，但榫卯悬而不合！典礼无法继续进行。紧急之际，样式雷的始祖雷发达挺身而出，急忙攀上梁架，手持斧头，连续用力敲打，榫卯很快就全部合拢，上梁成功。康熙皇帝当面授雷发达为工部营造所的长班。故后来民间流传：“上有鲁班，下有长班，紫微照命，金殿封官”的故事。

雷氏世家自雷发达以后，一直到清末的雷廷昌，都供役于清代宫廷，这七世九人对清代建筑都有大小不等的贡献。

雷发达，字明所，江西南康府建昌县人，生于明万历四十七年（1619年），卒于清康熙三十二年（1693年）。其祖宗以儒见长。为避明末战乱，随其父雷振声弃儒南下经商，迁居金陵。清代初年以艺供役宫廷，卓有成就，尤以康熙年间太和殿上梁之功而传为佳话，为雷家事业奠定基础。70岁退休，死后葬于金陵。但当时他并未染指样房工作，从这一方面也可以说，他还不能算真正的样式雷的始祖。

雷金玉，字良生，雷发达长子，生于顺治十六年（1659年），卒于雍正七年（1729年）。先以监生考授州同，后来继任父亲的工部营造所长班之职，并投充包衣旗。康熙年间时逢修建畅春园，雷金玉领楠木作工程，蒙钦赐内务府总理钦工处，赏七品官，食七品俸。后他又参与圆明园的设计施工，在七旬正寿时又蒙皇恩钦赐“古稀”二字匾额。雷金玉71岁寿终正寝，归葬原籍江苏江宁府。

雷声徽，字滦亭，雍正七年（1729年）生，乾隆五十七年（1792年）卒，雷金玉的幼子。他出生后仅三天，雷金玉就去世了。雷声徽正处于乾隆、嘉庆两朝大兴土木时期，正是“英雄用武之地”，应该很有建树。但雷氏的家谱中对他一生的遭遇及执掌的样式房工作并无记载。同治四年（1865年），雷景修等人先后为几个先人立了碑，唯独不见雷声徽的。这说明，雷声徽虽然在皇帝的恩准下，于成年之后，名誉上继承了父业，执掌样房工作，但实际上成就不大。

雷家玮，字席珍，生于乾隆二十三年（1758年），卒于道光二十五年（1845年），是雷声徽的长子。雷家玺，字国贤，生于乾隆二十九年（1764年），卒于道光五年（1825年），是雷声徽的次子。雷家瑞，字徵祥，生于乾隆三十五年（1770年），卒于道光十年（1830年），是雷声徽的三子。兄弟三人在乾隆、嘉庆盛时，又将祖业重新发扬光大。大哥雷家玮在乾隆年间曾奉派随皇帝南巡，为各省办理沿途行宫，又与两位弟弟在乾嘉两朝先后承办营建事业。雷家玺是三兄弟中的佼佼者。他于乾隆年间承建万寿山、玉泉山、香山的园庭工程，以及热河避暑山庄。其后又承建昌陵（嘉庆陵寝）。他还承办了宫中年例灯彩、西厂焰火及乾隆八十万寿典景楼台的工程。这些楼台争妍斗靡，盛绝一时。嘉庆年间又承建圆明园东路工程及同乐园演剧场等工程。其弟雷家瑞一直在样房料理一切事宜，任掌案头目。在嘉庆年间大修南苑时，承办楠木工作，到南京采办紫檀、檀香等料，并就地雕凿。

雷景修，字先文，号白壁，生于嘉庆八年（1803年），卒于同治五年（1866年），是雷家玺的三子。他16岁随父亲在样房学习祖传的建筑设计技术，不辞辛劳，勤奋努力。道光五年（1825年），其父去世时，他年仅22岁。由于差务繁重，唯恐办理样房失当，遵照父亲的遗言，便将样房掌案之职让给伙伴郭九承担，自己则甘居其下，并竭尽心力，不分朝夕，兢兢业业二十余载。到道光二十九年（1849年），他以自己丰富的建筑经验和卓越的才识，再任样房掌案之职。雷景修虽然身怀绝技，但生不逢时。咸丰一朝内忧外患，经济衰败，清室无力大兴土木。所以，虽然争回掌案一职，终无更大作为。雷景修的一生，除了工作勤奋，还聚集了不少图稿、烫样等。其子孙对他评价很高："公之一生，品行端方勤和，处世和睦，宗族、乡里所仰。出言端正，存心敦厚，教子义方，德惠于人，无不诚敬。"［同治六年（1867年）所立《雷景修墓碑》］

雷思起，字永荣，号禹门，生于道光六年（1826年），卒于光绪二年（1876年），是雷景修的三子。同治四年（1865年），他承担起设计咸丰陵寝定陵的任务。同治十三年（1874年）重修圆明园，雷思起与其子雷廷昌因进呈所设计的园庭工程图样而蒙皇帝召见五次。

雷廷昌，字辅臣，生于道光二十五年（1845年），卒于光绪三十三年（1907年），是雷思起的长子。雷廷昌随父亲参加过定陵、重修圆明园等工程。后来，又承担过同治的惠陵、慈安太后陵、慈禧太后陵、光绪崇陵等的设计工作。

雷氏世代为清代的建筑，尤其是皇家园林、陵寝等建筑做出了巨大贡献。他们所留下的建筑图样、烫样，也成为我国古代建筑艺术、园林艺术的瑰宝。

样式雷图包括了各皇家园林、王府公第、寺庙、陵寝、各类装修图等。现存的烫样模型主要是圆明园方面的。样式雷图品种多样。按设计过程可分为粗图（或章图）、精图（或详图）。精图又可分为平弧图、局部平面图、总平面图、透视图、平面与透视结合图、局部放大图，装修花纹大样图等等；按图样的比例分，有一分样，二分样、五分样、寸样、二寸样、四寸样等。这些比例的含义是实物的一丈在图样上做几分或几寸。例如，一分样即相当于实物的一丈在图样上做一分，即比例为1/1000，二寸样即1/50。也有装修大样与实物等大的；按用途分有进呈图、留底图、改样图等。在现存的样式雷图样中，最大的图样有长3米左右的，最小的只有0.06米左右。它和今天建筑设计图的表现方法有很多相似之处，特别是其中的平面图，这种互相结合的表现方法是很有科学性的。

样式雷制作的烫样是雷氏的又一独特创造。所谓烫样，是指在图样基础上按一定比例制作的一种建筑模型。这种模型的屋顶和两面山墙一般是用质地松软容易加工的白松和红松木制作，再涂饰颜料。屋顶上的瓦垄是沥粉后再上色，墙身是分片安装的。建筑物上的内檐和外檐装修，如门窗、隔断各类花罩则是用一种纸板制作。制作时，按照图纸的要求，按一定比例剪裁制作，并用一种特制的小型烙铁熨烫成型，烫样一名也由此而得。在样式雷的烫样模型中，除了房屋建筑外，还包括其间的山石、树木、花坛、水池、船坞以及庭院陈设，样样俱全。模型的屋顶可以灵活取下，以便洞视内部。模型中还注明室内物件的摆放位置、室内装修要求。

第六章

民国北京中轴线的历史变迁

辛亥革命之后，中华民国建立，国家政治体制发生根本性变革。北京虽然保留了国都地位，但以中轴线为基准的传统空间结构随着帝制衰亡而丧失了合法性理论体系的支撑。皇城城墙被拆除，位于中轴线上的建筑通过功能改造，不同程度地参与到城市的日常生活之中。从城市空间角度考察，北京从原来的以皇权为中心的“一极化”政治空间逐渐向“多元化”的社会空间转化。在这一过程中，皇权的影响逐渐远去，中轴线附着的神圣性逐渐消退，世俗性社会机制的调节作用越来越强，城市建设开始凸显人的需求，城市越来越以人为本，北京也展示出更加多样而丰富的城市面孔。

第一节　从紫禁城到故宫博物院

一、古物陈列所与逊清小朝廷

1912年2月12日，清宣统皇帝发布诏书，正式逊位。皇权陨落，帝制消亡，作为皇权重要载体的北京中轴线的命运也发生重大变化，首当其冲的是皇宫紫禁城。根据与南京临时政府达成的《关于大清皇帝辞位后优待之条件》规定："大清皇帝辞位之后，尊号仍存不废，中华民国以待各外国君主之礼相待"；"暂居宫禁，日后移居颐和园。"所谓"暂居宫禁"，并非占有紫禁城全部，而是只能在紫禁城后半部活动，即乾清门以北、神武门以南，通常被称为内廷的区域，而乾清门以南、天安门以北部分（也称外廷、外朝或前朝），包括太和殿、中和殿、保和殿以及文华殿、武英殿等收归民国政府所有。

紫禁城收归国有之初，由于管理混乱，文物流失严重。1913年7月至1914年1月，发生了盗卖热河避暑山庄前清古物案，北京、上海、天津等地的古玩市场纷纷出现来自承德离宫的文物，舆论议论纷纷，吁请政府严加制约。此案虽然最终不了了之，但前清古物的命运引发国人关注。时任北洋政府内务总长的朱启钤呈请大总统袁世凯，提出将盛京（沈阳）故宫、热河（承德）离宫两处所藏各种宝器运至紫禁城，筹办古物陈列所，袁世凯批准了这一建议，由美国退还庚款内划出20万元作为开办费，1914年2月，古物陈列所在紫禁城前朝武英殿宣告成立。同年10月10日，古物陈列所正式向社会开放，接待观众。

按照清室与北京政府达成的协议，清逊帝溥仪暂居紫禁城内廷，皇宫的北半部分变成了故宫。作为一种过渡性安排，也埋藏了一定的隐患。已经失去皇位的皇室仍作为一个小朝廷存在着，在这个封闭的空间之内，皇室原有的日常生活运行模式基本保留。同时，皇室存在的象征意义与符号意义不容低估，它是一部分群体的精神寄托，这些人既有逊清遗老遗少，也有以满籍王公宗室为中心的宗社党，以及以康有为为首的保皇会分子，另有一批任职于民国政府的前清旧人。他们一直希望能以此为阵地恢复往日的荣光，而在1917年张勋短暂的复辟中，复辟势力与小朝廷之间的积极呼应也提示着国人，只要皇室还在，似乎就预示着某种希望。民国政府虽然制定了相关法令试图规范逊清皇室在故宫内的行为活动，但收效甚微。

二、溥仪出宫与故宫博物院的建立

自1916年袁世凯去世开始，国会中废除优待条件、收回全部紫禁城的提案就不断出现，逊清皇室的生活并不太平。与此同时，宫内收藏的珍贵文物，在溥仪的赏、赐，内务府抵押和太监盗卖之下，大量流出宫外。同时，清室还以用度不足为由，将宫内部分文物拍卖，并经常拿出一些金银珍宝抵押和变现。1923年，建福宫花园的一场大火，敬胜斋、静怡轩、延春阁一带焚烧殆尽，此处许多殿堂库房都装满珍宝玩物，是当年乾隆皇帝的珍玩，乾隆去世后，嘉庆把所有宝物封存起来。有的库房至少100年未打开过。宫内珍贵文物在明偷暗盗之后，再次遭受厄运。随着居住在紫禁城内逊清朝廷负面作用的日益显现，力主驱逐的声音越来越高，并且上升到保卫共和体制、杜绝帝制死灰复燃的政治高度，所缺少的只是一个契机而已。

1924年，第二次直奉战争爆发。10月22日夜，直军第三军总司令冯玉祥在前线倒戈回京，发动北京政变，软禁总统曹锟。冯玉祥控制北京之后，组成了以黄郛为总理的摄政内阁政府。摄政内阁于11月4日晚通过《修正清室优待条件》，其中最重要的有两条："大清宣统帝从即日起永远废除皇帝尊号，与中华民国国民在法律上享有同等一切权利"；"清室应按照原优待条件第三条，即日移出宫禁"。至于修改优待条件的原因，摄政内阁表示："民国建国，十有三年，清室仍居故宫，于原订优待条件第三条，迄未履行，致民国首都之中，尚存有皇帝之遗制，实于国体民情，多所牴牾。"11月5日上午9时，时任京畿警备司令的鹿钟麟受冯玉祥之命，携带摄政内阁总理黄郛代行大总统的指令，带兵进入紫禁城，以武力强迫溥仪接受新的优待条件。溥仪抵抗无用，于当日下午与其妻妾婉容、文绣，以及随从大臣、太监、宫女等在冯军的“保护”下，经神武门出故宫，前往其父载沣位于什刹海的醇王府暂住。

溥仪被逐出宫之后，紫禁城内廷被摄政政府接管，但如何处理成为焦点。1924年11月7日，摄政内阁发布命令，组织成立办理清室善后委员会，负责故宫公产和私产的区分、清理及一切善后事宜，并提出了公产的处置构想：“所有接收各公产，暂责成该委员会妥善保管。俟全部结束，即将宫禁一律开放，备充国立图书馆、博物馆等项之用，藉彰文化，而垂永远。”11月24日段祺瑞临时执政府成立之后，按清室善后委员会组织条例的规定，决定成立博物馆筹备会，聘请易培基为筹备会主任。此后，清室善后委员会组织人力对深藏宫禁的珍宝一一登记，化私产为公产。

清室善后委员会议定，博物院以溥仪原居住的清宫内廷为院址，名称为故宫博物院。经郑重遴选，清室善后委员会推定21名董事，他们都是地位显赫的军政界要人和声名显赫的学者教授，如鹿钟麟、张学良、卢永祥、蔡元培、许世英、熊希龄、于右任、吴敬恒等。这种安排主要是为显示社会各界的支持，寻求博物院的保护力量，确保其长远发展。9月29日，李煜瀛手书的故宫博物院匾额，已高悬在神武门城楼上方。1925年10月10日，故宫博物院开院典礼在乾清门举行。

神武门大门洞开，昔日的皇家禁地一夜之间成为平民百姓自由出入的公共博物院，建成近500年的紫禁城掀开了其森严、神秘的面纱。为庆祝故宫博物院的成立，将原定为一元的参观门票减为五角，优惠2天，开放区域包括御花园、后三宫、西六宫、养心殿、寿安宫、文渊阁、乐寿堂等处，增辟古物、图书、文献等陈列室任人参观。《社会日报》对此报道：“唯因宫殿穿门别户，曲折重重，人多道窄，汹涌而来，拥挤至不能转侧。殿上几无隙地，万头攒动，游客不由自主矣！且各现满意之色，盖三千年帝国宫禁一旦解放，安得不惊喜过望，转生无穷之感耶？”

故宫博物院的开放是继法国大革命开放罗浮宫、俄国十月革命开放艾尔米塔什之后的一次东方博物馆史上的大事件，古老的帝国之都开始走向新的起点。故宫博物院的建立，与此前已经成立11年的古物陈列所不同。它是一所现代意义上的公共博物馆，吸收社会各界名流组建故宫博物院董事会、理事会，创建新型管理体制，确立制度保障，依靠一批专业学者参与具体工作，及时清点文物并向社会公布，不断推出各种专题文物展览，陆续创办数种刊物公开发行，吸纳社会赞助修缮危损建筑。正如曾任故宫博物院院长的马衡所言：“吾国文化上之建设，图书馆方面规模粗有可观；而博物馆之设施，尚在萌芽……有之，自故宫博物院始。”

由于故宫博物院的创始人多与南京政府有密切联系，因此在1928年以后，故宫博物院一跃成为直属于国民政府的重要机构，以蒋介石为首得到政界、军界、财界、学界等许多头面人物出任理事，而古物陈列所则一度改归为南京政府内政部北平档案保管处管理。1931年九一八事变爆发，北平受到威胁，故宫博物院决定精选文物避敌南迁南京、上海。南迁工作于1932年秋启动，直到1933年5月最后一批南迁文物运走。同时南迁的还有古物陈列所保管的重要文物。两处先后南迁的文物包括铜器、瓷器、书画、玉器、珐琅、雕漆、珠宝、钟表等10余类。

三、社稷坛与太庙的功能演变

根据《周礼·考工记》关于“匠人营国”的描述，“左祖右社，面朝后市”。明清北京城中，皇宫紫禁城位居中轴线的核心，太庙、社稷坛分列宫前左右，形成“左祖右社”的格局。这种空间序列安排渗透出浓厚的政治伦理，作为曾经的皇室私产与禁地，当皇宫变成了故宫博物院，作为重要礼制建筑的社稷坛与太庙的原始功能也相应丧失，它们的个体属性与命运都发生了重大变化。

民国建立之后，随着市政运动的发展，创办公园成为各地市政建设的重要内容。1913年1月1日至10日，为纪念共和，天坛、先农坛免费对外开放10天。1914年，北京市政建设与管理的专职机构——京都市政公所建立之后，首先就把公园建设提上议事日程。在公园地点的选择上，新的城市管理者将目标瞄准曾经的皇家坛庙与苑囿。1914年10月10日，在时任内务总长兼任京都市政督办的朱启钤的主持推动下，北京城内第一座现代意义上的公园——由社稷坛改造而成的中央公园试行开放3日。之所以选中社稷坛，主要在于其“地址恢阔，殿宇崔嵬，且接近国门，后邻御河，处内外城之中央，交通綦为便利”。

社稷坛和皇家其他坛庙一样，分内坛外坛两重，此次中央公园改造工程的重点是外坛。朱启钤指示利用天安门两侧已经损毁而拆下的千步廊木料建园，并将原有的社稷坛、祭殿、庖厨等保护下来，作为景观单元组织到新建的公园之中。同时，朱启钤对于内坛格局及古建筑均完整地保存，对明初筑坛时栽植的多棵古柏，特别是对辽金古刹所遗留的几棵古柏一一记录树围尺寸并妥善保护。由于当时天安门内禁止通行，1914年秋冬，在坛南垣天安门西侧开通园门（今中山公园南门），并修筑一条石渣路到坛南门门口，方便游人进出。

中央公园自建成之后，一直是北京城中最具代表性的、人气最高的公园，“嗣后先农坛公园、北海公园等继之，而终不如中央公园之地位适中，故游人亦甲于他处。春夏之交，百花怒放，牡丹芍药，锦绣城堆。每当夕阳初下，微风扇凉，品茗赌棋，四座俱满。而钗光鬓影，逐队成群，尤使游人意消”。1935年出版的《旧都文物略》如此描述：“兹述园囿，首中山公园，次中南海，次北海，次景山，次颐和园。”

中央公园的名称也不断改变，展示的是整个民国时期的阶段特征。1928年7月，中央公园董事会奉国民党北平特别市政府令，改称中山公园。1937年北平沦陷之后，中山公园复改为中央公园，中山堂一度更名为新民堂，成为新民会的活动场所。1945年抗战胜利之后，中山公园名称得以恢复，沿用至今。

太庙位于紫禁城外东南，是明清两代皇帝祭祀祖先的家庙，始建于明永乐十八年（1420年）。自建成之后，这座规模宏大的建筑群只有在举行登基、大婚等庆典活动中，才有皇帝来此祭祀先祖，平日冷冷清清，只有少数官员差役在此驻守。清帝逊位，祭典始废，根据《清室善后优待条例》，“宗庙陵寝永远奉祀，民国政府派兵保护”。由于太庙供奉着的爱新觉罗家族的历代祖先，因此依然属于逊清皇室的私产。1924年11月，溥仪被驱出宫之后，太庙也结束了作为皇家祭祀的历史，由清室善后委员会接管，变为公产，成为和平公园，向市民开放。1925年10月以后，归属新成立的故宫博物院。1928年，北伐结束不久，太庙废除了和平公园之名，归内务部所有。1931年，由故宫博物院接管，称太庙分院。1932年10月8日，太庙重新开放。新中国成立之后，太庙被辟为北京市劳动人民文化宫。在这一剧烈的命运变动过程中，太庙之中皇家的尊贵与禁忌都无可挽回地被抛却在历史的尘埃之中。

第二节 天安门前区域的改造

一、“T”字形宫廷广场

明清时期，皇城作为拱卫、侍奉、供应皇家的外院，从四面包围紫禁城，并在东、西、北三面的城墙上各辟一门，分别为东安门、西安门、地安门。南面则沿中轴线建为三重门：一是紫禁城午门正南之端门，二是端门正南之承天门（清代改名为天安门），三是承天门正南之大明门（清代改名为大清门）。这种设计将内朝、外朝与皇城贯通一体，由外而内，层层递进，在两边高耸、巍峨的宫墙围合中，衬托出宫禁的森严与等级秩序的不可逾越。

天安门前是一个封闭的“T”字形宫廷广场，又称“天街”，四周宫墙环绕，属皇家禁地，普通百姓难以一窥全貌。广场东西两端建有长安左门与长安右门（清代，长安左门改名为东长安门，长安右门改名为西长安门），自天街向南凸出的部分，止于大清门。乾隆十九年（1754年），长安左、右门外的街道增筑围墙，作为广场两翼的延伸部分，其东西两端，又各建一门，分别称之为东三座门和西三座门。大清门内与天安门连接在一起的中心御道称千步廊，千步廊外两侧按文东武西布局，列六部于左，列五府于右，集中了中央机构的绝大部分衙署，包括行政与军事机关，是各部议事、办公的场所。这样一种设计将中央政权的中枢机构与紫禁城通过宫廷广场融为一体，形成了以紫禁城为中心的国家最高权力机器。侯仁之对此曾有一段非常形象的描述，使读者有身临其境之感：

> 从正阳门北上，经过比较矮小的大清门，随即进入“T”字形的宫廷广场。广场南部收缩在东西两列低矮单调的千步廊之间，形成了一条狭长的通道。广场北部向左、右两翼迅速展开，有豁然开朗的感觉。越过这段开阔的空间，屹

> 立着庄严壮丽的天安门，门前点缀着汉白玉的石桥和华表，这是第一个高潮。进入天安门，迎面而来的是端门，中间距离较短，是一个近似方形的院落，整个气氛顿觉收敛。端门以内，在左、右两列朝房之间，又展开一段比较狭长深远的空间，一直引向第二个高潮，这就是体制宏伟、轮廓多变的午门。从午门到太和门之间，空间宽度突然加大，院落也显得大为开阔。院落中心的御道上又出现了汉白玉石桥，这是整个布局开始变化的征兆。果然一进太和门，最后一个高潮终于出现在眼前。这是一个正方形广阔而开朗的庭院，两侧有崇楼高阁，峙立左右，正面是巍然屹立在须弥座台基上的太和殿。①

清代后期，千步廊内的一些建筑开始遭到不同程度的损毁。1900年，八国联军侵入北京，千步廊再遭严重破坏。次年，《辛丑条约》签署，将原先分散杂处于宫廷广场东侧衙署、寺庙、民房之中的各国使馆连成一片，建立起东交民巷使馆区，划定了统一馆界，馆区内原有中国衙署、民房一概迁出。各国使馆所在地界自行驻兵防守。根据条约规定的使馆区，东起崇文门内大街，西至宗人府、吏部、户部、礼部（今国家博物馆一带）一线，南起内城南墙（今前门东大街），北至东长安街以北80米（与皇城南城墙紧邻），千步廊以东的区域与东交民巷使馆区连成一片，成为“国中之国”。

另一方面，清末新政时期官制改革中设立的巡警部、陆军部、农商部等机构已经不在千步廊左右，并且突破了皇城范围，分设到内城各地。民国建立之后，北京仍是国都，中央政府在形式上实现了立法、司法、行政的三权分立，国会、总统府、国务院及所属各部（外交部、教育部、内务部、农工商部等）散置在京城各处，邮政局、铁

① 侯仁之：《明清北京城》，见《北京城的生命印记》，生活·读书·新知三联书店2009年版，第201页。

路局、电报局多在长安街沿线。作为地方性行政机构的京都市政公所位于府前街，京师警察厅位于户部街。1928年，国都南迁之后，北平市政府及所属社会局、工务局等多在中南海办公。总之，不管是中央机构还是北平地方行政机构，往往是因地制宜，多在原有建筑基础上进行改造，与原有皇权体制下的官署选址形成强烈对比。

民国建立之后的1912年，长安左门与长安右门两侧围墙被拆除，天安门前不再是皇家禁地。京都市政公所建立之后开始对天安门至大清门之间的封闭区域实施改造，大清门内千步廊两侧衙署建筑以及东西外三座门相继拆掉，天安门前的东西大道贯通。后来，东长安门到西长安门之间的道路一度被命名为中山路。其东为东三座门大街，再向东为长安街；西面为西长安门大街，再向西是府前街，又向西是西长安街，北京东、西城得以连通。1921年，西长安街改建成沥青路，1928年，东长安街改建成沥青路。

大清门始建于明朝永乐年间，初名大明门，位于天安门与正阳门中间的中轴线上，清代《国朝宫史》称其为“皇城第一门”。大清门是皇帝、宗室参加重要庆典出入之门。明清时期每年冬至，皇帝要到南郊天坛去祭天，夏至要到北郊地坛祭地，孟春祈谷皇帝还要到先农坛亲耕田。每逢这些大典，午门、端门、天安门、大清门全部开启，皇帝头戴金冠，身穿龙袍，乘坐御辇，由大清门出皇城。民国建立之后，大清门改名中华门，普通百姓也可以从正阳门进入，穿越中华门，沿着曾经的石板御道一路向北，直接抵达天安门。

二、正阳门改造

正阳门位于紫禁城正南方，内城南垣正中，又称前门，在北京内城的9座城门之中建筑规模最大，形制也最为宏丽。正阳门北面正对着大清门、天安门，可以直通皇城大内，不仅为京师内城的正南门，更有国门之称。明清时期，正阳门城楼与箭楼相连，中间形成一个巨大的瓮城，瓮城四面皆有门。正阳门大门常年关闭，南部箭楼门洞仅在皇帝御驾经行时方才开启，一般官员以及行人等只能从瓮城东西两侧的闸门进出。

庚子之乱，慈禧、光绪帝仓皇出逃至西安，八国联军侵入北京，在天坛架起大炮，正阳门的城楼和箭楼均被轰塌。1902年年初，“巡狩”西安的慈禧太后与光绪皇帝回銮，劫后的正阳门还未及修复。或许是顾及大清脸面，或许是为了博取圣心欢悦，时任顺天府尹为了粉饰观瞻，将残破的城楼拆除，在城台上先用杉木材搭设席棚，再用五色绫绸装点其上，装扮成箭楼的模样，以迎接圣驾。不知西太后看见这样一座城楼，会作何感想？事后，朝廷下旨在全国征集白银30余万两，启动重修工程。1903年，正阳门城楼和箭楼开工重建，1906年完工。

由于封闭的皇城位于北京城的中央，城市东西之间的通行只能绕道正阳门，这样一种线路安排凸显了正阳门的交通枢纽地位。在其周围，尤其是箭楼以南至天桥一带形成了繁华的商业区，南来北往的商旅汇集于此。瓮城内东西两侧各有观音庙、关帝庙一座，加之商贩支棚摆摊，十分拥挤。20世纪初期，正阳门东、西两座车站先后建成，带来大量客流。但正阳门只有一个门洞可供通行，防御要塞式的建筑设计严重加剧了这一地区的拥堵情况。

京都市政公所建立之后开展的第一项重大城市建设工程就是正阳门改造。内务部总长兼京都市政公所督办朱启钤向大总统袁世凯提交了《修改京师前三门城垣工程呈》，指出“京师为首善之区，中外人士观瞻所萃，凡百设施，必须整齐宏肃，俾为全国模范。正阳、崇文、宣武三门地方，圜匮繁密毂击肩摩，益以正阳城外京奉、京汉两干路贯达于斯，愈形逼窄，循是不变，于市政交通动多窒碍，殊不足以扩规模而崇体制”。改造计划获得了中央政府的批准，朱启钤聘请德国人罗思凯格尔（Curt Rothkegel）为总建筑师。经过一年多的筹划与准备，1915年6月16日，朱启钤亲临正阳门施工现场，冒雨主持开工典礼，并手持袁世凯颁发的特制银镐，拆去了旧城墙上的第一块砖，正阳门改造工程正式启动。

整个工程进展得非常迅速，当年年底即告全部完工。经过改造，拆除正阳门瓮城，将箭楼孤立。在城楼东西两侧的城墙上各新辟两个门洞，并在箭楼两侧修建了通道，行人与车辆可以径直进入内城，大大提升了正阳门的通行能力，交通拥挤状况得到缓解。由于箭楼本身没有独立的登城阶梯，又在箭楼北侧增建了“之”字形的磴道。改建后的正阳门箭楼，增添了使用钢筋水泥制作的挑梁、阳台、护栏和箭窗的窗檐，外表涂刷白漆，隐约有西洋风格。正阳门东西城垣周边凡有碍交通之商铺、民房全部迁出，增设具有西方风格的装饰性喷泉，并以欧洲方式栽种了树木，区域内环境得到改善，“人马纷纷不可论，插车每易见前门。而今出入东西畔，鱼贯行来妙莫言”[①]。

另一方面，由于天安门前东西大道已经初步成型。通过改造正阳门，天安门前区域与外城直接贯通。传统中轴线与东西长安街为主的东西轴线交会于天安门这个中心点，天安门的空间地位被进一步凸显出来。天安门前成为北京传统严谨、方正的城市格局中相对宽敞的开放性空间，这也为后来一系列政治运动在此发生提供了物理基础。从纵向视野观察，南北轴线与东西轴线相交于天安门，为之后北京城市街道系统的建设确立了一个基本的十字架。

改造之后的正阳门不再是一座仅有象征意义的国门，而是具有了实用功能。清政府曾在1906年成立了京师劝工陈列所，民国建立之后改称为北京商品陈列所，主要职能是提倡国货、推广产销、研究仿制外货等。1928年，南京国民政府确立了对北京的统治之后，将其改名为北平国货陈列馆，并将馆址迁至正阳门箭楼，展出国货商品并出售。1936年2月，北平国货陈列馆由北平市政府接管。1941年，北平国货陈列馆迁到北海蚕坛，1947年4月停办。

正阳门改造工程是北京城市发展进程中的一个标志性事件，城市不再以皇权为中心，公共利益在帝制坍塌之后开始占据了更多的话语权。通过在北京巍峨的城墙上凿开了四个门洞，正阳门改造工程也为后来北京城墙的拆改埋下了种子，不久之后修建的京师环城铁路正是因为有了正阳门改造的先例，才能顺利地通过沿线几座瓮城。

---

① 《京华百二竹枝词》。

第三节　中轴线南段的变化

一、前门大街与天桥

从正阳门外到永定门这段是北京中轴线的南段。正阳门外为石道，即正阳门大街，两旁多被商铺占据。自明朝永乐年间开始，为了繁荣市面和扩充税源，曾在北京各处城门之外营建商用铺面店房，称为廊房，以正阳门大街西侧的廊房四条最为著名，这就是后来的大栅栏，与廊房头条、二条、三条共同构成了一片完整的市集。由于该处乃出入内外城的要道，占尽地利，“行人辐辏，毂击肩摩”，明清以来一直是京师最为繁华的商业地带。清末人士对此有生动的描述：“其依附两掖（门）之隙地，贾人设小市肆，在东曰东荷包巷，西曰西荷包巷：屋如小舟，栉比鳞次，百货所集，金碧辉煌。其货物以刺绣多，故名荷包巷。喧闹萃处，犹有辽金之风。”[①]清末，正阳门大街的商家已经蔓延至箭楼瓮城，形成了东边的帽巷与西边的荷包巷。《都门杂咏》记述荷包巷的繁华：“五色迷离眼欲盲，万方货物列纵横。举头天不分晴晦，路窄人皆接踵行。”[②]1901年，京汉铁路延伸至正阳门西侧，并于次年建成正阳门西车站。1902年，京奉铁路修至正阳门东面的使馆区，并于1906年建成正阳门东车站，正阳门作为北京客货运输的集散枢纽地位得到强化。

元明时期，处于北京正阳门外的天桥一带视野开阔，环境清幽，是京城人士重要的郊野游玩之地。清朝定都北京之后，限令内城汉人及商贩迁往城外，正阳门外商业日益繁华，成为全城重要的商业、娱乐中心。至道光、咸丰年间，天桥地区陆续出现茶馆、鸟市，一些梨园行人士在此喊嗓、练把式，但尚未形成很大规模。此时，天桥仍是

---

① 王伯弓：《蜷庐随笔》。

② 杨静亭：《都门杂咏》，见路工编选：《清代北京竹枝词》，北京古籍出版社1982年版，第81页。

一派田园景色。据曾亲历天桥变迁的齐如山描述："当光绪十余年间，桥之南，因旷无屋舍，官道之旁，惟树木荷塘而已。即桥北大街两侧，亦仅有广大之空场各一，场北酒楼茶肆在焉。登楼南望，绿波涟漪，杂以芰荷芦苇，杨柳梢头，烟云笼罩，飞鸟起灭。"[①]场中虽有估衣摊贩及说书杂耍等，但为数不多。

天桥商业的日渐兴起与清末民初北京城市空间结构变化与市场体系的兴衰密切相关。当地安门、东四、崇文门、花市等曾一度繁盛的商业区域相继衰落之时，天桥则借助于靠近正阳门的区位优势，逐渐吸引一批摊贩以及曲艺、杂技卖艺者。天桥市场初具雏形，庚子年间，天桥地区的商业受到一定冲击，但旋即恢复。

民国建立之后，天桥地区的商业功能更加丰富，除众多商铺之外，新增了戏园、落子馆等娱乐场所。1914年，京都市政公所建立之后对正阳门实施改造，正阳门月墙东西荷包巷很多商铺迁移至天桥，带来了许多客流，助推了天桥地区的商业发展。京都市政公所建立之后，平垫道路，改造沟渠，修成经纬六条大街，如华仁路、万明路等，开启了香厂新市区，铺设柏油路面，开辟人行道，栽种德国洋槐作为行道树，安装路灯、公用电话和警察岗亭等设施，以为民国都市规划建设的示范。新世界商场、城南游艺园在香厂地区先后建成。其中，建于1917年的新世界商场是当时北京宏大的新式建筑之一。这座五层船形大楼内有曲艺、杂耍、露天电影院、文明新戏、中外百货等，四楼上设有西餐馆、咖啡馆，五层为屋顶花园。商场内的哈哈镜和电梯是当时北京城内普通人能接触的最新奇的设备。

1924年电车开通后，天桥成为通往东西城的第一、二路电车总站，"东自北新桥，西自西直门，东西亘十余里，瞬息可至"，"交通既便，游人愈夥，而天桥遂极一时之盛矣"[②]。至20世纪30年代以后，北平因国都南迁而市面空虚、百业萧条，天桥地区则因定位低端、消

① 张次溪编：《天桥一览·齐序》，中华印书局1936版，第1页。

② 张次溪编：《天桥一览·齐序》，中华印书局1936版，第4、1、3页。

费廉价而迎合了特定的消费群体未受太多影响，“近两年平市繁荣顿减，惟天桥依然繁荣异常，各地商业不振，惟天桥商业发达”[①]。

二、天坛与先农坛

天坛与先农坛是北京中轴线南段东西两侧的最重要礼制建筑。天坛是明清帝王祭天祈谷的场所，始建于明朝永乐十八年（1420年），殿宇华美，古木苍翠，是北京最具园林之胜的一座坛庙，在京华名胜中堪称翘楚。明清时期，天坛属皇家禁地，平民不得进入。民国建立之后，天坛停止祭祀，地位骤然跌落。清皇室将原供奉在天坛的祖先神牌全部撤走，移入太庙，祈年殿及斋宫等处殿堂关闭，随后移交给民国政府内务部礼俗司掌管，但此时礼俗司无暇顾及，无法派驻管理人员，更谈不上订立管理办法，天坛一度沦为林场、跑马场、战场，虽没正式对外开放，但私人进园游览的情况越来越普遍，而各界在坛中集会亦多，尤以每年春季，学界运动会最为热闹。

1913年，为纪念民国建立一周年，天坛自1月1日至10日向社会开放，“天坛门首，但见一片黑压压的人山人海，好像千佛头一般，人是直个点的往里灌。……这一开放，把荒凉的坛地变成无限繁华。这几天游人日盛，不止北京一方面，连天津、保定府、通州之人来逛的也不在少数”[②]。

1914年，外务部礼俗司曾允许外国人持外交部专门的介绍券可以进入坛内参观，并做了相应规定。1917年6月，内务部就天坛辟为公园一案提出调查报告，对坛内树木进行调查，给所有树木挂牌编号，并测绘了天坛全图。总统黎元洪还率各部长官，在天坛斋宫河畔植树，倡导绿化。不过，同年张勋复辟之时，其所带军队曾在天坛驻兵。战争结束之后，内务部成立天坛办事处，负责筹办公园事宜。1918年1月1日，在民国政府内务部主持下，下设天坛办事处，天坛

① 秋生：《天桥商场社会调查》，载《北平日报》1930年2月16、17日。
② 杨曼卿：《游坛纪盛》，载《正宗爱国报》1913年1月13日。

被辟为公园，任人购票游览，正式对外开放。在此后的近30年间，由于地势开阔，在战乱频仍的时代多次成为军队驻扎之地。

先农坛是明清两代帝王祭祀神农、亲耕籍田和观耕的地方，始建于明永乐十八年（1420年），沿用明初旧都南京礼仪规制，将先农、山川、太岁等自然界神灵共同组成一处坛庙建筑群。清代后期，祭祀制度逐渐弛废，先农坛内逐渐荒凉。民国建立之后，北洋政府内务部成立礼俗司，统一管理清廷移交的皇家坛庙，坛庙管理所即设在先农坛神仓。1913年1月1日，民国建立一周年，先农坛暂行开放10天，此次活动为京师皇家坛庙禁地对外开放之先河。

1915年6月17日是农历的端午节，内务部发布公告，宣布先农坛辟为市民公园，售票开放，“数月以来，各处布置得渐臻完美，一般市民非常表示欢迎，可见京都市民之对于公园，并不是漠然置之。唯认真讲起来，京都市内，面积如此之大，人口如此之多，仅仅一处中央公园，实在不足供市民之需要”①。1917年，京都市政公所请拨外坛北半部作城南公园，1918年，又以一坛不便设两公园，请将先农公园归并城南公园。城南公园是北京继中央公园开放之后的第二座现代公园，地处南城，票价低廉。园内辟有鹿囿、花圃、书画社、球场、茶社、书报社、电影院等游乐设施。

1917年，商人卜荷泉等人在先农坛的东墙外建造水心亭商场（游乐场）。水心亭为木结构，玻璃窗，四周皆可以远眺。商场东北有茶社，兼营西餐。1918年5月，议员彭秀康在先农坛组建城南游艺园。园内有京剧场、旱冰场、保龄球场、台球场、电影院、杂耍场、魔术场，还有演木偶戏和现代戏的小场子各一个。游艺园开放后，生意异常兴隆，是北京吸引人的商业性游乐园之一。

先农坛开放成公园之后对周边环境产生了重大影响，由于坛区内引入了公园、游艺园和市场，又由于坛北示范性香厂新市区的兴建，以及东部天桥市场的兴起，先农坛地区保持了几百年的肃穆风貌在短

① 《市政通告》第18期，1915年5月5日。

短的时间内就有了很大的改变，新兴的商业气氛与市井气息成为这一地区的重要标志。由于空间地理位置以及先农坛本身的特点（如票价低廉），城南公园成为一座典型的平民公园。20世纪30年代，先农坛地区开始修建公共体育场。

三、永定门

永定门作为中轴线的南端终点，是从南部进入北京城的第一座城门。进入20世纪之后，永定门区域一个很重要的变化就是京奉铁路与京汉铁路的修建。

京奉铁路源自1880年修建的唐（山）胥（各庄）铁路，全长仅9670米，主要用于运输煤炭。1887年，在京津方向上延至阎庄，改称唐阎铁路。同年延至芦台，改称唐芦铁路。1888年延至天津，改称唐津铁路，长130千米。1897年，为了不惊扰京师的“王气”，这条铁路只修到永定门外马家堡村，称马家堡火车站，为北京第一座火车站。而此前已于1894年，在另一方向延至山海关，改称津榆铁路。这时，因筹议接修关外铁路，遂改称关内外铁路，并将关内外铁路局设于天津。

1900年，八国联军入侵北京，是为庚子之变。英军以天坛为军营，美军则占据了先农坛。联军需要不断地把后续军队和军事物资尽快运输到北京，为此，英军开始修复被义和团破坏的天津与北京之间的铁路。因原来的马家堡车站已经被义和团破坏，重建费时费力，且其距离京城过远，英军于是放弃马家堡车站并将铁轨继续向东北延伸至永定门，在永定门城楼西侧外城城墙上开凿一个豁口，在护城河上架起一座铁桥，使铁轨进入北京外城，此后继续向东拐直穿过永定门内大街，再沿天坛西坛墙向北，一直到天坛祈谷坛西天门外作为终点，这就是天坛火车站。天坛火车站修建完成于1900年年底，八国联军在后方的官员与士兵多是从天坛车站下车，乘坐马车进入东交民巷。封闭了近600年的北京城第一次被打开了一个缺口，高大坚固的城墙已经无法抵挡设备先进的侵略者的入侵。

天坛火车站存在的历史并不长久。由于距离东交民巷较远，通行不便，八国联军彻底控制北京之后，开始寻找新的车站选址。衡量多方因素之后，英国人决定放弃天坛车站，在永定门东侧，天坛以北的空旷地带重新修建火车站，这就是后来的正阳门东站。1901年11月，正阳门东站建成，为关内外铁路北京方向终点。站东凿城成门，俗称水关，为进入东交民巷使馆区之道。当年12月10日，正阳门东站开通运营。此后，天坛车站废弃，铁轨拆除。

正阳门东站建站之初并未建设正式站舍。1903年1月，在正阳门瓮城东侧开工修建站舍。1906年，站舍大楼正式竣工启用。整体呈欧式风格，外立面由灰、红两色砖块砌成，其间夹白色石条，正中巨大拱顶高悬，拱脚处镶嵌大块云龙砖刻雕饰，南侧穹顶钟楼耸立，四面大钟遥遥可望。正阳门东站也是当时中国最大的一座火车站。对于帝都北京而言，在素有“国门”之称的正阳门东侧近距离耸立起一栋具有如此西洋风格的现代建筑，与周边的景观形成了鲜明对比，帝制的余晖中早已无力抗拒外力的入侵，虽然这种入侵给这座城市带来了更多的便利。

1907年，关内外铁路全线通车，改称京奉铁路，成为连接北京与东北的交通大动脉，新落成的站舍全称京奉铁路正阳门东车站，为京奉铁路之首站。20世纪初期，还存在一座正阳门西车站，但在规模以及地位上明显逊于东车站，“京奉火车车站殊，辉煌真个好规模。试从对面看京汉，西站何能常向隅？”在这首《竹枝词》的注释中，作者写道：“正阳门左右两车站，东为京奉铁路东车站，西为京汉铁路西车站。今东车站门楼牌额，极为辉煌，西车站尚付阙如，想不日定当一律增修，巍然对峙。”[1]

① [清]杨米人等著，路工编选：《清代北京竹枝词（十三种）》，北京出版社1982年版，第128页。

第四节　中轴线北段的变化

一、景山

自景山至鼓楼这段是中轴线的北段。它紧承“前朝”皇城，一直延伸到“后市”。虽然分布在这条线上的建筑均隐藏于紫禁城的背后，但因为独特的地理位置和建筑特色，使其能够俯瞰北京，记录历史。从钟鼓楼远望，由漕运而兴的什刹海，与统摄皇城的景山以及方正规矩、重重帷幄的紫禁城，像一个个音符，构成了一首完整的乐章。

景山位于紫禁城外正北方，是明清两代的皇家御园。早在辽金时期，周边就已经出现了宫殿建筑群。元代成为皇家禁苑，园中曾有一座称作青山的小土丘，明朝初期曾用作堆煤的场所，因此又称煤山。明永乐修建紫禁城时，将开挖护城河的泥土及拆除元朝宫殿遗址的渣土，堆积在煤山上，逐渐形成了一座由人工堆筑为主体的土山，最初定名为万岁山，此后，在万岁山南北地势平坦的处所，修建了亭台、楼阁、殿宇，并在园内种植松柏、花草。因而在明朝时期，此处即成为封建皇帝游幸与安排一些重要活动的御园。清朝入关以后，于顺治十二年（1655年）将万岁山改称景山。

辛亥革命以后，依照《优待清室条件》，景山仍由居住在紫禁城内廷的逊清皇室管理使用。由于清皇室此时无力顾及，景山一度荒芜。1924年11月，溥仪被驱出宫之后，景山由清室善后委员会接管。1925年10月，故宫博物院成立，景山由其收归管理。1928年稍加修葺整理，以公园形式对外开放。但寿皇殿、观德殿等殿宇仍由故宫博物院管理使用。

此后，故宫博物院筹措工程经费，对景山进行了大规模修缮，包括景山门外的马路、四周的围墙，园内的绮望楼、山峰上的五座亭子和寿皇殿、观德殿等，同时还补种了松柏树，栽植了花草。1930年，在景山东边山脚下明朝末代皇帝崇祯自缢的地方竖立了思宗殉国碑，以志追念。日据时期，景山各处的修缮工程大大减少。抗战结束后，北平市政府也无暇顾及景山的修缮工作。1948年年初，故宫博物院曾在观德殿内筹办职工子弟小学。1949年，北平和平解放，经过重新修整，1950年6月，景山公园恢复开放。

二、地安门

景山之北为地安门，成为皇城最北端的屏障。地安门在明代称北安门，又名厚载门，俗称后门，清顺治时改为地安门，与天安门遥相对应。如果把地安门内的皇家世界比喻为天上，那么，地安门外的什刹海一带就是人间俗世了。以地安门为界，一边是巍峨的皇城，一边是烟火缭绕的居民区。作为皇城北门，凡是皇帝北上出征巡视时大多要出地安门，亲祭地坛诸神时也出地安门。

庚子事变期间，地安门被毁，之后重建。民国之后，随着皇城北部城墙被拆，地安门成为一处孤立的建筑。出地安门外，就是地安门大街，也称后门大街。从地安门以北到钟鼓楼这片区域成为皇家文化与市井文化的融合区。此时，这里发展成为定期的集市，游艺、吃食、旧书、旧货等无所不有。作为“皇城根儿”，这里存有大量的王公府第，居住者多为八旗子弟。随着八旗子弟的没落，后门地区渐沦为平民区，商业也随之萧条。1936年美学家朱光潜有如此观察：“北平的街道像棋盘似的依照对称原则排列，精华可以说全在天安门大街。它的宽广、整洁、辉煌，立刻就会使你觉到它象征着一个古国古城的伟大雍容的气象。后门（地安门）大街恰好给它做一个强烈的反衬。它偏僻、阴暗、湫隘、局促，没有一点可以让一个初来的游人留恋。”①

地安门原为一座砖木结构的宫门式建筑，东西两侧还建有两栋对称性二层连楼，各15间，远观好似大雁张开的一对翅膀，故得名雁

① 朱光潜：《后门大街》（1936年），见姜德明编：《北京乎》，生活·读书·新知三联书店1997年版。

翅楼。冯玉祥驱逐溥仪出宫时，部分太监曾暂在此楼栖身，20世纪30年代被拆除。

三、钟鼓楼

按“前朝后市”之制，自元代始，钟鼓楼一带就已经成为一条联系“前朝后市”的重要纽带。南端是宫城，北端是街市，什刹海和积水潭一带成为市民的公共活动区。元朝的政治中心在大都和上都，但经济中心在江浙一带。元代定都大都后，首先面临的便是粮食运输问题。元朝统治者在整修大运河的同时，还积极开辟海运。然而，无论是沿大运河北上的船只，还是沿海路而来的粮船，到达通州后便告终止。由通州到大都的几十里路则完全依靠陆运，困难众多，且费用不低。至元二十九年（1292年），元朝在郭守敬的指导下修建了通惠河，引昌平凤凰山白浮泉泉水，沿途又汇聚百泉、龙眼泉、一亩泉等泉水入昆明湖，再经长河引入积水潭（包括今前海、后海和积水潭），再引水向东，经元皇城东边向南，出大都城后再向东直达通州。通惠河修好后，积水潭水面扩大，汪洋一片，由南方沿大运河北上的漕船沿通惠河可直接驶入大都，经万宁桥下进入积水潭。万宁桥（也称海子桥或后门桥）与大都城同时修建，可以被视为元大都城的奠基石，正是以万宁桥为中心，确立了大都城中轴线的基点。

通惠河带来的漕运，使钟鼓楼一带成为重要的商业区域。道路两旁商贾云集，店铺林立，人流熙攘，形成繁华的“后市”。胡同里云集了权贵和功臣们的高宅大院和普通百姓的民居。与北海以及中南海一直属于宫城禁地不同，什刹海一直是一个开放性的区域，是百姓共享的湖泊。从南方沿大运河北上进京，不少人在万宁桥畔下船登陆；离京南下的客人，也多在此登舟，顺通惠河转大运河南下。明代初期，都城南移，一些漕运的河道和水域被划入宫墙之内，什刹海也失去了漕运总码头的地位，一时显得冷清，水面也比元代大大减少，但在京城内能够保留这样一大片水域还是十分难得。

中国自古就有“晨钟暮鼓”之说，位于中轴线最北端的钟、鼓二楼始建于元代至元年间，合称钟鼓楼。元、明、清三代，钟鼓楼最主要的职责就是司时，方式是击鼓撞钟。清朝接用了明朝的全部宫室坛庙，包括钟鼓楼。庚子年八国联军入侵时，钟鼓楼亦被劫掠。民国建立之后，逊帝溥仪依然被允许住在紫禁城中，维持其小朝廷的格局，钟鼓楼的司时功能也延续了下来。直到1924年，溥仪被冯玉祥赶出紫禁城，负责旗鼓手的机关銮舆卫随之被取消，鼓楼的报时功能被废止。同年，京兆尹薛笃弼将鼓楼改名为明耻楼，刻匾挂于楼门之上，并在鼓楼里面陈列八国联军烧杀抢掠的照片、实物等，以警示民众。次年，继任京兆尹李谦六恢复齐政楼之名，并在鼓楼开办京兆通俗教育馆，进行公共卫生及改良风俗方面的宣传。馆内设立图书部、游艺部、博物馆、平民学校等，陈列历代帝王像、著名文臣武将像以及北京名胜古迹照片，供人参观。又在鼓楼西侧、楼后兴建儿童和成人体育场。同时，钟楼改造为京兆通俗教育馆附设的电影院，放映无声电影。

1928年，京兆通俗教育馆改隶北平特别市教育局，改称北平特别市通俗教育馆。1931年九一八事变发生后，该馆时常举办展览会、讲演会，并上演戏剧，进行抗日宣传。1933年，该馆改为北平市社会局直辖，更名北平市第一社会教育区民众教育馆，内设教学、阅览、康乐三部，附设儿童游乐场。抗战胜利后，鼓楼经过修葺，于1946年8月4日复馆，定名为北平市第一民众教育馆，设有教学、艺术、陈列、书报等部门。1949年2月，北平市军事管制委员会接管了鼓楼，将其更名为北京市立第一人民教育馆。

民国北京中轴线的历史变迁与北京城市转型具有过程上的同步性。中轴线作为基准，统领了帝都北京的空间结构，确立了以皇权为中心的严整的、等级分明的空间秩序，位于其上的建筑大多为礼制性，为帝王服务、阐释皇权的合法性与正当性是其最核心的功能。清代后期，国势衰微，国家控制能力下降，中轴线代表的神圣性、权威性开始受到局部侵蚀与消解。

辛亥革命爆发，帝制崩塌，支撑原皇权体制的一系列制度体系与思想观念逐渐解体，建立在皇权基础上的中轴线的命运也发生了历史性转折。中轴线的完整性遭到肢解，对城市的规定作用丧失。各类建筑通过功能改造，由象征性走向实用性。皇城城墙拆除，确立皇城存在的边界概念不断消失，层层包裹的封闭性格局逐渐走向开放，原有的皇家礼制与等级结构也遭受巨大冲击，在现代城市建设理念的引导下，城市建设的重点从帝制时代的宫殿衙署转向基础设施，皇权唯我独尊的时代结束了，古老的帝都启动了走向现代城市的步伐。

后　记

北京中轴线的发展，有一个较长的历程。作为都城中轴线第一次出现是在金海陵王营建金中都的时候。原来的辽南京（今北京）城没有中轴线，而在金海陵王拓建中都城的时候，仿照北宋都城东京（今河南开封）的模式建造的，开始把都城、皇城、宫城的中轴线合而为一。这条都城中轴线，应该代表了中国古代中期都城中轴线发展的最高水准。但是，这条都城中轴线存在的时间并不长，随着蒙古军队攻占金中都而消失了。及元世祖忽必烈夺得皇权，营建大都城时，因为都城建造在新址之上，故而重新建造了北京历史上的第二条中轴线。这条中轴线所表现出来的文化内涵，已经与金中都城的中轴线有了很大差别，或者说是有了很大进步。体现出一种完全不同的宇宙观和政治、文化主题，也为此后的明清北京城中轴线奠定了坚实的基础。明朝建立之后，这里曾经一度失去都城的地位，故而都城中轴线也随之消失。及明成祖夺得皇权，重新定都北京，仿照南京的模式，重新建造了北京的宫殿、苑囿和各种祭坛，也就恢复了都城中轴线的地位。在此后的几百年间，包括明朝灭亡和清朝的建立，政治局势发生巨大变化，而北京的都城地位延续下来，北京的中轴线也进一步得到发展和完善。一直到今天，历经世事沧桑，北京的中轴线却大致完好地保留下来。

从中轴线的形成到成型，从这些遗留的建筑，从历史丰富的文献记载中，我们仍得以窥见伟大中轴线昔日的壮丽辉煌。

本书由王岗研究员确定框架。第一章由靳宝副研究员撰写，第二章和第三章由王岗研究员撰写，第四章由高福美副研究员撰写，第五章由刘仲华研究员撰写，第六章由王建伟研究员撰写。

本书编写组